用于国家职业技能鉴定

YONGYU GUOJIA ZHIYE JINENG JIANDING

国家职业资格培训教程

GUOJIA ZHIYE ZIGE PEIXUN JIAOCHENG

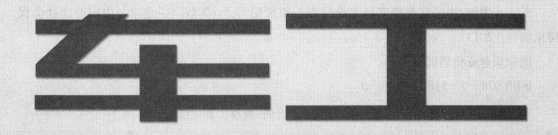

（中级）

第2版

编审委员会

主　任　刘　康

副主任　张亚男

委　员　韩英树　张　琦　肖有才　顾　闯　韩　宁

　　　　陈　虹　李丹娜　赵东旭　林　征　陈　蕾

　　　　张　伟

编写人员

主　编　肖有才　韩英树

编　者　张　琦　韩　宁　顾　闯　张永辉　胡占明

　　　　曹　群

中国劳动社会保障出版社

图书在版编目(CIP)数据

车工：中级/中国就业培训技术指导中心组织编写. —2版. —北京：中国劳动社会保障出版社，2013

国家职业资格培训教程

ISBN 978－7－5167－0648－0

Ⅰ.①车…　Ⅱ.①中…　Ⅲ.①车削-技术培训-教材　Ⅳ.①TG51

中国版本图书馆 CIP 数据核字(2013)第 245695 号

中国劳动社会保障出版社出版发行

(北京市惠新东街1号　邮政编码：100029)

＊

北京市艺辉印刷有限公司印刷装订　新华书店经销

787毫米×1092毫米　16开本　17.75印张　310千字

2013年11月第2版　2016年3月第3次印刷

定价：34.00元

读者服务部电话：(010) 64929211/64921644/84626437

营销部电话：(010) 64961894

出版社网址：http://www.class.com.cn

前　言

为推动车工职业培训和职业技能鉴定工作的开展，在车工从业人员中推行国家职业资格证书制度，中国就业培训技术指导中心在完成《国家职业技能标准·车工》（2009 年修订）（以下简称《标准》）制定工作的基础上，组织参加《标准》编写和审定的专家及其他有关专家，编写了车工国家职业资格培训系列教程（第 2 版）。

车工国家职业资格培训系列教程（第 2 版）紧贴《标准》要求，内容上体现"以职业活动为导向、以职业能力为核心"的指导思想，突出职业资格培训特色；结构上针对车工职业活动领域，按照职业功能模块分级别编写。

车工国家职业资格培训系列教程（第 2 版）共包括《车工（基础知识）》《车工（初级）》《车工（中级）》《车工（高级）》《车工（技师　高级技师）》5 本。《车工（基础知识）》内容涵盖《标准》的"基本要求"，是各级别车工均需掌握的基础知识；其他各级别教程的章对应于《标准》的"职业功能"，节对应于《标准》的"工作内容"，节中阐述的内容对应于《标准》的"技能要求"和"相关知识"。

本书是车工国家职业资格培训系列教程中的一本，适用于对中级车工的职业资格培训，是国家职业技能鉴定推荐辅导用书，也是中级车工职业技能鉴定国家题库命题的直接依据。

本书在编写过程中得到辽宁省人力资源和社会保障厅职业技能鉴定中心，沈阳职业技师学院等单位的大力支持与协助，在此一并表示衷心的感谢。

中国就业培训技术指导中心

目 录

CONTENTS　国家职业资格培训教程

第1章

轴类零件加工

第1节　带锥度的多台阶轴类零件加工

 学习单元1　带锥度的传动轴零件加工

 学习目标

➤ 能够正确识读带锥度的多台阶轴类零件图样

➤ 了解轴类材料热处理方式与表示方法

➤ 掌握几何公差的基础知识

 知识要求

一、带锥度的多台阶轴类零件图样含义及技术要求

1. 识读传动轴图样

（1）尺寸精度

配合部位通常给定公差数值较小，如图1—1中的 $\phi45_{-0.025}^{0}$ mm、$\phi30_{-0.025}^{0}$ mm 等。

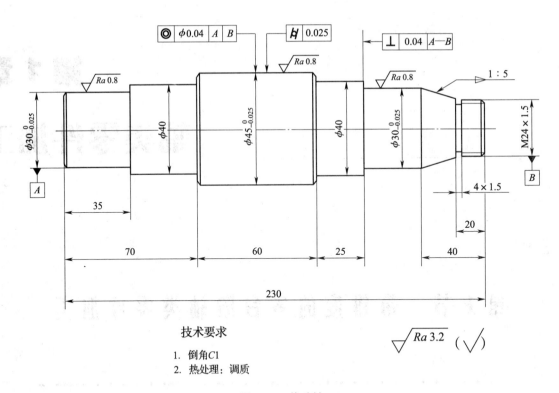

技术要求

1. 倒角C1
2. 热处理：调质

$$\sqrt{Ra\,3.2}\quad(\sqrt{})$$

图 1—1　传动轴

（2）位置精度

图 1—1 中的直径 $\phi45_{-0.025}^{0}$ mm 轴线对左端 $\phi30_{-0.025}^{0}$ mm 及右端 M24 × 1.5 螺纹的轴线的同轴度公差为 $\phi0.04$ mm。为保证位置精度，需双顶尖支承加工。

（3）表面粗糙度

在普通车床上车削，表面粗糙度值一般可以达到 $Ra1.6$ μm。本例中表面粗糙度值为 $Ra0.8$ μm，通常应安排磨削加工或高精度车削加工。

（4）技术要求

如图 1—1 中的调质等要求。

2. 轴类零件的组成

（1）轴类零件是各类机器中最常见的零件之一。轴类零件一般由圆柱表面、阶台、端面、退刀槽、倒角、螺纹、圆锥面和圆弧等组成。

（2）圆柱表面一般用于支承传动件（齿轮、带轮等）和传递扭矩。

（3）台阶和端面一般用来确定安装在轴上的零件的轴向位置。

（4）退刀槽的作用是使磨削外圆或车螺纹时退刀方便，并可使零件在装配时有一个正确的轴向位置。

（5）倒角的作用一方面是防止工件边缘锋利划伤工人；另一方面是便于在轴上安装其他零件，如齿轮、轴套等。

（6）圆锥面的作用是使与之配合的零件拆卸方便，并且同轴度较高。

（7）轴肩根部圆弧的作用是提高轴的强度，使轴在受交变应力作用时不致因应力集中而断裂；此外，还使轴在淬火过程中不容易产生裂纹。

二、轴类材料热处理方式与表示方法

根据热处理的不同目的，一般将热处理工序分为预备热处理和最终热处理，具体内容见表1—1。

表1—1　　　　　　　　　　热处理工序简介

工序	工艺	应用	工序位置安排	目的
预备热处理	退火	用于铸件或锻件毛坯，以改善其切削功能	毛坯制造后、粗加工之前进行	改善材料的力学性能，消除毛坯制造时的内应力，细化晶粒，均匀组织，并为最终热处理准备良好的金相组织
	正火			
	低温时效	用于各种精密工件，消除切削加工的内应力，保持尺寸的稳定性。对于特别重要的高精度的工件要经过几次低温时效处理。有些轴类工件在校直工序后，也要安排低温时效处理	半精车后，或粗磨、半精磨后	
	调质	调质工件的综合力学性能良好，对某些硬度和耐磨性要求不高的工件，也可作为最终热处理	粗加工后、半精加工之前	
最终热处理	淬火	适用于碳素结构钢。由于工件淬火后表面硬度高，除磨削和线切割等加工外，一般方法不能对其切削	半精加工后、磨削加工之前	提高工件材料的硬度、耐磨性和强度等力学性能
	渗碳淬火	适用于低碳钢和低合金钢（如 15，15Cr，20，20Cr 等），其目的是先使工件表层含碳量增加，然后经淬火使表层获得高的硬度和耐磨性，而心部仍保持一定的强度、较高的韧性和塑性。渗碳淬火还可以解决工件上部分表面不淬硬的工艺问题	半精加工与精加工之间	
	渗氮	渗氮是使氮原子渗入金属表面，从而获得一层含氮化合物的热处理方法。渗氮层较薄，一般不超过 0.6～0.7 mm。渗氮后的表面硬度很高，不需淬火	精磨或研磨之前	

【例1—1】 如图1—1所示工件技术要求有调质，安排加工工艺路线时，将调质安排在粗加工之后进行。调质工艺为淬火加高温回火，一般硬度要求为220～250HBW。

三、轴类零件常见的几何公差表示方法

为了保证机械产品的装配质量和使用性能，对机械零件不仅要提出尺寸公差要求，还需要提出几何公差要求，以控制其形状、方向、位置和跳动误差。

1. 基本要素

（1）要素

机械零件都是由各种表面围成的。例如，如图1—2所示零件由平面1、两平行面2、端平面3、圆柱面4、圆锥面5和球面6等围成。构成零件上的特征部分：点、线、面等统称为要素。这些要素可以是实际存在的，也可以是由实际要素取得的轴线或中心平面。

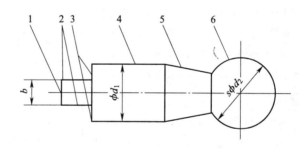

图1—2 要素

1—平面 2—平行面 3—端平面 4—圆柱面 5—圆锥面 6—球面

实际要素只能由测得要素代替。因此，实际要素并非是零件上实际存在要素的真实状况。具有几何意义的要素，称为理想要素。给出了形状或（和）位置公差要求的要素，称为被测要素。

（2）基准

用以确定被测要素方向或（和）位置的要素，称为基准要素。理想的基准要素，简称为基准。

2. 形状公差

（1）直线度

直线度误差是指零件上被测直线偏离其理想形状的程度。直线度公差是用以限制被测实际直线对其理想直线变动量的一项指标。

GB/T 1182—2008标准规定，在零件图上标注形状公差，一般用两个框格和一

个带箭头的指引线表示，如图 1—3 所示。框格在图样上应水平或垂直放置。第一格内填写形状公差的符号，第二格内填写形状公差的数值。指引线从框格的一端引出，箭头应指向公差带的宽度方向或直径方向。当被测要素为轮廓线时，指引线的箭头应指在轮廓线或其引出线上，并且要明显地与轮廓的尺寸线错开，如图 1—3a 所示。当被测要素为轴线、球心或中心平面时，指引线的箭头则应与相应的尺寸线对齐，如图 1—4a 所示。

如图 1—3a 所示零件上被测圆柱面素线的直线度公差为 0.012 mm，是指零件圆柱面上任一素线必须位于轴向平面内距离为 0.012 mm 的两平行直线之间，如图 1—3b 所示。给定平面内的直线度公差带是距离为公差值 t 的两平行直线间的区域，如图 1—3c 所示。

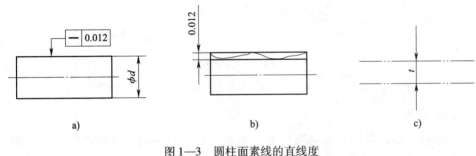

图 1—3 圆柱面素线的直线度

a）标注 b）图解 c）公差带

如图 1—4a 所示销钉上被测轴线直线度公差为 $\phi 0.05$ mm，是指杆部 ϕd 圆柱体轴线必须位于直径为 $\phi 0.05$ mm 的圆柱面内，如图 1—4b 所示。空间任意方向的直线度公差带是直径为公差 t 的圆柱面内的区域，如图 1—4c 所示。标注时，公差值前面写 ϕ。

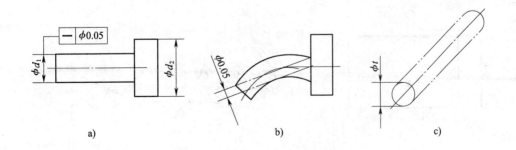

图 1—4 销钉杆部轴线的直线度

a）标注 b）图解 c）公差带

（2）平面度

平面度误差是指零件上被测平面偏离其理想形状的程度。平面度公差是用以限制被测实际平面对其理想平面变动量的一项指标。

如图1—5a所示零件上被测平面的平面度公差为0.01 mm，是指零件的上表面必须位于距离为0.01 mm的两平行平面内，如图1—5b所示。平面度公差带是距离为公差 t 的两平行平面之间的区域，如图1—5c所示。

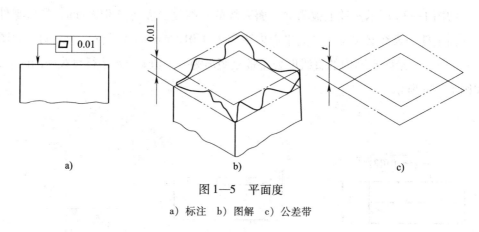

a)   b)   c)

图1—5　平面度

a）标注　b）图解　c）公差带

（3）圆度

圆度误差是指零件上被测圆柱面或圆锥面在正截面内的实际轮廓（或被测球面在过球心的截面内的实际轮廓）偏离其理想形状的程度。圆度公差是用以限制实际圆对其理想圆变动量的一项指标。

如图1—6a所示零件上被测圆柱面在正截面内的轮廓线圆度公差为0.01 mm，是指在垂直于轴线的任一正截面内，轮廓圆必须位于半径差为0.01 mm的两同心圆之间，如图1—6b所示。圆度公差带是在同一正截面上半径差为公差 t 的两同心圆之间的区域，如图1—6c所示。

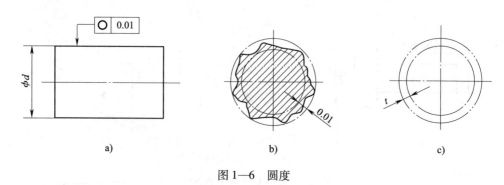

a)   b)   c)

图1—6　圆度

a）标注　b）图解　c）公差带

（4）圆柱度

圆柱度误差是指零件上被测圆柱面偏离其理想形状的程度。圆柱度公差是用以限制实际圆柱面对其理想圆柱面变动量的一项指标。其控制范围包括圆柱面在所有正截面和轴向截面内的形状误差。

如图 1—7a 所示零件上被测内圆柱面的圆柱度公差为 0.005 mm，是指被测内圆柱面必须位于半径差为 0.005 mm 的两同轴圆柱面之间，如图 1—7b 所示。圆柱度公差带是半径差为公差 t 的两同轴圆柱面间的区域，如图 1—7c 所示。

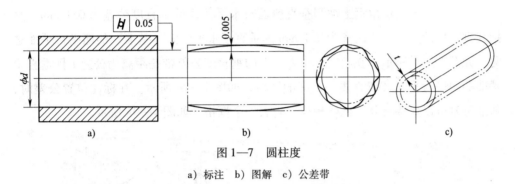

图 1—7　圆柱度

a）标注　b）图解　c）公差带

形状公差特征项目还有线轮廓度和面轮廓度。前者的公差是用以限制零件的任一截面上一般轮廓线的形状误差；后者的公差是用以限制零件上一般曲面的形状误差。

3．方向公差

（1）平行度

平行度误差是指零件上被测要素在与基准平行的方向上所偏离的程度。平行度公差是用以限制被测实际要素在与基准平行方向上变动量的一项指标。

标准规定，在零件图上标注位置公差时，要比标注形状公差多一个框格，还要标注基准符号。基准符号由基准字母、基准方格、连线与一个涂黑的或空白的基准三角形连接。基准字母填写在基准方格内和增加的公差框格内。无论基准符号在图中的方向如何，方框内的字母均应水平方向书写，如图 1—8 所示。

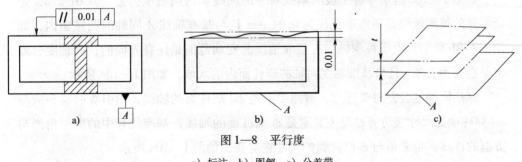

图 1—8　平行度

a）标注　b）图解　c）公差带

如图1—8a所示零件上被测要素对基准A的平行度公差为0.01 mm，是指零件的上表面必须位于距离为0.01 mm且平行于基准平面A的两平行平面之间，如图1—8b所示。在给定一个方向上的平行度公差带是距离为公差t且平行于基准的两平行平面间的区域，如图1—8c所示。

（2）垂直度

垂直度误差是指零件上被测要素在与基准垂直方向上的偏离程度。垂直度公差是用以限制被测实际要素在与基准垂直方向上变动量的一项指标。

如图1—9a所示角钢上被测垂直侧面对水平侧面的垂直度公差为0.1 mm，是指其垂直侧面必须位于距离为0.1 mm的垂直于水平侧面（基准）的两平行平面之间，如图1—9b所示。在给定一个方向上的垂直度公差带是距离为公差t且垂直于基准的两平行平面（或直线）之间的区域，如图1—9c所示。在标注位置公差时，基准符号可以直接与公差框格相连，省去一个框格，如图1—9a所示。

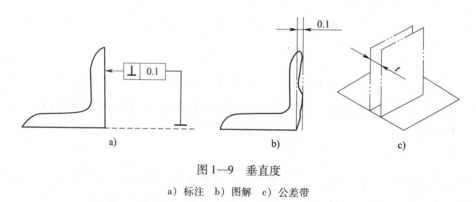

图1—9　垂直度

a）标注　b）图解　c）公差带

4．位置公差

（1）同轴度

同轴度误差是指零件上被测轴线对基准轴线（基准圆心）偏离的程度。同轴（同心）度公差是用以限制被测轴线偏离基准轴线（基准圆心）变动量的一项指标。

如图1—10a所示零件上被测轴线对基准轴线A的同轴度公差为0.01 mm，是指零件的被测轴线必须位于直径为0.01 mm且与基准轴线A同轴的圆柱面内，如图1—10b所示。由于被测轴线对基准轴线的变动范围是任意方向的，同轴度公差带是直径为公差t且与基准轴线同轴的圆柱面内的区域，如图1—10c所示。

标注同轴度公差时要注意，被测要素是ϕd圆柱面的轴线，指引线的箭头应与ϕd圆柱面的尺寸线对齐；基准要素是ϕ圆柱面的轴线，基准代号中的黑三角形与方框的连线，也必须与ϕ圆柱面的尺寸线对齐，如图1—10a所示。

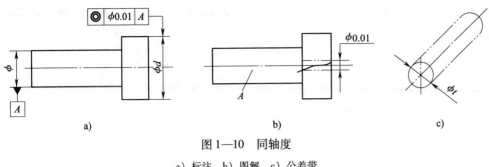

图 1—10 同轴度

a）标注 b）图解 c）公差带

（2）对称度

构成零件外形的要素称为轮廓要素。由轮廓要素取得的对称中心点（如球心）、轴心线、中心平面等要素，统称为中心要素。对称度误差是指零件上被测中心要素对基准中心要素偏斜和偏离的程度。对称度公差是用以限制被测中心要素偏离基准中心要素的一项指标。

如图 1—11a 所示零件键槽的对称中心平面对基准轴线 A 的对称度公差为 0.04 mm，是指键槽对称中心平面必须位于距离为 0.04 mm 的两平行平面之间，该两平面对称配置在通过基准轴线的辅助平面两侧，如图 1—11b 所示。在给定一个

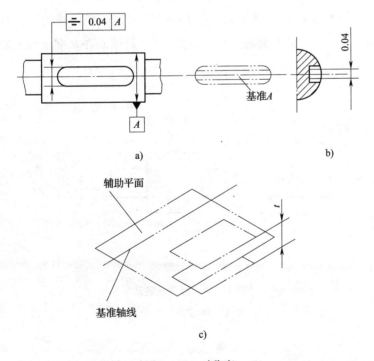

图 1—11 对称度

a）标注 b）图解 c）公差带

国家职业资格培训教程

方向上，面对线的对称度公差带是距离为公差 t 且相对基准轴线对称配置的两平行平面之间的区域，如图1—11c所示。

5．跳动公差

（1）圆跳动

跳动是根据测量方法定义的位置公差特征项目。测量时，使被测零件绕基准轴线作无轴向移动的回转，同时用指示器测量被测表面的跳动量，如图1—12所示。跳动常分为圆跳动和全跳动。

圆跳动误差是指被测实际要素绕基准轴线作无轴向移动回转一周时，由位置固定的指示器在给定方向上测得的最

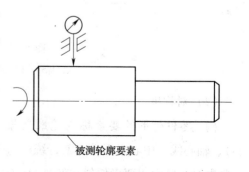

被测轮廓要素

图1—12　跳动的测量

大与最小读数之差。圆跳动分为径向圆跳动、端面圆跳动和斜向圆跳动。径向圆跳动公差是用以限制回转圆柱面在任一测量平面内跳动量的一项指标。

如图1—13a所示零件上被测 ϕd 圆柱面对基准轴线 $A-B$ 的径向圆跳动公差为0.04 mm，是指当被测圆柱面绕基准轴线作无轴向移动的回转时，在任一测量平面内的径向跳动量不得大于0.04 mm，如图1—13b所示。径向圆跳动公差带是在垂直于基准轴线的任一测量平面内，半径差为公差 t 且圆心在基准轴线上的两同心圆之间的区域，如图1—13c所示。

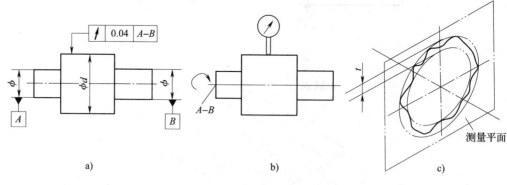

a)　　　　　　　　　　b)　　　　　　　　　　c)

图1—13　径向圆跳动

a) 标注　b) 图解　c) 公差带

（2）全跳动

全跳动误差是指使被测实际要素绕基准轴线作无轴向移动的连续回转运动，同时使指示器沿基准轴线方向移动所测得的最大与最小读数之差。全跳动分为径向全

跳动和端面全跳动。径向全跳动公差是用以限制整个被测圆柱面跳动量的一项指标。

如图1—14a所示零件上被测 ϕd 圆柱面对基准轴线 $A-B$ 的径向全跳动公差为 0.1 mm，是指使 ϕd 圆柱面绕基准轴线作无轴向移动的连续回转，同时使指示器沿基准轴线方向移动，测得的最大与最小读数之差不得大于 0.1 mm，如图1—14b所示。径向全跳动公差带是半径差为公差 t 且与基准轴线同轴的两圆柱面之间的区域，如图1—14c所示。

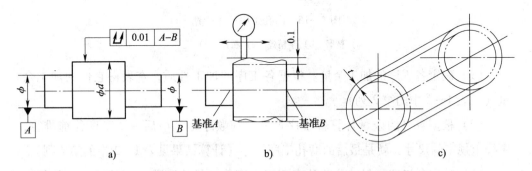

图1—14 全跳动

a) 标注 b) 图解 c) 公差带

【例1—2】 如图1—1所示工件图样中有圆柱度、垂直度要求。圆柱度公差在全长要求为 0.025 mm，垂直度公差要求为 0.04 mm。操作时要求用双顶尖支顶加工。

四、工序尺寸及其公差的确定

1. 工序尺寸

工序尺寸是加工过程中各道工序应保证的加工尺寸，其公差即工序尺寸公差。正确地确定工序尺寸及其公差，是制定工艺规程的重要工作之一。

在确定了工序余量和工序所能达到的经济精度后，便可计算出工序尺寸及其公差。计算分两种情况，一种是基准重合，另一种是基准不重合。

零件上外圆和内孔的加工多属这种情况。当某表面需经多次加工时，各工序的加工尺寸和公差取决于各工序的加工余量及所采用加工方法的经济加工精度，计算的顺序是由最后一道工序开始反向推算。

【例1—3】 加工某工件上的孔，其孔径为 $\phi 60^{+0.03}_{0}$ mm，表面粗糙度为 $Ra0.8$ μm（见图1—15），需淬硬，加工步骤为粗车—半精车—精磨。工序尺寸及公差的确定步骤如下：

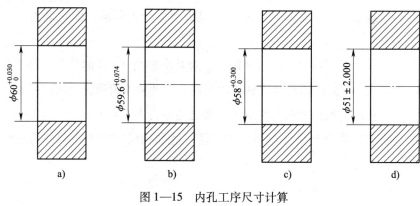

图1—15　内孔工序尺寸计算

a) 精磨　b) 半精镗　c) 粗镗　d) 毛坯

（1）确定各工序的加工余量。根据各工序的加工性质，查表得它们的加工余量（见表1—2中的第2列）。

（2）根据查得的余量计算各工序尺寸。其顺序是从最后一道工序往前推算，图样上规定的尺寸，就是最后的磨孔工序尺寸（计算结果见表1—2中的第4列）。

（3）确定各工序的尺寸公差及表面粗糙度值。最后磨孔工序的尺寸公差和粗糙度值就是图样上所规定的孔径公差和粗糙度值。各中间工序公差及粗糙度值是根据其对应工序的加工性质，查有关经济加工精度的资料得到（查得结果见表1—2中的第3列）。

（4）确定各工序的上、下偏差。查得各工序公差之后，按"入体原则"确定各工序尺寸的上、下偏差。对于孔，基本尺寸值为公差带的下限，上偏差取正值；对于轴，基本尺寸为公差带的上限，下偏差取负值。对于毛坯尺寸的偏差应取双向值（孔与轴相同）。得出的结果见表1—2中的第5列。

表1—2　　　　　　　　工序尺寸及其公差的计算　　　　　　　　　　mm

工序名称	工序余量	工序所能达到的精度等级	工序尺寸（最小尺寸）	工序尺寸及其上、下偏差
磨孔	0.4	H7（$^{+0.03}_{0}$）	60	$\phi 60^{+0.03}_{0}$
半精车孔	1.6	H9（$^{+0.074}_{0}$）	59.6	$\phi 59.6^{+0.074}_{0}$
粗车孔	7	H12（$^{+0.3}_{0}$）	58	$\phi 58^{+0.3}_{0}$
毛坯孔		±2	51	

2. 台阶轴各台阶长度尺寸换算

台阶轴各台阶长度尺寸是加工过程中各道工序应保证的加工尺寸，是制定工艺规程的重要内容之一。图样中的长度尺寸有时没有直接给出，但加工时需要，这就要求操作者掌握台阶轴各台阶长度尺寸换算。

【例1—4】　加工如图1—1所示工件，加工右半部分$\phi 35_{-0.025}^{0}$ mm外圆台阶时，需计算右端面到$\phi 35_{-0.025}^{0}$ mm外圆台阶的长度尺寸（$L = 75$ mm），这样加工才能保证长度尺寸合格。

 **技能要求1**

传动轴加工

加工如图1—1所示的传动轴工件，工艺过程如下：

由于工件精度要求较高，故加工过程应划分为粗车—半精车—精车（磨削）加工等阶段。

车削加工以三爪自定心卡盘夹紧工件，采用一夹一顶及两顶尖的方式加工。

一、操作准备

序号	名称		准备事项
1	材料		45钢，$\phi 50$ mm×235 mm 棒料1根
2	设备		CA6140（三爪自定心卡盘）
3	工艺装备	刀具	45°车刀，90°车刀，外圆车槽刀（切削刃宽为4 mm），M24×1.5外螺纹车刀，切断刀等
4		量具	游标卡尺0.02 mm/（0～150 mm），千分尺0.01 mm/（0～25 mm、25～50 mm），钢直尺，M24×1.5-6g螺纹环规、牙型样板等
5		工、附具	一字旋具，活扳手，顶尖及钻夹头，其他常用工具

二、操作步骤

序号	操作步骤	操作简图
步骤1	夹住毛坯外圆右端 1）车端面 2）钻中心孔$\phi 2.5$ mm 用顶尖支顶 1）车$\phi 45_{-0.025}^{0}$ mm外圆至$\phi 47$ mm，长135 mm 2）车$\phi 40$ mm外圆至$\phi 42$ mm，长70 mm	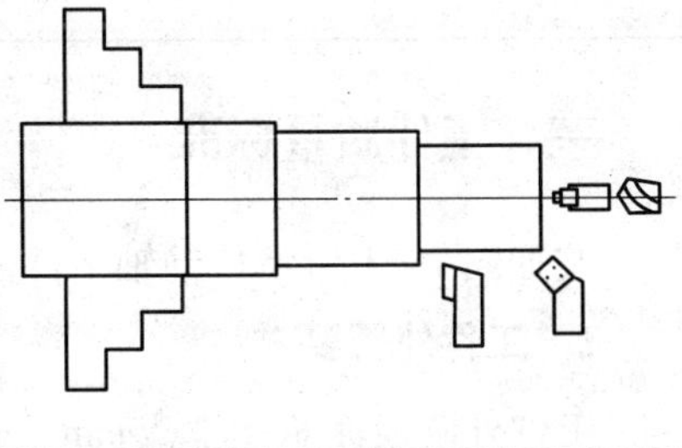

续表

序号	操作步骤	操作简图
步骤 1	3）车 $\phi30_{-0.025}^{0}$ mm 外圆至 $\phi32$ mm，长 35 mm 4）倒角 C1	
步骤 2	掉头，装夹左端 1）车端面，取总长至 230 mm 2）钻中心孔 $\phi2.5$ mm，工件用顶尖支顶 3）车 $\phi40$ mm 外圆至 $\phi42$ mm，保证 100 mm 尺寸 4）车 $\phi30_{-0.025}^{0}$ 外圆至 $\phi32$ mm×75 mm 5）车 M24×1.5 螺纹外圆至 $\phi26$ mm，长 20 mm 6）倒角 C1	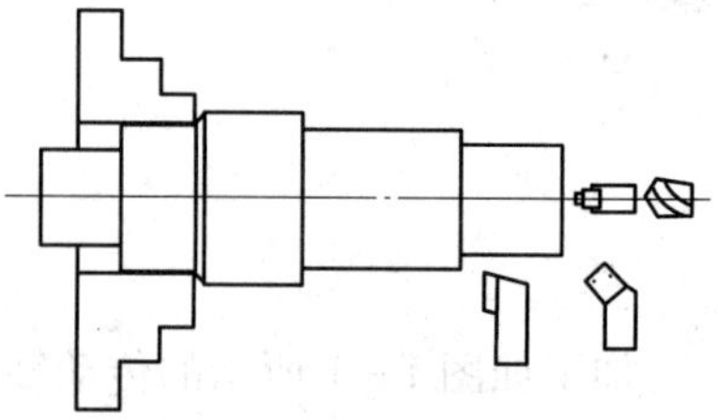
步骤 3	调质后硬度为 24~28HRC	
步骤 4	两顶尖装夹 1）车 $\phi45_{-0.025}^{0}$ mm 外圆至 $\phi45_{+0.4}^{+0.6}$ mm 2）车 $\phi40$ mm 外圆至尺寸，长 70 mm 3）车 $\phi30_{-0.025}^{0}$ mm 外圆至尺寸，长 35 mm 4）倒角 C1	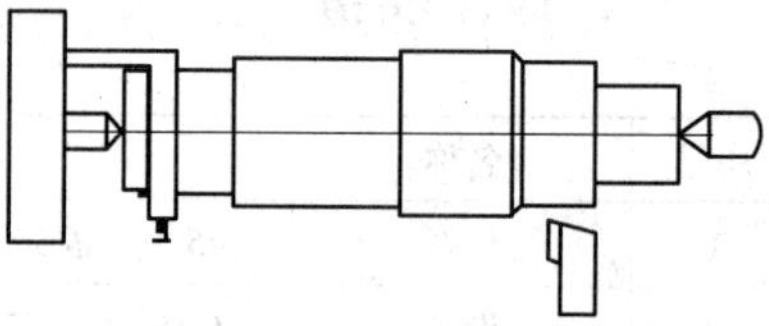
步骤 5	掉头，两顶尖装夹 1）车 $\phi40$ mm 外圆至尺寸，保证 100 mm 尺寸 2）车 $\phi30_{-0.025}^{0}$ mm 外圆至尺寸，长 75 mm 3）车 M24×1.5 螺纹外圆至 $\phi24$ mm×20 mm 4）车 1:5 圆锥至尺寸 5）车 4×1.5 槽至尺寸 6）倒角 C1 7）车 M24×1.5 螺纹合格	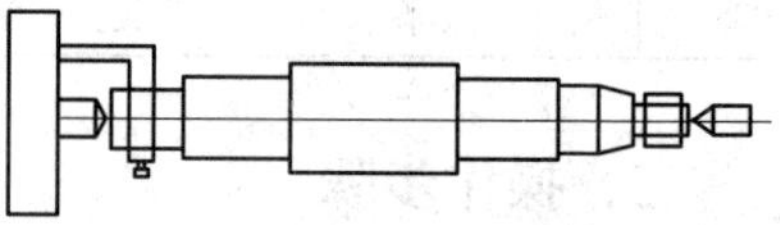

三、工件质量标准

按如图 1—1 所示传动轴工件需要达到的标准要求。

1. 工件外圆要求

工件外圆表面 $\phi45_{-0.025}^{0}$ mm、$\phi30_{-0.025}^{0}$ mm，有 $Ra0.8$ μm 表面粗糙度要求，这

是此工件比较重要的加工内容。

2. 几何公差要求

工件外圆表面有位置公差的同轴度要求 $\phi 0.04$ mm，要求在加工中用两顶尖装夹的方法进行车削。

3. 螺纹、圆锥要求

螺纹用环规检验，超差不合格。1:5 圆锥要求在加工中用两顶尖装夹的方法进行车削，保证与 $\phi 30_{-0.025}^{\ 0}$ mm 外圆同轴。

4. 其他表面要求

其他表面及两端面的表面粗糙度要求 $Ra3.2$ μm。$\phi 40$ mm，230 mm，70 mm，60 mm，40 mm，25 mm，20 mm，倒角 $C1$ mm 等都要按照未注公差尺寸进行检验。未注公差尺寸的公差等级：m 级。

 技能要求 2

传动轴正、反切削下料加工

加工如图 1—1 所示传动轴工件，工艺过程如下：

由于工件精度要求较高，故加工过程应划分为粗车—半精车—精车加工等阶段。

车削加工以三爪自定心卡盘夹紧工件，采取正反向车削加工的方式，加工后切断，保证同轴度不超差。

操作步骤

序号	操作步骤	操作简图
	夹住毛坯外圆	
步骤 1	1）车端面 2）钻中心孔 $\phi 2.5$ mm	

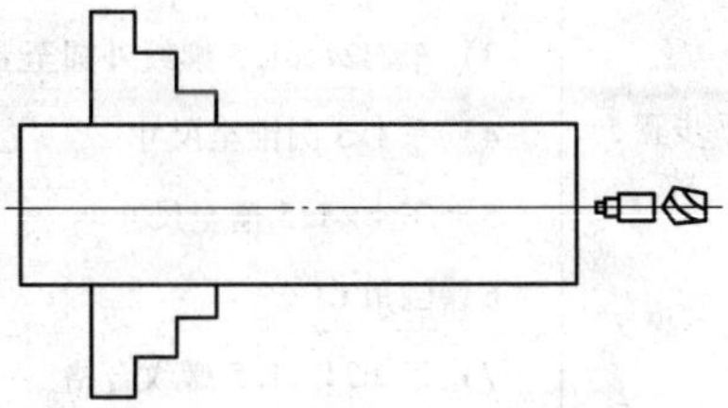

序号	操作步骤	操作简图
步骤2	伸出长度大于 260 mm，用顶尖支顶 1）车 $\phi45_{-0.025}^{0}$ mm 外圆至 $\phi47$ mm，长 135 mm 2）车 $\phi40$ mm 外圆至 $\phi42$ mm，长 70 mm 3）车 $\phi30_{-0.025}^{0}$ mm 外圆至 $\phi32$ mm，长 35 mm 4）倒角 C1 1）车 $\phi40$ mm 外圆至 $\phi42$ mm，保证 100 mm 尺寸 2）车 $\phi35_{-0.025}^{0}$ 外圆至 $\phi37$ mm×75 mm 3）车 M24×1.5 螺纹外圆至 $\phi26$ mm，长 20 mm 4）倒角 C1	
步骤3	调质后硬度为 24～28HRC	
步骤4	车靠近卡盘一侧外圆 1）车 $\phi45_{-0.025}^{0}$ mm 外圆至 $\phi45_{+0.4}^{+0.6}$ mm 2）车 $\phi40$ mm 外圆至尺寸，长 70 mm 3）车 $\phi30_{-0.025}^{0}$ mm 外圆至 $\phi35_{+0.4}^{+0.6}$ mm，长 35 mm 4）倒角 C1	
步骤5	车靠近尾座一侧外圆 1）车 $\phi40$ mm 外圆合格，保证 100 mm 尺寸 2）车 $\phi30_{-0.025}^{0}$ mm 外圆至尺寸，长 75 mm 3）车 M24×1.5 螺纹外圆至 $\phi24$ mm×20 mm 4）车 1:5 圆锥至尺寸 5）车 4×1.5 槽至尺寸 6）倒角 C1 7）车 M24×1.5 螺纹合格 8）切断	

学习单元2　下料及刀具的准备

 学习目标

➤ 能够正确准备正、反切削下料的刀具

➤ 掌握直进法和左右借刀法切断工件

➤ 进一步巩固切断刀、车槽刀的刃磨和修磨

➤ 懂得切断时易产生的问题和注意事项

➤ 根据工件材料的不同，能正确合理地刃磨刀具的几何角度，选择合理的切削用量，并要求切断面光洁

 知识要求

一、图样含义

在轴类零件中，有时需加工槽型或切断工件，如图1—16所示。

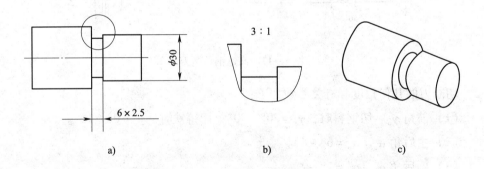

图1—16　槽的图样示例

如图1—16a所示为槽的图样。为了更好地表达出槽的结构，可采用如图1—16b所示的局部放大图，3:1表示此图已将图1—16a中所示的圆内部分放大了3倍。零件形状如图1—16c所示。

图1—16a中标注的尺寸6×2.5表示槽的宽度为6 mm，深度为2.5 mm，即槽底直径为25 mm。

二、切断刀的种类与几何角度

切断刀是一种刀头既窄又长，刀杆和车刀完全一样的刀具。切削时，切断刀只作横向进给，刀头的宽度等于切口的宽度。刀头的前方是主切削刃，两侧是副切削刃。副切削刃对刚切过的切口两侧起修整使用，可避免夹刀。切断刀排屑条件不好，刀头强度低，装夹后悬伸较长，刚度较低，容易产生振动，刀头容易折断。

切断刀分为高速钢切断刀和硬质合金切断刀两类。两类切断刀的基本几何角度的名称和作用相同，只是由于材料不同，结构上各有一些特点。

1. 高速钢切断刀

高速钢切断刀的结构形状如图 1—17 所示。

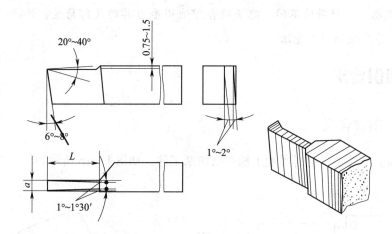

图 1—17 高速钢切断刀

切断刀的几何角度和有关参数如下：

（1）前角 γ_o。切钢料时，$\gamma_o = 20° \sim 30°$；切铸铁时，$\gamma_o = 0° \sim 10°$。

（2）主后角 α_o。$\alpha_o = 6° \sim 8°$。

（3）副后角 α_o'。$\alpha_o' = 1° \sim 2°$。

（4）主偏角 κ_r。$\kappa_r = 90°$。

（5）副偏角 κ_r'。$\kappa_r' = 1° \sim 1.5°$。副偏角的作用是减少副切削刃与切口两侧面的摩擦。副偏角太大会削弱刀头的强度。

（6）主切削刃宽度 a，可以按经验公式计算：

$$a \approx (0.5 \sim 0.6) \sqrt{d} \tag{1—1}$$

式中　d——被切断工件的直径，mm。

主切削刃太宽时，容易产生振动；太窄时，刀头容易折断。

（7）刀头长度 L（见图 1—18），可以按下式计算：

$$L = h + (2 \sim 3) \qquad (1—2)$$

式中 h——切入深度，切断实心工件时是工件的半径，mm。

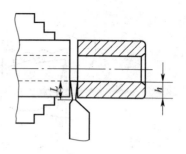

图 1—18　切断刀的刀头长度和切入深度

如图 1—19 所示，为了使排屑顺利，通常在切断刀的前刀面上磨出一个深度为 0.75 ~ 1.5 mm，倾角为 1°~3°的卷屑槽，使前刀面左高右低。这种卷屑槽可以使切屑呈直线形状从切口流出，而后自动卷成弹簧形或宝塔形，于是切屑便不会堵塞在切口中，可以避免刀头折断。应该注意，倾角太大时，会使刀头受到一个侧向分力而使切口不直，也会使刀头折断。

切断时，为了防止切下的工件端面有一个凸头，以及带孔工件不留边缘，可以把主切削刃略磨斜些，如图 1—20 所示。

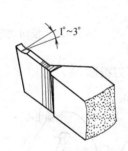

图 1—19　切断刀的卷屑槽

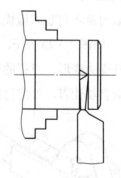

图 1—20　斜刃切断刀

2. 硬质合金切断刀

硬质合金切断刀的结构形状如图 1—21 所示。

为了便于排屑，把主切削刃两边倒 10°~20°角。为了增加刀头强度，一般把刀头下部做成鱼肚形。使用硬质合金切断刀时，由于是高速切削，发热量大，必须加强冷却，以免刀片脱焊。特别是当刀片磨损后，发热严重就更容易使刀片脱焊。因此，切断刀要及时刃磨。

3. 反切刀

切断直径较大的工件时，由于刀头较长，刚性较差，很容易引起振动。这时可采用反向切断法，即工件反转，用反切刀来切断，如图 1—22 所示。这样切断时，

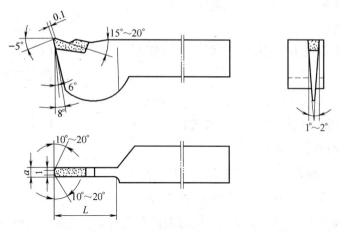

图1—21 硬质合金切断刀

切削力 F_z 的方向与工件重力 G 方向一致，不容易引起振动。另外，用反切刀切断时切屑从下面排出，不容易堵塞在工件槽内。

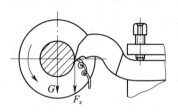

图1—22 反向切断和反切刀

4. 弹性切断刀

弹性切断刀是将切断刀做成刀片，再装夹在弹性刀杆上，如图1—23所示。当进给量过大时，弹性刀杆受力变形，刀杆的弯曲中心在刀杆上面，刀头会自动让刀，可避免扎刀，防止切断刀折断。

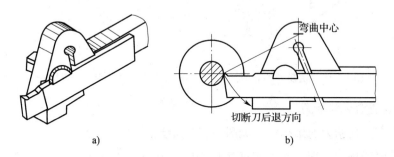

a)   b)

图1—23 弹性切断刀

三、切断刀的刃磨

切断刀刃磨前，应先把刀杆底面磨平。在刃磨时，先磨两个副后面，保证获得完全对称的两侧副偏角、两侧副后角及合理的主切削刃宽度。其次磨主后面，获得主后角，必须保证主切削刃平直。最后磨前刀面和卷屑槽。为了保护刀尖，可在两边尖角处各磨出一个小圆弧过渡刃。

1. 切断刀的刃磨顺序

（1）刃磨左侧副后面，如图 1—24a 所示。两手握刀，车刀前面向上，同时刃磨出左侧副后角和副偏角。

（2）刃磨右侧副后面，如图 1—24b 所示。两手握刀，车刀前面向上，同时磨出右侧副后角和副偏角。

（3）刃磨主后面，如图 1—24c 所示。同时磨出主后角、主偏角。

（4）刃磨前面，如图 1—24d 所示。同时磨出前角和断屑槽。

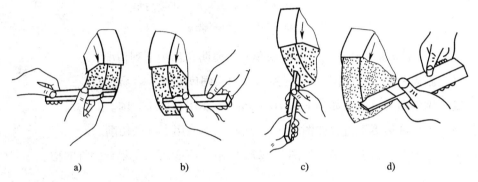

图 1—24　切断刀的刃磨步骤和方法

a）刃磨左侧副后面　b）刃磨右侧副后面　c）刃磨主后面　d）刃磨前面

2. 切断刀刃磨时容易产生的问题和注意事项

（1）切断刀的断屑槽磨得不宜太深，一般为 0.75～1.5 mm，如图 1—25a 所示。断屑槽太深，其刀头强度差、易折断（见图 1—25b）。更不能把前面磨低或磨成台阶形（见图 1—25c），这种刀切削不顺利，排屑困难，切削负荷大，刀容易折断。断屑槽的长度应超过切入深度，使排屑顺利。

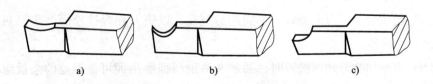

图 1—25　前角正确与错误示意图

a）正确　b）、c）错误

（2）刃磨切断刀和车槽刀的两侧后角时，应以车刀的底面为基准，用钢直尺或 90°角尺检查，如图 1—26a 所示。两侧副后角应为 1°～2°且要求对称。

如图1—26b所示副后角一侧为负值，切断时副后刀面与工件一侧已加工表面摩擦。

如图1—26c所示两侧副后角的角度太大，降低刀头强度，切削时容易折断。

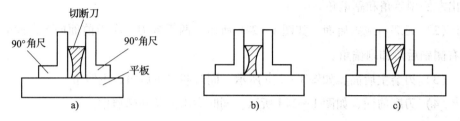

图1—26　用90°角尺检查切断刀的副后角

a）正确　b）、c）错误

（3）刃磨切断刀和车槽刀的副偏角时，要防止出现下列情况：

1）副偏角太大，如图1—27a所示。刀头强度变差，容易折断。

2）副偏角为负值，如图1—27b所示。不能用直进法切削。

3）副切削刃不平直，如图1—27c所示。不能用直进法切削。

4）车刀左侧磨去太多，如图1—27d所示。不能切削左侧有台阶的槽。

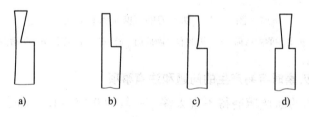

图1—27　刃磨副偏角时容易产生的问题

a）副偏角太大　b）副偏角为负值　c）副切削刃不平直　d）车刀左侧磨去太多

（4）高速钢车刀刃磨时，应随时冷却，以防退火；硬质合金车刀刃磨时，不能在水中冷却，以防刀片碎裂。

（5）硬质合金车刀刃磨时，不能用力过猛，以防刀片焊接处因产生高热而脱焊，使刀片脱落。

（6）刃磨切断刀和车槽刀时，通常左侧副后面磨出即可，刀宽的余量应放在车刀右侧磨去。

四、切断刀的装夹

刃磨角度正确的切断刀，并不等于其工作角度正确。切断刀装夹是否正确，直接影响切断刀的工作角度，对切断工件能否顺利进行、切断的工件平面是否平整有直接关系，所以对切断刀的装夹要求较严。

（1）安装时，切断刀不宜悬伸太长，同时使切断刀的中心线与工件的轴线垂直，以保证切断刀两侧副偏角对称。

（2）切断实心工件时，切断刀的主切削刃必须严格对准工件的中心，否则不能车到工件的中心，而且容易崩刃，甚至折断车刀。

（3）切断刀底平面应平整，以保证两个副后角对称。

五、切断方法

1. 用直进法切断工件

所谓直进法，是指刀具作垂直于工件轴线方向的进给运动把工件切断，如图1—28a 所示。这种方法效率高，省工件材料，但对车床的刚度、切断刀的刃磨与安装、切削用量的选择等都有较高的要求，且操作技术较难掌握，容易造成刀头折断，所以加工表面的质量难以保证。

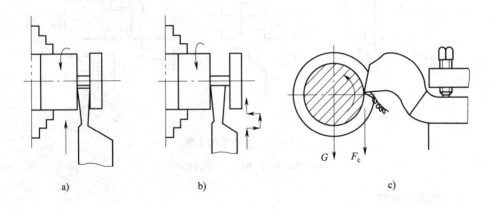

图 1—28 切断工件的三种方法

a）直进法 b）左右借刀法 c）反切法

2. 左右借刀法切断工件

在切断系统（刀具、工件、车床）刚度不足的情况下，可采用左右借刀法切断工件，如图1—28b 所示。这种方法是指切断刀在轴线方向反复地往返移动，随后径向进给，直至工件被切断。

3. 反切法切断工件

反切法是指工件反转，车刀反向装夹，如图1—28c 所示。这种切断方法适用于切断较大直径的工件，其优点有：

（1）反转切削时，作用在工件上的切削力与装夹在主轴上的工件的重力方向一致（向下），因此主轴受一个方向的力而不容易产生上下振动，所以切断工件时比较平稳。

（2）切屑靠自重从下面流出，不易堵塞在槽中，排屑顺利，因而能比较顺利地切削。

但必须注意：在采用反切法时，卡盘与主轴的连接部分采用螺旋旋紧的结构，必须有保险装置，否则卡盘会因倒车而脱离主轴，产生事故。

六、车槽的方法

1. 直进法

车精度不高和宽度较窄的矩形沟槽，可以用刀宽等于槽宽的车槽刀，采用直进法一次进给车出，如图1—29a所示。

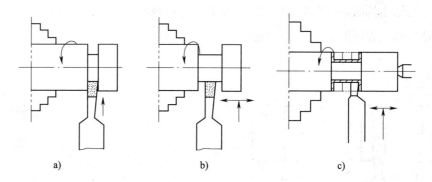

图1—29 直沟槽的车削

a）窄沟槽的车削 b）、c）宽沟槽的车削

2. 两次直进法

精度要求较高的沟槽，一般采用两次直进法车出，如图1—29b所示。第一次进给车槽时，槽壁两侧、槽底都留有一定的精车余量，第二次进给时用等宽刀，根据槽深、槽宽进行精车。

3. 多次直进法

车较宽的沟槽，可以采用多次直进法车削，如图1—29c所示，并在槽壁两侧和槽底留一定精车余量，然后根据槽深、槽宽进行精车。工厂内大、中型工件上较宽的沟槽，常用45°车刀车槽，然后用90°左、右偏刀进行修整。

4. 一次或多次车削圆弧形槽

车削较小的圆弧形槽时，一般以成形刀一次车出；较大的圆弧形槽，可用双手联动车削，以样板检查修整。

七、切断和车外沟槽时的切削用量

切断刀的强度、刚度都较差，切削条件不好，排屑困难。如果刃磨和装夹不正确，容易使切断刀折断。因此，切断刀装夹以后要经过手动试切，确认能正常工作以后（切下一个工件），才可以自动进给。切断时，应该浇注充分的切削液进行冷却。切断时的切削用量选择如下：

1. 进给量 f

由于切断刀的刀头强度比其他车刀低，切削时应适当地控制进给量。进给量太大时，容易使切断刀折断；进给量太小时，切断刀后面与工件产生剧烈摩擦并引起振动。进给量的具体数值根据工件和刀具材料来决定。

用高速钢切断刀时，进给量的选择范围如下：切钢件时，$f = 0.05 \sim 0.10$ mm/r；切铸铁时，$f = 0.10 \sim 0.20$ mm/r。

用硬质合金切断刀时，进给量的选择范围如下：切钢件时，$f = 0.10 \sim 0.20$ mm/r；切铸铁时，$f = 0.15 \sim 0.25$ mm/r。

2. 切削速度 v_c

用高速钢切断刀时，切削速度的选择范围如下：切钢件时，$v_c = 30 \sim 40$ m/min；切铸铁时，$v_c = 15 \sim 25$ m/min。

用硬质合金切断刀时，切削速度的选择范围如下：切钢件时，$v_c = 80 \sim 100$ m/min；切铸铁时，$v_c = 60 \sim 80$ m/min。

3. 背吃刀量 a_p

切断时，背吃刀量等于切断刀主切削刃的宽度。

八、切断时的有关事项

1. 切断时的注意事项

（1）用手动切断时，手动进给要均匀，进给量既不要过大，也不要过小。进给量过大，容易使切断刀折断。进给量过小甚至停止进给，容易使工件产生冷硬现象，加快刀具磨损。在工件即将切断时，要放慢进给速度。操作过程中，要注意观察，一旦有异常情况，要迅速退出车刀。

（2）如果被切断坯料的表面凹凸不平，最好先把外圆车一刀再切断，或减小进给量，以免造成"扎刀"现象而损坏刀具。

（3）切断部位应尽可能靠近卡盘，这样可以增加工件的刚度，否则容易产生振动或使工件抬起压断切断刀。

（4）不易切断的工件，可采用分段加大槽宽切断法（又称借刀法）。此时，切断刀减少了一个摩擦面，加大了槽宽，有利于排屑、散热和减小切削时的振动。

（5）切断由一夹一顶装夹的工件时，工件不能完全切断，应卸下工件后敲断。

（6）切断时不能用双顶尖装夹工件，否则切断后工件会飞出造成事故。

2. 切断刀折断的原因及预防方法

切断刀本身强度差，很容易折断，操作时必须特别小心。切断刀折断的原因是：

（1）切断刀的角度刃磨得不正确。若副偏角和副后角磨得太大，会削弱刀头的强度；如果这些角度磨得太小或没磨出，那么副切削刃、副后面会与工件表面发生剧烈的摩擦而使切断刀折断。刀头磨得歪斜，也会使切断刀折断。

（2）切断刀装得与工件中心线不垂直，并且没有对准工件中心。

（3）进给量太大。

（4）车刀前角太大，车床中滑板松动，切断时产生扎刀，致使切断刀折断。

预防方法：针对上面的原因，在工作中预先检查并纠正。

3. 控制切屑流向和防止切断时振动的方法

切屑的形状和排出方向对切断刀的使用寿命、工件的表面粗糙度及生产效率都有很大的影响，所以在切断工件时，控制切屑的形状和流向是一个重要的问题。

如在切削钢类工件时，切屑在工件槽里成"发条状"卷曲，排屑就困难，增大了切削力，容易造成"扎刀"并损伤工件已加工表面。理想的切屑应呈直线形从工件槽里流出，然后即卷成"弹簧形"或"宝塔状"；或者使切屑变窄，顺利排出。为了达到这些目的，可采用下列措施：

（1）在切断刀前面磨出 1°～3° 的倾角，使前面左高右低。前面倾角为 0° 时，切屑容易在槽中呈"发条状"，不能理想地卷出。但倾角太大时，切断刀受到一个侧向分力，使被切断工件的平面歪斜，或造成"扎刀"现象而损坏刀具。

（2）把切断刀的主切削刃刃磨成人字形，使切屑变窄，以便顺利排出。

（3）卷屑槽的大小和深度要根据进给量和工件直径的大小来决定。卷屑槽的深度不且过深，但长度必须超过切入深度，以保证顺利排屑。

4．切断工件时产生振动的防止措施

切断工件时，往往容易产生振动而使刀具损坏。操作中可以采取下列措施来防止振动：

（1）适当加大前角，以减小切削阻力。

（2）在切断刀主切削刃中间磨 *R*0.6 mm 左右的凹槽（消振槽），这样不仅能起消振作用，而且能起导向作用，保证切断的平直性。

（3）大直径工件采用反切法，也可以防止振动，并使排屑方便。

（4）选用合适的刀头宽度。刀头宽度太窄，使刀头强度减弱；刀头宽度太宽，容易引起振动。

（5）改变刀杆的形状，即把切断刀伸入工件部分的刀杆下面做成"鱼肚形"或其他形状，以减小由刀杆刚性差而引起的振动。

（6）把车床主轴间隙、中滑板和小滑板间隙适当调小。

 **技能要求1**

切断刀的刃磨

切断刀的几何形状如图 1—30 所示，刀宽 4 mm。

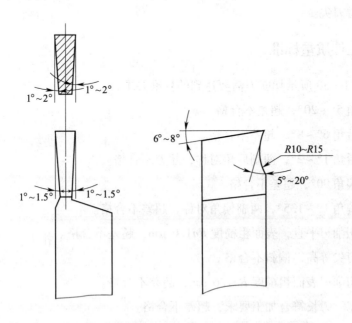

图 1—30　切断刀的几何形状

一、操作准备

序号	名称		准备事项
1	材料		刀坯练习件 5 mm × 20 mm × 200 mm，高速钢切断刀片
2	设备		砂轮机
3	工艺装备	刀具	切断刀
4		量具	游标卡尺，钢直尺
5		工、附具	一字旋具，砂轮修整器，防护眼镜，活扳手，其他常用工具

二、操作步骤

1. 粗磨两副后面（保持平直），同时磨出相对称的两副偏角和两副后角及所需的主切削刃宽度。

2. 粗磨主后面，同时磨出主偏角和主后角。

3. 粗、精磨前面，同时磨出前角，保持主切削刃平直，两刀尖等高。

4. 精磨两副后面，同时磨成两副偏角和两副后角，保持面平，角度正确且对称相等。

5. 精磨主后面，磨成主后角。

6. 修磨刀尖。

三、工件质量标准

按如图 1—30 所示切断刀需要达到的标准要求：

1. 前角 5°~20°，超差不合格。

2. 主后角 6°~8°，超差不合格。

3. 副后角 1°~2°，两副后角对称，超差不合格。

4. 主偏角 90°，超差不合格。

5. 副偏角 1°~1.5°，两副偏角对称，超差不合格。

6. 主切削刃平直，表面粗糙度 $Ra1.6\ \mu m$，超差不合格。

7. 两刀尖等高，偏斜不合格。

8. 副切削刃表面粗糙度 $Ra1.6\ \mu m$，超差不合格。

9. 刀宽、刀长符合加工要求，超差不合格。

四、注意事项

1. 刃磨时一定要细心，防止尺寸磨小，角度不正确。
2. 在高速钢车刀刃磨中，应及时冷却，以防止车刀退火。

 技能要求 2

工件切断的工艺过程

切断如图 1—31 所示工件。

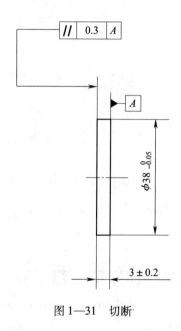

图 1—31　切断

一、操作准备

序号	名称		准备事项
1	材料		45 钢，ϕ45 mm×105 mm 的棒料 1 根
2	设备		CA6140 车床（三爪自定心卡盘）
3	工艺装备	刀具	切断刀，45°车刀，90°车刀，外圆车槽刀（刃宽为 3 mm）
4		量具	游标卡尺 0.02 mm/（0～150 mm），钢直尺 150 mm，25～50 mm 外径千分尺，刀口形直尺，塞尺
5		工、附具	一字旋具，活扳手，其他常用工具

二、操作步骤

序号	操作步骤	操作简图
步骤 1	用三爪自定心卡盘装夹 1) 车端面 2) 粗、精车外圆至图样技术要求，长度 15 mm 左右 3) 切厚度为（3±0.2）mm 的薄片，注意测量，注意去毛刺	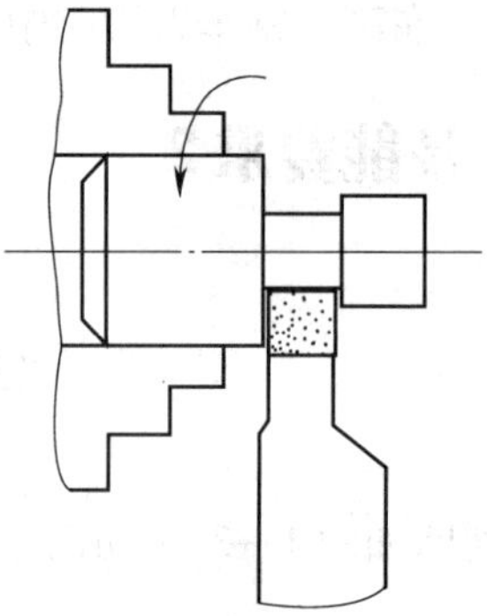

三、工件质量标准

按如图 1—31 所示工件需要达到的标准要求如下：

1. 工件外圆要求

工件外圆表面尺寸 $\phi38_{-0.05}^{0}$ mm、（3±0.2）mm。

2. 几何公差要求

工件端面有几何公差的平行度要求 ±0.2 mm，要求在加工中予以保证。

3. 切断时 Ra6.3 μm，中心小凸头 d<2 mm。

学习单元 3　机夹可转位车刀

学习目标

➢ 学习机械夹固式可转位车刀刀片及刀杆知识

知识要求

一、机夹可转位车刀结构

如图 1—32 所示为机夹可转位车刀，学习和掌握此刀具，对于批量加工产品，保证精度是十分必要的。

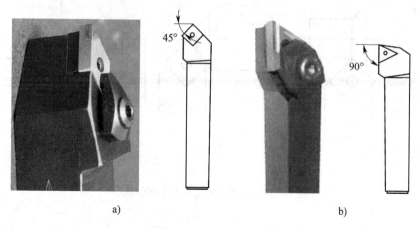

图 1—32 机夹可转位车刀

a) 机夹刀片 45°外圆车刀 b) 机夹刀片 90°外圆车刀

　　将能转位使用的多边形刀片用机械方法夹固在刀杆或刀体上的刀具，称为机夹可转位刀具。在切削加工中，当一个刃尖磨钝后，将刀片转位后使用另外的刃尖，这种刀片用钝后不再重磨。多数可转位刀具的刀片采用硬质合金，也有采用陶瓷、多晶立方氮化硼或多晶金刚石的。机夹可转位车刀具备各种刀刃形状，如图 1—33 所示。

图 1—33 机夹可转位车刀形状

1. 机夹可转位车刀

机夹可转位车刀车削的状态如图 1—34 所示。

2. 可转位刀具与钎焊式或其他机械夹固式刀具相比的优点

车刀刀片安装形式比较如图 1—35 所示。

可转位刀具与钎焊式或其他机械夹固式刀具相比有如下优点：

（1）避免了硬质合金钎焊时容易产生裂纹的缺点。

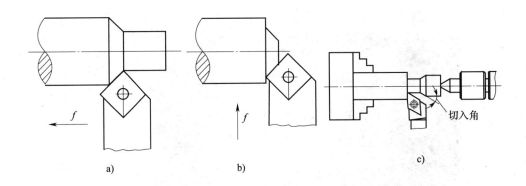

图1—34　机夹可转位车刀车削的状态

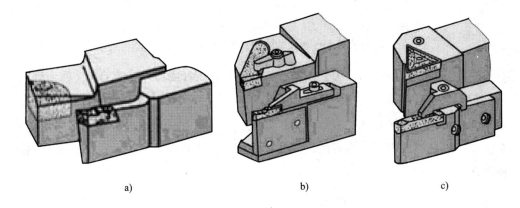

图1—35　车刀刀片安装形式比较
a）焊接式　b）机夹式　c）可转位式

（2）可转位刀片适合用气相沉积法在硬质合金刀片表面沉积薄层更硬的材料（碳化钛、氮化钛和氧化铝），以提高切削性能。

（3）换刀时间较短。

（4）由于可转位刀片是标准化和集中生产的，刀片几何参数易于一致，切屑控制稳定。

可转位刀具的应用范围很广，包括各种车刀、镗刀、铣刀、外表面拉刀、大直径深孔钻和套料钻等。

3．机夹可转位车刀的组成

机夹可转位车刀由刀杆、刀垫、刀片、夹紧元件等组成，如图1—36所示。

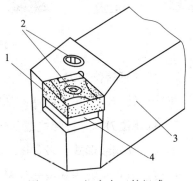

图1—36　机夹车刀的组成
1—刀片　2—夹紧元件　3—刀杆　4—刀垫

国家标准 GB/T 2076—2007《切削刀具用可转位刀片型号表示规则》，规定了切削刀具用硬质合金或其他材料的可转位刀片的型号表示规则。

可转位刀片的型号表示规则，是用 9 个代码表征刀片的尺寸及其他特性。第 1 位至第 7 位是必需的，第 8 位和第 9 位在需要时添加。

4. 可转位刀片型号表示规则中各代号的意义

第 1 位字母代号　表示刀片形状（见表 1—3）　⎫

第 2 位字母代号　表示刀片法后角（见表 1—4）

第 3 位字母代号　表示允许偏差等级（见表 1—5）　表征可转

第 4 位字母代号　表示夹固形式及有无断屑槽（见表 1—6）位刀片的

第 5 位数字代号　表示刀片长度（见表 1—7）　必需代号

第 6 位数字代号　表示刀片厚度（见表 1—8）

第 7 位字母或数字代号　表示刀尖角形状（见表 1—9）　⎭

第 8 位字母代号　表示切削刃截面形状（见表 1—10）

第 9 位字母代号　表示切削方向（见表 1—11）

（1）刀片形状

刀片形状的代号（表 1—3）——第 1 位。

（2）刀片法后角

刀片法后角的代号（见表 1—4）——第 2 位。

表 1—3　　　　　　　　　表示刀片形状的代号

刀片形状类别	代号	形状说明	刀尖角 ε_r	示意图
I 等边等角	H	正六边形	120°	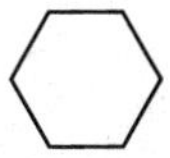
	O	正八边形	135°	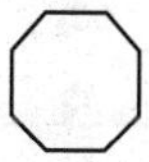
	P	正五边形	108°	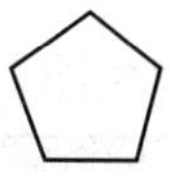

续表

刀片形状类别	代号	形状说明	刀尖角 ε_r	示意图
I 等边等角	S	正方形	90°	
	T	正三角形	60°	
II 等边不等角	C	菱形	80°①	
	D		55°①	
	E		75°①	
	M		86°①	
	V		35°①	
	W	等边不等角的六边形	80°	
III 等角不等边	L	矩形	90°	
IV 不等边不等角	A	平行四边形	85°①	
	B		82°①	
	K		55°①	
	F	不等边不等角的六边形	82°①	
V 圆形	R	圆形	—	

①所示角度是指较小的角度。

表 1—4 表示刀片法后角的代号

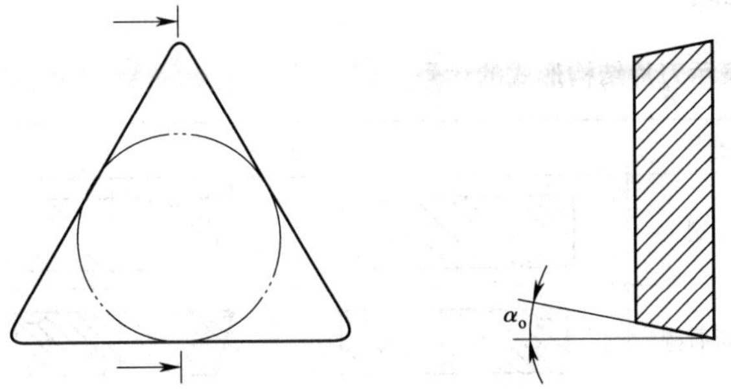

示意图	代号	法后角
	A	3°
	B	5°
	C	7°
	D	15°
	E	20°
	F	25°
	G	30°
	N	0°
	P	11°
	O	其他需专门说明的法后角

（3）刀片主要尺寸允许偏差等级

刀片主要尺寸允许偏差等级的代号（见表 1—5）——第 3 位。

表 1—5 表示刀片主要尺寸允许偏差等级的代号 mm

代号	m（刀尖位置尺寸）	s（刀片厚度）	d（刀片内切圆直径）	图示
A[①]	±0.005	±0.025	±0.025	
F[①]	±0.005	±0.025	±0.013	
C	±0.013	±0.025	±0.025	
H	±0.013	±0.025	±0.013	
E	±0.025	±0.025	±0.025	
G	±0.025	±0.013	±0.025	
J[①]	±0.025	±0.025	±0.05 ~ ±0.15[②]	a）刀片边为奇数，刀尖为圆角
K[①]	±0.013	±0.025	±0.05 ~ ±0.15[②]	b）刀片边为偶数，刀尖为圆角
L[①]	±0.025	±0.025	±0.05 ~ ±0.15[②]	
M	±0.08 ~ ±0.2[②]	±0.13	±0.05 ~ ±0.15[②]	c）带修光刃的刀片
N	±0.08 ~ ±0.2[②]	±0.025	±0.05 ~ ±0.15[②]	
U	±0.13 ~ ±0.38[②]	±0.13	±0.08 ~ ±0.25[②]	

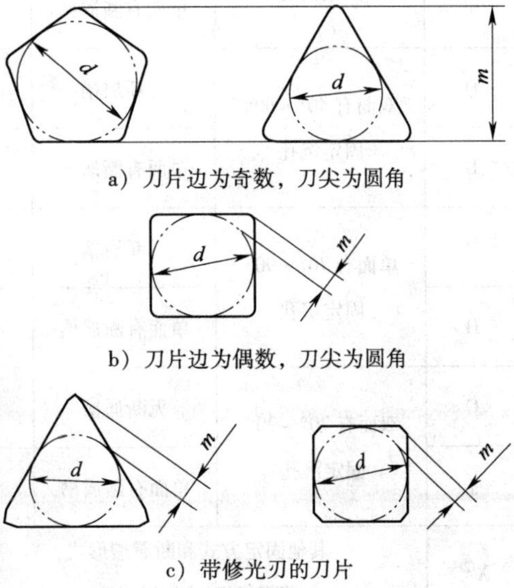

①通常用于具有修光刃的可转位刀片。

②允许偏差取决于刀片尺寸的大小。

（4）刀片结构形式

刀片结构形式的代号（见表1—6）——第4位，表示刀片有无断屑槽和中心固定孔的字母代号应符合本表规定。

表1—6　　　　　　　　　　表示刀片结构形式的代号

代号	固定方式	断屑槽①	示意图
N	无固定孔	无断屑槽	
R		单面有断屑槽	
F		双面有断屑槽	
A	有圆形固定孔	无断屑槽	
M		单面有断屑槽	
G		双面有断屑槽	
W	单面有 40°~60° 固定沉孔	无断屑槽	
T		单面有断屑槽	
Q	双面有 40°~60° 固定沉孔	无断屑槽	
U		单面有断屑槽	
B	单面有 70°~90° 固定沉孔	无断屑槽	
H		单面有断屑槽	
C	双面有 70°~90° 固定沉孔	无断屑槽	
J		单面有断屑槽	
X②	其他固定方式和断屑槽形式，需附图形或加以说明		—

①断屑槽的说明见 GB/T 12204。

②不等边刀片通常在第4位用 X 表示，刀片宽度的设定（垂直于主切削刃或垂直于较长的边）以及刀片结构的特征需要加以说明。如果刀片形状没有列入第1位的表示范围，则此处不能用代号 X 表示。

（5）刀片边长

刀片边长的代号（见表1—7）——第5位。

表1—7　　　　　　　　　　表示刀片边长的代号

刀片形状	举例		说明
类别	切削刃长度（mm）	代号	
Ⅰ～Ⅱ等边形刀片	15.5	15	用整数表示，小数不计
	9.525	09	用整数表示，若只剩下一位数字，则必须在数字前加"0"
Ⅲ～Ⅳ不等边形刀片	19.5	19	通常用主切削刃或较长的边的尺寸值作为表示代号
Ⅴ圆形刀片	15.875	15	用整数表示，小数不计

（6）刀片厚度

刀片厚度的代号（见表1—8）——第6位。

表1—8　　　　　　　　　　表示刀片厚度的代号

举例		说明
刀片厚度（mm）	表示代号	
3.18	03	用整数表示，小数不计 用整数表示，只剩下一位数字，则必须在数字前加"0"
3.97	T3	当刀片厚度整数值相同，而小数值部分不同时，则将小数部分大的刀片代号用"T"代替0，以示区别

刀片厚度（s）是指刀尖切削面与对应的刀片支撑面之间的距离。圆形或倾斜的切削刃视同尖的切削刃

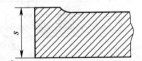
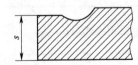
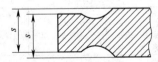

（7）刀尖形状

刀尖形状（见表1—9）——第7位。

（8）刀片切削刃截面形状

表示刀片切削刃截面形状的代号（见表1—10）——第8位。

表 1—9 　　　　　　　　　　　　　　**表示刀尖形状的代号**

若刀尖角为圆角 （无修光刃）	若刀片具有修光刃	圆形刀片 代号
		公制单位 表示 M0

刀尖角 为圆角 代号	刀尖圆 弧半径 （mm）	刀尖角 不是圆 角代号	代号	κ_r	代号	α'_n	代号	α'_n	
08	0.8	00	A	45°	A	3°	E	20°	英制单位 表示 00
			D	60°	B	5°	F	25°	
			E	75°	C	7°	G	30°	
			F	85°	P	11°	N	0°	
			P	90°	D	15°	P	11°	
			Z	其他角度			Z	其他角度	

表 1—10 　　　　　　　　　　　　**表示刀片切削刃截面形状的代号**

代号	刀片切削刃截面形状	示意图
F	尖锐切削刃	
E	倒圆切削刃	
T	倒棱切削刃	
S	既倒棱又倒圆切削刃	
Q	双倒棱切削刃	
P	既双倒棱又倒圆切削刃	

（9）刀片切削方向

表示刀片切削方向的代号（见表1—11）——第9位。

表 1—11　　　　　　　　　　表示刀片切削方向的代号

代号	切削方向	刀片的应用	示意图
R	右切 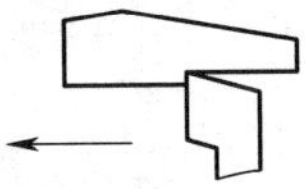	适用于非等边、非对称角、非对称刀尖有或没有非对称断屑槽刀片，只能用该进给方向	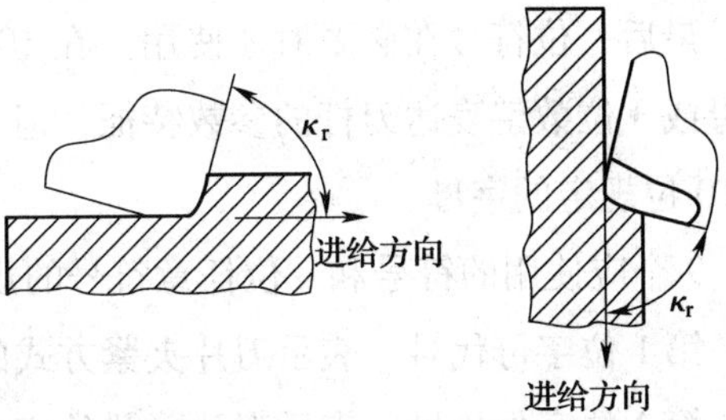
L	左切 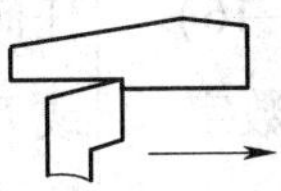	适用于非等边、非对称角、非对称刀尖有或没有非对称断屑槽刀片，只能用该进给方向	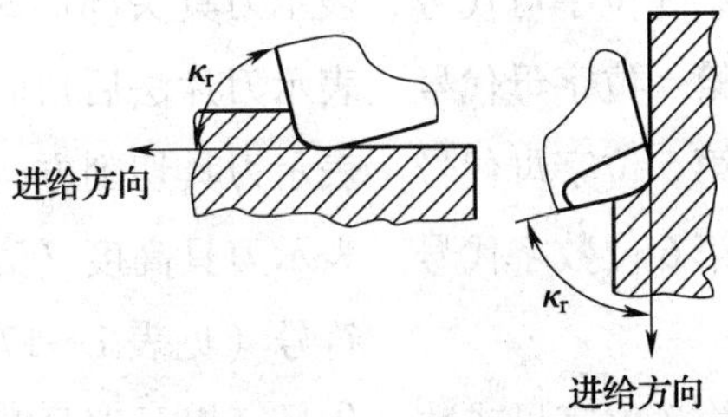
N	双向 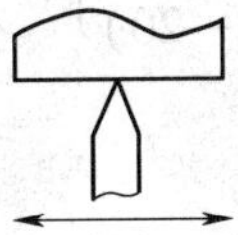	适用于有对称刀尖、对称角、对称边和对称断屑槽的刀片，可能采用两个进给方向	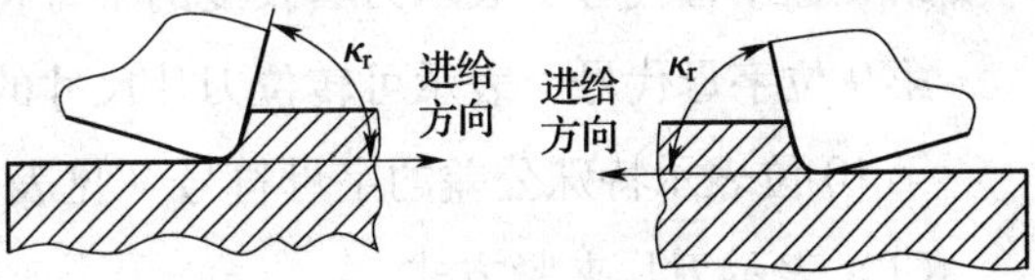

【例1—5】　说明 TNUM160408R 刀片的含义。

1）查表1—3得 T 表示刀片形状为正三角形。

2）查表1—4得 N 表示刀片法向后角为0°。

3）查表1—5得 U 表示刀片精度允许的偏差等级。

4）查表1—6得 M 表示刀片单面有断屑槽，有圆形固定孔。

5）查表1—7得16表示刀片切削刃长16.5 mm。

6）查表1—8得04表示刀片厚度4.76 mm。

7）查表1—9得08表示刀尖圆弧半径0.8 mm。

8）查表1—11得R表示刀片为右切方向。

5. 可转位车刀及刀夹表示规则中各代号的意义

国家标准GB/T 5343.1—2007《可转位车刀及刀夹　第1部分：型号表示规则》中的代号使用规则说明，车刀或刀夹的代号由代表给定意义的字母或数字按一定的规则排列所组成，共有10位符号，任何一种车刀或刀夹都应使用前9位符号，最后一位符号在必要时才使用。在10位符号之后，制造厂可以最多再加3个字母或3位数字表达刀杆的参数特征，但应用破折号与标准符号隔开，并不得使用第10位规定的字母。

9个应使用的符号和一位任意符号的规定如下：

第1位字母代号　表示刀片夹紧方式的字母符号（见表1—12）

第2位字母代号　表示刀片形状的字母符号（见表1—13）

第3位字母代号　表示刀具头部形式的字母符号（见表1—14）

第4位字母代号　表示刀片法后角的字母符号（见表1—15）

第5位字母代号　表示刀具切削方向的字母符号（见表1—16）

第6位数字代号　表示刀具高度（刀杆和切削刃高度）的数字符号（见表1—17）

第7位字母或数字代号　表示刀具宽度的数字符号或识别刀夹类型的字母符号（见表1—18）

第8位字母代号　表示刀具长度的字母符号（见表1—19）

第9位字母代号　表示可转位刀片尺寸的数字符号（见表1—20）

> 任何一种车刀或刀夹都应使用前9位符号

第10位表示特殊公差的字母符号（见表1—21）

（1）表示刀片夹紧方式

表示刀片夹紧方式的符号（见表1—12）——第1位。

表1—12　　　　　　　　　　　**可转位刀片夹紧方式**

字母符号	夹紧方式	结构简图	特点	适用场合
C	顶面夹紧（无孔刀片）		夹紧力大，稳定可靠。结构简单，制造容易	大部分刃倾角为0°，适用于精车，适用于中、重型负荷及间断车削

字母符号	夹紧方式	结构简图	特点	适用场合
M	顶面和孔夹紧（有孔刀片）	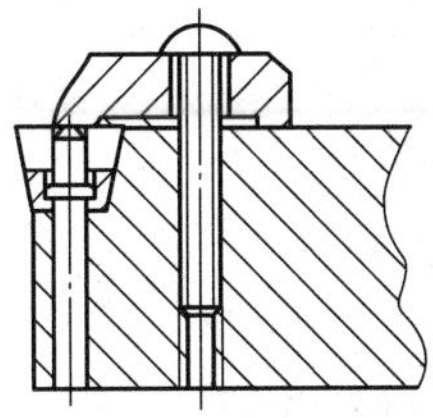	采用两种夹紧方式夹紧刀片，夹紧可靠，制造也较方便	能承受较大的切削负荷及冲击，适用于重负荷车削
P	孔夹紧（有孔刀片）	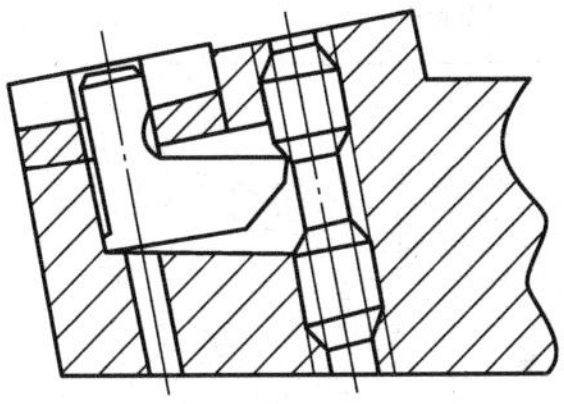	夹紧力大，稳定性好，定位精确，刀片转位或更换迅速。使用方便，利于排屑。结构复杂，制造困难	具有正前角和负刃倾角，一般后角为0°。适用于中、轻负荷车削
S	螺钉通孔夹紧（有孔刀片）	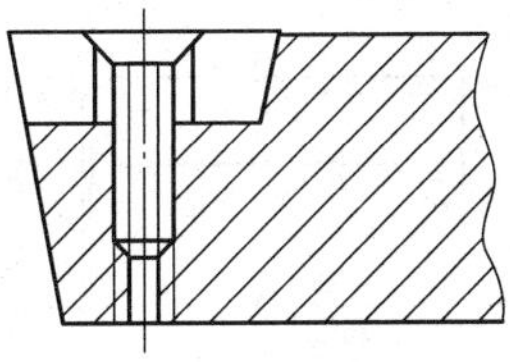	结构简单、紧凑，零件少，排屑通畅，夹紧可靠，制造容易	前角和刃倾角均为0°，后角有角度。适用于中、小型车刀，广泛应用于有色金属及塑料加工

（2）表示刀片形状

表示刀片形状的符号（见表1—13）——第2位（采用刀片标注第2位的刀片图形）。

表1—13　　　　　　　　　刀片形状的符号

字母符号	刀片形状	刀片形式
H	六边形	等边和等角
O	八边形	
P	五边形	
S	四方形	
T	三角形	
C	菱形	等边但不等角
D	菱形	
E	菱形	

续表

字母符号	刀片形状	刀片形式
M	菱形	等边但不等角
V	菱形	
W	六边形	
L	矩形	不等边但等角
A	85°刀尖角平行四边形	不等边和不等角
B	82°刀尖角平行四边形	
K	55°刀尖角平行四边形	
R	圆形	圆形

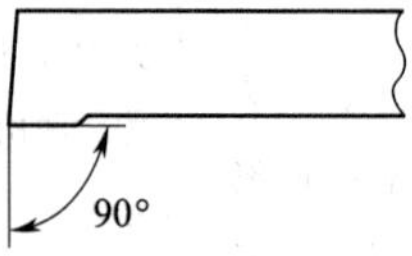

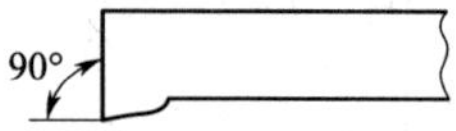

注：刀尖角均指较小的角度。

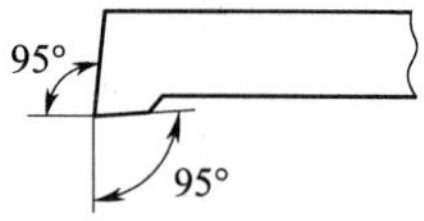

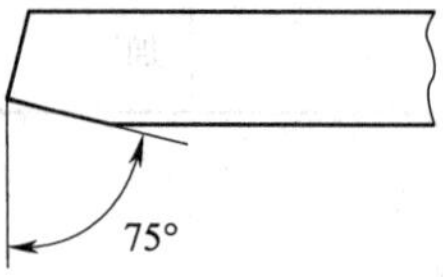

(3) 表示刀具头部形式

表示刀具头部形式的符号（见表1—14）——第3位。

表1—14　　　　可转位刀具头部形式

A 90° 直头 侧切		F 90° 偏头 端切		L 95°偏头 侧切 和端切	
B 75° 直头 侧切		G 90° 偏头 侧切		M 50° 直头 侧切	
C 90° 直头 端切		H 107.5° 偏头 侧切		N 63° 直头 侧切	
D 45° 直头 侧切		J 93° 偏头 侧切		P 117.5° 偏头 侧切	
E 60° 直头 侧切		K 75° 偏头 端切		R 75° 偏头 侧切	

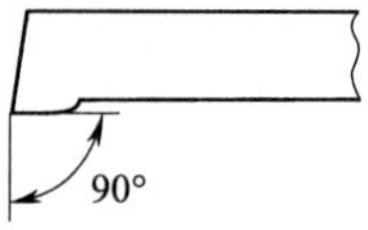

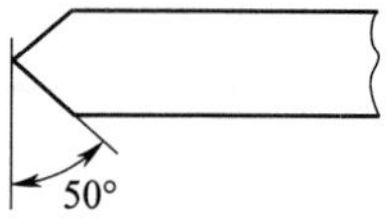

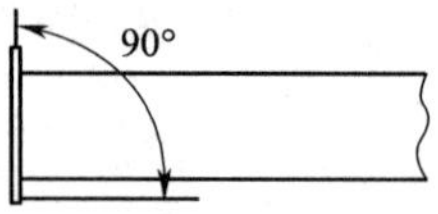

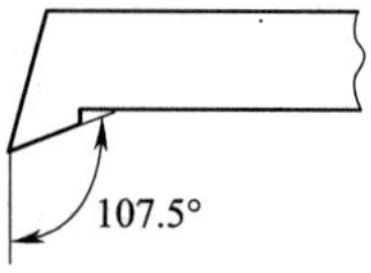

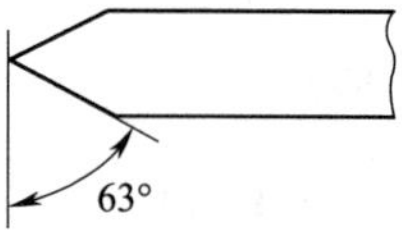

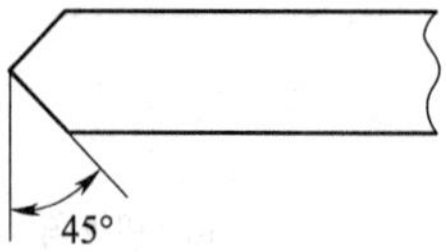

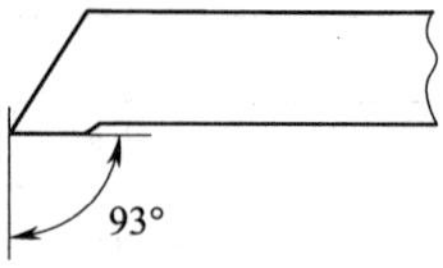

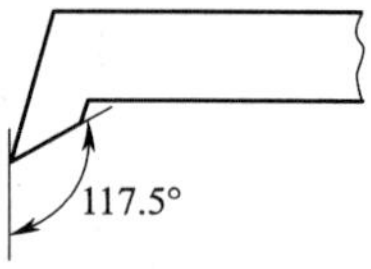

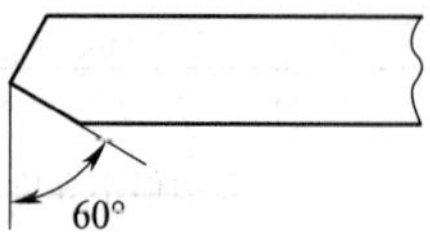

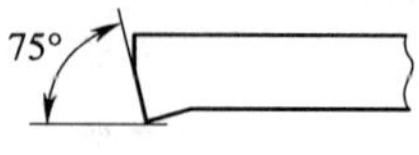

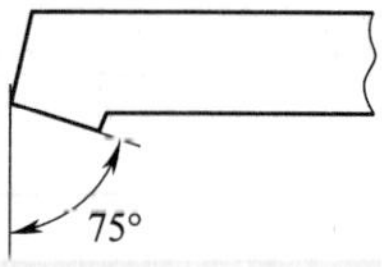

续表

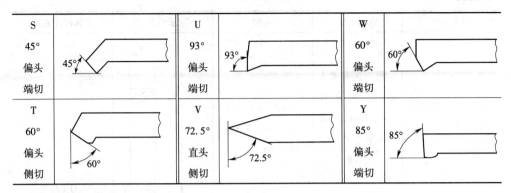

注：D 型和 S 型车刀和刀夹也可以安装圆形（R 型）刀片。

（4）表示刀片法后角

表示刀片法后角的符号（见表 1—15）——第 4 位（采用刀片标注中的第 2 位刀片法后角代号和刀片图形）。

表 1—15　　　　　　　　　　刀片法后角

字母符号	刀片法后角	字母符号	刀片法后角
A	3°	F	25°
B	5°	G	30°
C	7°	N	0°
D	15°	P	11°
E	20°		

注：对于不等边刀片，符号用于表示较长边的法后角。

（5）表示刀具切削方向

表示刀具切削方向的符号（见表 1—16）——第 5 位（采用刀片标注中的第 9 位表示刀具切削方向的代号和图形）。

表 1—16　　　　　　　　　　刀具切削方向

字母符号	切削方向
R	右切削
L	左切削
N	左右均可

（6）表示刀具高度

表示刀具高度的符号（见表 1—17）——第 6 位。

表 1—17　　　　　　　　　　　　　　　**刀具高度**

刀尖高度	表示方法	示例	示意图	刀体尺寸表示
对于刀尖高 h_1 等于刀杆高 h 的矩形柄车刀	用刀尖高度 h 表示，单位为 mm。如果高度的数值不足两位时，在该数前加"0"	$h = 32$ mm，符号为 32；$h = 8$ mm，符号为 08		刀尖高度 只标注到整数 例：$h=8$mm，标为08
对于刀尖高 h_1 不等于刀杆高 h 的刀夹	用刀尖高 h_1 表示，单位为 mm。如果高度的数值不足两位时，在该数前加"0"	$h_1 = 12$ mm，符号为 12；$h_1 = 8$ mm，符号为 08		

（7）表示刀具宽度

表示刀具宽度的符号（见表 1—18）——第 7 位。

表 1—18　　　　　　　　　　　　　　　**刀具宽度**

刀具宽度	表示方法	示例	示意图	刀体尺寸表示
对于矩形柄车刀	用刀杆宽度 b 表示，单位为 mm。如果宽度的数值不足两位时，在该数前加"0"	$b = 25$ mm，符号为 25；$b = 8$ mm，符号为 08		刀具宽度 例：$b=8$mm，标为08

续表

刀具宽度	表示方法	示例	示意图	刀体尺寸表示
对于刀夹	当宽度没有给出时，用两个字母组成的符号表示类型，第一个字母总是 C（刀夹），第二个字母表示刀夹的类型	对于符合GB/T 14461 规定的刀夹，第二个字母为 A		

（8）表示刀具长度

表示刀具长度的符号（见表1—19）——第 8 位。

表1—19　　　　　　　　　刀具长度

字母符号	长度（mm）	字母符号	长度（mm）	字母符号	长度（mm）	字母符号	长度（mm）
A	32	G	90	N	160	U	350
B	40	H	100	P	170	V	400
C	50	J	110	Q	180	W	450
D	60	K	125	R	200	X	特殊长度，特定
E	70	L	140	S	250	Y	500
F	80	M	150	T	300		

（9）可转位刀片尺寸的数字

可转位刀片尺寸的数字的符号（见表1—20）——第 9 位（采用刀片标注中的第 5 位表示刀片边长的代号）。

表1—20　　　　　　　　可转位刀片尺寸的数字的符号

刀片形式	数字符号	例：切削刃长
等边并等角（H、O、P、S、T）和等边但不等角（C、D、E、M、V、W）	符号用刀片的边长表示，忽略小数　例：长度为 16.5 mm，符号为 16	

续表

刀片形式	数字符号	例：切削刃长
不等边但等角（L） 不等边不等角（A、B、K）	符号用主切削刃长度或较长的切削刃表示，忽略小数 例：主切削刃长度为19.5 mm，符号为19	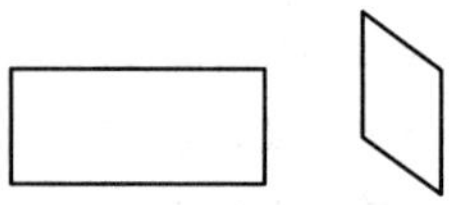
圆形（R）	符号用直径表示，忽略小数 例：直径为15.874 mm，符号为15	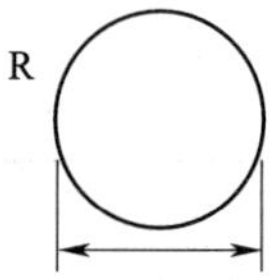

如果米制尺寸的保留只有一位数值时，则符号前面应加0。例如：边长为9.525 mm，则符号为09

（10）可选符号：特殊公差符号

可选符号：特殊公差符号（见表1—21）——第10位。

表1—21　　　　　　　　　　　特殊公差符号

符号	测量基准面	简图
Q	基准外侧面和基准后端面	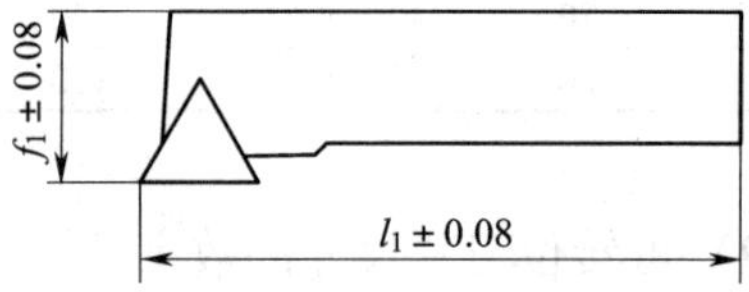
F	基准内侧面和基准后端面	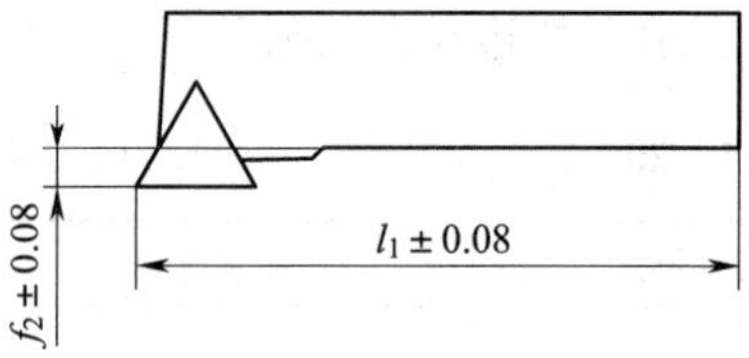
B	基准内外侧面和基准后端面	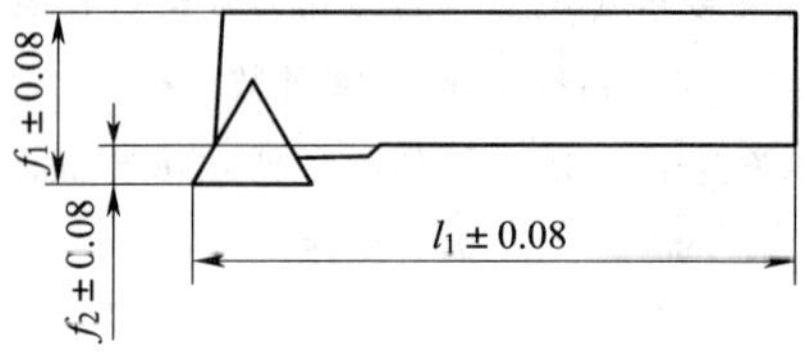

【例 1—6】　说明 CTGNR3225M16Q 车刀或刀夹代号的含义。

车刀或刀夹代号（共 10 位）									
（1）	（2）	（3）	（4）	（5）	（6）	（7）	（8）	（9）	（10）
C	T	G	N	R	32	25	M	16	Q

车刀或刀夹代号的含义：	
C	顶面夹紧（无孔刀片）
T	三角形刀片形状（等边和等角形式）
G	90°偏头侧切
N	刀片法后角为 0°
R	右切削
32	刀杆高度 h（刀尖高度 h_1）为 32 mm
25	刀杆宽度 $b = 25$ mm
M	刀具对应的长度尺寸为 150 mm
16	刀片的边长为 16.5 mm（切削刃长）
Q	特殊公差符号，测量基准面为基准外侧面和基准后端面的符号（刀尖距离外侧面和后端面的公差尺寸）

 技能要求 1

认知可转位刀片标记

一、操作准备

序号	名称	准备事项
1	工、附具	可转位机夹刀片
2		工具手册

二、操作步骤

查 TPGN160308EN 可转位机夹刀片的形状与尺寸。

①	②	③	④	⑤	⑥	⑦	⑧	⑨
T	P	G	N	16	03	08	E	N
正三角形	刀片法后角 11°	允许偏差等级 $m \pm 0.025$，s（刀片厚）± 0.013，$d \pm 0.025$	无断屑槽	切削刃长度 16 mm	刀片厚度 3.18 mm	刀尖圆弧半径 0.8 mm	倒圆切削刃	双向切削

 技能要求2

认知可转位机夹刀杆标记

一、操作准备

序号	名称	准备事项
1	工、附具	可转位机夹刀杆
2		工具手册

二、操作步骤

步骤： 查可转位机夹刀杆 SCGCR2525M09 标记

1. 查表1—12 得 S 表示螺钉通孔夹紧（有孔刀片）方式。

2. 查表1—13 得 C 表示刀片为菱形。

3. 查表1—14 得 G 表示90°偏头侧切。

4. 查表1—15 得 C 表示刀片法后角为7°。

5. 查表1—16 得 R 表示右切削方向刀具。

6. 查表1—17 得刀具高度为 25 mm。

7. 查表1—18 得刀具宽度为 25 mm。

8. 查表1—19 得刀具长度为 150 mm。

9. 查表1—20 得 09 表示可转位刀片边长 9 mm。

 学习单元4　加工带锥度台阶轴

 学习目标

➤ 掌握轴类零件装夹中六点定位原理的运用

➤ 针对工件材料性质，选择切削用量，保证表面粗糙度的方法

➤ 能够合理安排多台阶轴的加工工艺

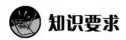 **知识要求**

一、轴类零件装夹中六点定位原理的运用

1. 定位与定位基准

（1）工件的定位

确定工件在机床或夹具中占有正确位置的过程称为工件的定位。

工件定位的目的是使同一批工件逐次放入夹具中都能占有同一正确的加工位置。工件的定位是靠工件上的某些表面和夹具中的定位元件（或装置）相接触来实现的。

（2）定位基准

定位时，用来确定工件在夹具中的位置所依据的点、线、面称为定位基准。

定位基准一旦确定，工件的其他部分的位置也随之确定。图 1—37 中的底面 A 和侧面 B 是定位基准。

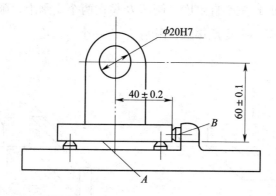

图 1—37　工件的定位基准

2. 工件的六点定位原理

工件定位时，作为定位基准的点和线，往往由某些具体面体现，这些表面称为定位基准面。用两顶尖装夹车削轴时，轴的两端中心孔是定位基准面，定位基准是轴线。

一个物体在空间可能具有的运动称为自由度。任何一个工件在定位前，它在夹具中的位置都是任意的，因此可以将它看成是在空间直角坐标系中的自由体，共有六个自由度（见图 1—38）：

沿 x 轴方向的移动，以 $\vec{X}$ 表示；

绕 x 轴方向的转动，以 $\widehat{X}$ 表示；

沿 y 轴方向的移动，以 $\vec{Y}$ 表示；

绕 y 轴方向的转动，以 $\overset{\curvearrowright}{Y}$ 表示；

沿 z 轴方向的移动，以 $\vec{Z}$ 表示；

绕 z 轴方向的转动，以 $\overset{\curvearrowright}{Z}$ 表示。

六个自由度是工件在空间位置不确定的最高程度。定位的学习单元，就是要限制工件的自由度。

在夹具中，采用分布适当并与工件接触的六个支承点，来限制工件六个自由度的定位原理称为六点定位原理。

3. 定位的种类

（1）完全定位

工件的六个自由度全部被限制，使它在夹具中只有唯一正确的位置，称为完全定位（又称六点定位）。

如图1—39所示为长方体工件的完全定位。定位时，只要使每个工件都与六个支承点接触，这批工件就获得唯一位置。其中工件的底面 A 放在三个支承上，限制了工件的 $\vec{Z}$、$\overset{\curvearrowright}{X}$ 和 $\overset{\curvearrowright}{Y}$ 三个自由度；侧面 B 靠在两个支承上，限制了 $\vec{X}$ 和 $\overset{\curvearrowright}{Z}$ 两个自由度；端面 C 与一个支承接触，限制了 $\vec{Y}$ 一个自由度。

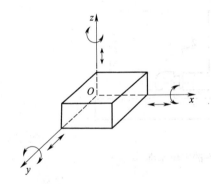

图1—38　工件的六个自由度

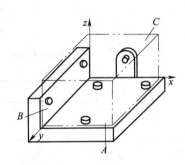

图1—39　长方体工件的完全定位

如图1—40所示为圆头形工件的完全定位。平面上三个支承点 A 限制了工件的 $\vec{Z}$、$\overset{\curvearrowright}{X}$ 和 $\overset{\curvearrowright}{Y}$ 三个自由度，V形架上的两个支承点 B 限制了 $\vec{X}$、$\vec{Y}$ 两个自由度，侧面支承点 C 限制了 $\vec{Z}$ 一个自由度。

（2）部分定位

在满足加工要求的前提下，少于六个支承点的定位，称为部分定位。

车削如图1—41所示较短的轴类工件外圆时，$\vec{X}$、$\overset{\curvearrowright}{X}$ 不影响工件的加工要求。为简化定位装置，可用三爪自定心卡盘装夹，采用四点定位即可。

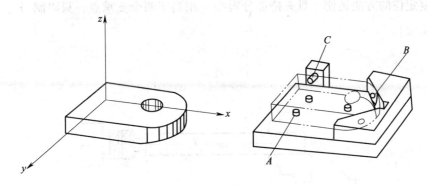

图1—40 圆头形工件的完全定位

在满足加工要求的前提下，采用部分定位可简化定位装置，因此部分定位是允许的。部分定位在生产中的应用很多，如工件装夹在电磁吸盘上进行平面磨削，只需限制三个自由度。

（3）欠定位

当定位点少于工件应该限制的自由度，使工件不能正确定位时，称为欠定位。欠定位不能保证加工质量，往往会产生废品，因此，是绝对不允许的。

用一夹一顶装夹方式车削台阶轴时（见图1—42），若在卡盘内不装轴向定位装置，则台阶轴在 $\vec{X}$ 方向的位置不确定，从而不能保证台阶长度。

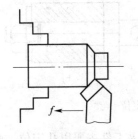

图1—41 工件的部分定位

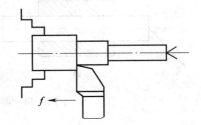

图1—42 工件的欠定位

（4）重复定位

几个定位点同时限制工件的同一个自由度，称为重复定位。当定位点超过六点时，一定存在重复定位。有时定位点虽少于六点，但有两个或两个以上的定位点同时限制了工件的同一个自由度，也会产生重复定位。

如用一夹一顶装夹工件（见图1—43），当卡盘夹持部分较长时，相当于四个支承点，限制了 $\vec{Y}$、$\hat{Y}$、$\vec{Z}$、$\hat{Z}$ 四个自由度；后顶尖相当于两个支承点，限制了 $\vec{Y}$、$\vec{Z}$ 两个自由度。此时，$\vec{Y}$、$\vec{Z}$ 被重复限制。因此，当卡盘夹紧后，后顶尖往往顶不到中心处，如果强制顶住，工件容易变形。所以用一夹一顶装夹工件时，防止重复定位的方法是使卡盘夹持部分短些（相当于两个支承点，只限制 $\vec{Y}$、$\vec{Z}$ 两个自由度）。

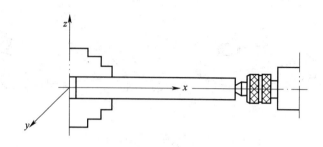

图1—43　工件的重复定位

又如一个带圆柱孔的工件用心轴定位时（见图1—44a），心轴相当于四个支承点，限制了 $\vec{Y}$、$\vec{Z}$ 和 $\hat{Y}$、$\hat{Z}$ 四个自由度。如果再加上一个大平面（见图1—44b），平面又限制了 $\vec{X}$、$\hat{Y}$、$\hat{Z}$ 三个自由度，所以 $\hat{Y}$、$\hat{Z}$ 被重复限制。由于工件的端面与孔的轴线存在垂直度误差，夹紧时会使心轴或工件变形，影响加工精度。

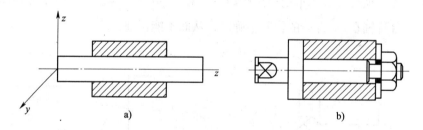

图1—44　圆柱孔用心轴定位

为了改善上述状况，可采取以下几种措施：如果工件主要以孔定位，则平面要做得小些（见图1—45a）或采用球面垫圈（见图1—45b），使平面只限制 $\vec{X}$ 一个自由度；如果工件主要以平面定位，则心轴要做得短些（见图1—45c），使心轴只限制 $\vec{X}$、$\vec{Y}$ 两个自由度。

重复定位能提高工件的刚度，但对工件的定位精度有影响，一般是不允许的。如果工件的定位基准及夹具中的定位元件精度很高，重复定位也可以采用。

4. 定位的方法

（1）工件以平面定位

工件以平面定位时，由于工件的定位平面和定位元件表面不可能是理想平面（特别是以毛坯面作为定位基准时），实际定位中只能由最凸出的三点接触。为保

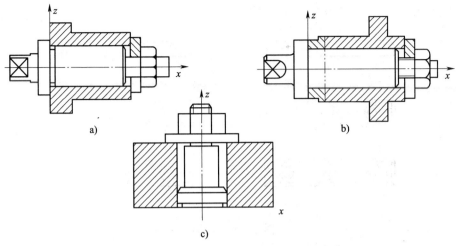

图1—45　圆柱孔用心轴定位时防止重复定位的方法

a）减小平面　b）采用球面垫圈　c）缩短心轴

证定位的稳定可靠，工件以毛坯面定位时，应采用三点支承的方法，并尽量增大支承间的距离 L，使支撑三角形面积尽可能大些（见图1—46）。

工件以大平面定位时，大平面中间部分应做成凹的。

工件以平面定位时，定位元件主要有以下几种：

1）固定支承。包括支承钉和支承板。

①支承钉。如图1—47所示，支承钉的结构形式有 A 型（平头式），B 型（球面式）和 C 型（网纹顶面式）三种。平头支承钉适用于已加工表面的定位，球面支承钉适用于未加工平面的定位，网纹顶面支承钉适用于未加工过的侧平面定位。

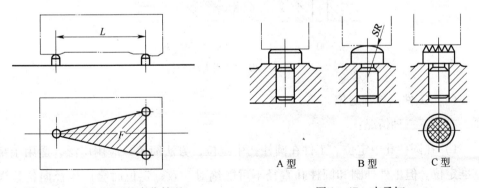

图1—46　毛坯平面的定位情况　　　图1—47　支承钉

②支承板。如图1—48所示，支承板适用于精加工过的平面定位。A 型支承板沉头螺钉处积屑不易清除，会影响定位，所以仅用于侧平面定位。B 型支承板由于有斜槽，易清除切屑，而且支承板与工件接触少，定位准确。

53

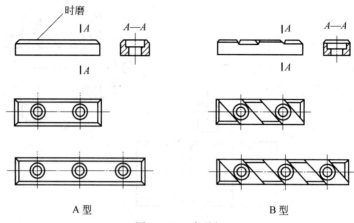

A 型　　　　　　　　　B 型

图 1—48　支承板

2）可调支承。如图 1—49 所示，可调支承的高度能在一定范围内调整，调整好后可用螺母锁紧，一般多用于毛坯面的定位。

3）辅助支承。当工件因结构特点使定位不稳定或因局部刚性较差而容易变形时，可在工件的适当部位设辅助支承，用以承受工件重力、夹紧力或切削力，如图 1—50 所示。辅助支承仅与工件适当接触，不起任何消除自由度的作用。

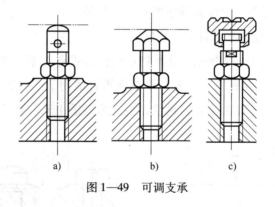

a)　　　　　　b)　　　　　　c)

图 1—49　可调支承

（2）工件以外圆定位

有如下三种情况：

1）在圆柱孔中定位。工件在圆柱孔中定位，方法简单，应用广泛，适用于精基准定位。但工件外圆和圆柱孔直径不可能绝对一致，定位时会产生径向位移误差。

2）在 V 形架上定位。如图 1—51 所示，工件在 V 形架上定位时，限制了四个自由度（$\vec{X}$、$\vec{Z}$ 和 $\overset{\curvearrowright}{X}$、$\overset{\curvearrowright}{Z}$）。V 形架定位的特点是：当工件外圆直径变化时，可保证圆柱体轴线 x 轴方向的定位误差为零。

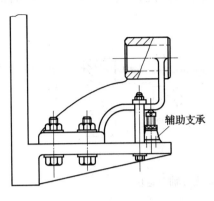

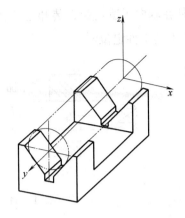

图 1—50　辅助支承　　　　　　图 1—51　工件在 V 形架上定位

3）在半圆弧夹具上定位。如图 1—52 所示，这种定位装置的下半圆弧起定位作用，上半圆弧起夹紧作用。半圆弧夹具接触面积大，因此不易夹伤工件表面，适用于外圆已精加工过的工件。

（3）工件以内孔定位

在车削齿轮、套筒、盘类等零件的外圆时，一般应以加工好的内孔定位。常用圆柱心轴、小锥度心轴、圆锥心轴、螺纹心轴和花键心轴等作为定位元件。

1）在圆柱心轴上定位。如图 1—53 所示，在圆柱心轴上定位时，工件的孔与心轴常采用 H7/h6 或 H7/g6 的间隙配合，使用时工件能较方便地安装在心轴上。但由于配合间隙较大，一般只能保证同轴度 0.02 mm 左右，所以只能加工同轴度要求较低的工件。

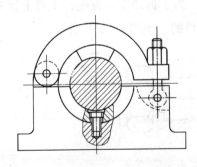
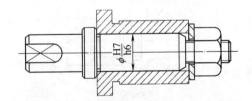

图 1—52　工件在半圆弧上定位图　　　图 1—53　在圆柱心轴上定位

2）在小锥度心轴上定位。如图 1—54 所示，工件以圆柱孔作为定位基准时，为消除配合间隙，提高定位精度，心轴可做成锥形，但其锥度应很小，一般为 $C = 1/1\,000 \sim 1/5\,000$（见图 1—54a），否则工件会在心轴上产生倾斜（见图 1—54b）。小锥度心轴是靠楔紧产生的摩擦力带动工件，不需要其他夹紧装置，定心精度高，但工件在轴向无法定位，装卸也不太方便。这种方法一般适用于定位孔的精度为 IT7 以上的工件定位。

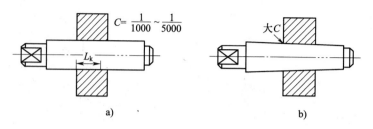

图 1—54 在小锥度心轴上定位

3）在圆锥心轴上定位。当工件带有圆锥孔时，一般用与工件锥度相同的圆锥心轴定位，如图 1—55a 所示。如果圆锥半角小于锁角 6°（锥度 $C < 1/4$）时，为卸下工件方便，可在心轴大端配上一个旋出工件的螺母，如图 1—55b 所示。

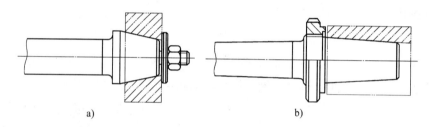

图 1—55 在圆锥心轴上定位

4）在螺纹心轴上定位。当工件内孔是螺纹孔时，可用螺纹心轴定位。图 1—56a 所示为最简单的螺纹心轴。使用这种心轴时，为了拆卸工件方便，工件上要有安放扳手的表面，也有在螺纹心轴上带有松开螺母的，如图 1—56b 所示。

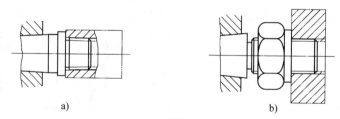

图 1—56 在螺纹心轴上定位

螺纹心轴受螺纹牙形误差的影响，定位精度一般不高。

5）在花键心轴上定位。带有花键孔的工件，为了保证工件的外圆、端面与花键孔三者之间的位置精度，一般应以花键心轴定位，如图 1—57 所示。为保证定位精度和装卸方便，心轴工作部分外圆应带有 1/1 000～1/5 000 的锥度。

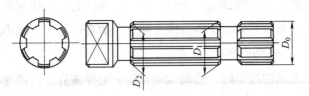

图 1—57　在花键心轴上定位

（4）工件以一面两孔定位

当工件以两个轴线互相平行的孔及与孔相互垂直的平面作为定位基准时，可用一个短圆柱销、一个削边销和一个平面作为定位元件来定位，这种定位方法称为一面两孔定位，如图 1—58 所示。在加工轴承座、箱体、气缸体等工件时，常用这种定位方法。

如果定位时采用两个短圆柱销和一个平面定位，会产生重复定位（平面限制三个自由度，每个短圆柱销各限制两个自由度）。这样，安装工件时，第一个孔还能装到第一个销上，但第二个孔会因工件两孔距误差和夹具上两销距误差的影响而装不进去（见图 1—59a）。如果把第二个销的直径减小，并使其减小量足以补偿两孔中心距和两销中心距误差（见图 1—59b），这时第二个销虽然能装进去，但却加大了孔销之间的配合间隙，使工件转角误差增大（见图 1—59c）。为减小工件的转

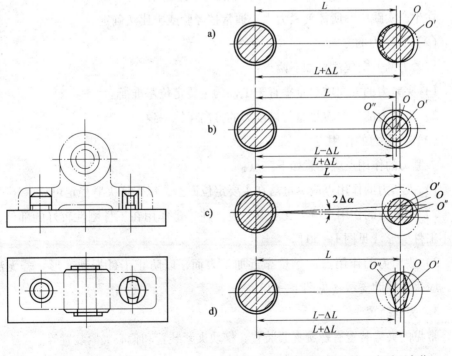

图 1—58　一面两孔定位　　　图 1—59　两个短圆柱销和一个平面定位

角误差，一般是把第二个销做成削边销。这样，在两孔连心线方向不仅有减小第二个销直径的作用，而且在垂直于连心线方向上销的直径并没有减小，不会增大工件的转角误差，如图1—59d所示。

应当注意，使用削边销时，它的截面长轴一定要垂直于两销连心线。

二、工件的夹紧

工件定位后将其固定，使其在加工过程中保持定位位置不变的装置，称为夹紧装置。

1. 对夹紧装置的基本要求

（1）夹紧时，应保证工件的位置正确。

（2）夹紧要牢固可靠，并保证工件在加工过程中位置不变。

（3）操作方便，安全省力，夹紧速度快。

（4）结构简单，制造方便，并有足够的刚度和强度。

2. 夹紧时应注意的事项

（1）夹紧力的大小

夹紧力既不能太大，也不能太小。夹紧力太大会使工件变形，太小则不能保证工件在加工中的正确位置。因此，夹紧力要大小适当。

在生产实践中，所需夹紧力大小通常按经验或类比法确定。

（2）夹紧力的方向

夹紧力的方向应注意如下两点：

1）夹紧力的方向应尽量垂直于工件的主要定位基准面。

2）夹紧力的方向应尽量与切削力的方向保持一致。

（3）夹紧力的作用点

夹紧力的作用点应注意如下三点：

1）夹紧力的作用点应尽量落在主要定位面上，以保证夹紧稳定可靠。

2）夹紧力的作用点应与支承点对应，并尽量作用在工件刚性较好的部位，以减小工件变形（见图1—60）。

3）夹紧力的作用点应尽量靠近加工表面，以防止工件振动变形。若无法靠近，应采用辅助支承（见图1—61）。

3. 夹紧装置

常见的夹紧装置有螺旋夹紧装置、楔块夹紧装置和偏心夹紧装置等。

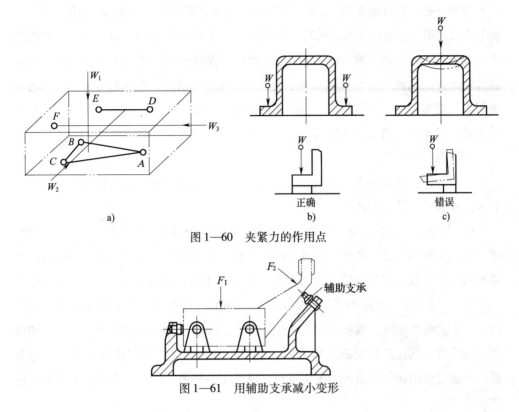

图1—60　夹紧力的作用点

图1—61　用辅助支承减小变形

三、轴类零件装夹定位应用举例

1. 一夹一顶装夹车削加工轴类零件

（1）装夹方法

在加工轴类工件时，常常会遇到一些粗、大、长、笨重的工件。这时，用一夹的形式是无法进行切削加工的，通常选用一夹一顶的装夹方法，如图1—62所示。

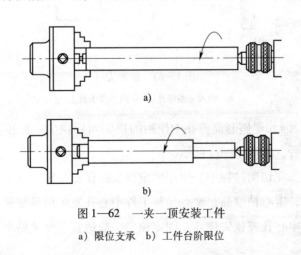

图1—62　一夹一顶安装工件

a）限位支承　b）工件台阶限位

采用一夹一顶的装夹方法，定位基准是一端外圆表面和另一端的中心孔，为了防止工件轴向窜动，通常在卡盘内装一个轴向限位支承（见图 1—62a）或在工件的装夹一端车出一个长 10～20 mm 的定位装夹台阶，作为轴向限位支承（见图 1—62b）。这种装夹方法比较安全、可靠，能承受较大的轴向切削力，车削时可选择较大的切削用量，是车削加工中最常用的轴类工件的装夹方法之一。但这种方法也有一些不足之处，对于位置精度要求较高的工件，掉头车削时找正比较困难。

（2）顶尖的作用

顶尖的作用是定中心，承受工件的重力，承受切削时所产生的切削力。顶尖可分为前顶尖和后顶尖两类。

1）前顶尖。前顶尖随同工件一起旋转，与中心孔无相对运动，不产生滑动摩擦。前顶尖的类型分为两种：一种是插入主轴锥孔内的前顶尖（见图 1—63a），其硬度高，装夹方便牢靠，适宜于批量生产；另一种是夹在卡盘上的前顶尖（见图 1—63b），这种顶尖是随机床加工出来的，使用的过程中不能从卡盘上拆下，如果拆下，需要再使用时，须将 60°锥面重新修整，以保证顶尖 60°锥面与车床主轴旋转中心重合。其优点是制造简单方便，定心准确；缺点是顶尖硬度不高，容易磨损，车削过程中如受冲击则易发生移位，降低定心精度，所以只适合于小批量工件的生产。

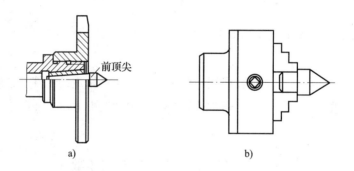

图 1—63　前顶尖

a）插入主轴锥孔　b）内夹在卡盘上

2）后顶尖。插入尾座套筒锥孔中使用的顶尖叫后顶尖。后顶尖又分为固定顶尖和回转顶尖两种，如图 1—64 所示。

①固定顶尖。在切削过程中，使用固定顶尖的优点是定心准确，刚度好，切削时不易产生振动，定心精度高；缺点是与工件中心孔发生滑动摩擦，易磨损，产生摩擦热，常会把中心孔或顶尖虎坏。固定顶尖一般适宜于低速精车，目前固定顶尖

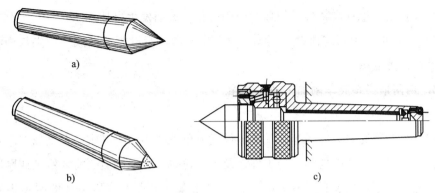

图1—64　后顶尖

a）普通固定顶尖　b）硬质合金固定顶尖　c）回转顶尖

大都镶硬质合金顶尖头制成。这种顶尖在高速旋转时不易损坏，但摩擦后产生较高热量的情况仍然存在，会使工件发生热变形。

②回转顶尖。为了避免后顶尖与工件之间的摩擦，目前大都采用回转顶尖支顶。这种顶尖将固定顶尖与中心孔间的滑动摩擦变成顶尖内部轴承间的滚动摩擦，而顶尖与中心孔间无相对运动。这样既能承受高速，又可消除滑动摩擦产生的较高热量，克服了固定顶尖的缺点，是较理想的顶尖。缺点是定心精度和刚性稍差一些，这是因为回转顶尖存在一定的装配累积误差，且滚动轴承磨损后会使顶尖产生径向圆跳动。

（3）使用一夹一顶装夹工件时的注意事项

1）后顶尖的中心线应与车床的主轴轴线同轴，否则车出的工件会产生锥度。

2）在不影响车刀切削的前提下，尾座套筒应尽量伸出短些，以增大刚度，减小振动。

3）中心孔的形状正确，表面粗糙度值要小。装入顶尖前，应清除中心孔内的切屑或异物，顶尖外锥体与尾座套筒内孔要擦干净，以保证其良好的配合。

4）顶尖与中心孔配合的松紧程度必须合适，如顶尖顶得太紧，会因轴向力增大，而使细长轴产生弯曲变形；对于固定顶尖会增大摩擦，对于回转顶尖容易损坏顶尖内的滚动轴承。如果顶得太松，工件则不能准确定心，对加工精度有一定影响；并且车削时易产生振动，工件产生跳动，外圆变形，甚至会使工件飞出而发生事故。

5）工件装夹台阶不宜过长，一般为10～20 mm，否则会因重复定位而影响工件的加工精度和顶尖的使用寿命。

6）一夹一顶粗加工时，工件最好用轴向限位支承，否则在轴向切削力的作用下，工件容易产生轴向移位，使顶尖与中心孔分离而发生事故。

7）当后顶尖用固定顶尖时，应在中心孔内加入润滑脂，以减小顶尖与中心孔间的摩擦，降低摩擦热。

2. 用两顶尖装夹车削加工轴类零件

（1）装夹方法

用一夹一顶的装夹方式车削轴类零件优点虽然很多，但其定心精度较差。对于必须经过多次装夹才能加工好的工件，及工序较多、在车削后还需要铣削或磨削的工件，为了保证每次装夹时的装夹精度，可用车床的前、后顶尖（即两顶尖）装夹，其装夹形式如图 1—65 所示。工件由前顶尖和后顶尖定位，用鸡心夹头或对分夹头夹紧工件一端，拨杆伸向端外，因两顶尖对工件只起定心和支撑作用，必须通过鸡心夹头或对分夹头的拨杆来带动工件旋转。采用两顶尖装夹工件的优点是装夹方便，不需找正，装夹精度高，但比一夹一顶装夹的刚度低，影响了切削用量的提高。

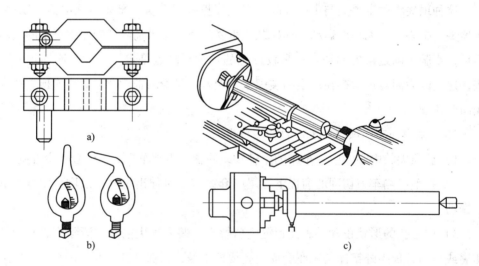

图 1—65 两顶尖装夹工件

a）平行对分夹头 b）鸡心夹头 c）用鸡心夹头装夹工件

为了使用方便，常在三爪自定心卡盘上装夹前顶尖，用三爪自定心卡盘的卡爪代替拨盘来装夹工件。前顶尖的车削方法是在三爪自定心卡盘上装夹一适当的前顶尖坯料，按逆时针方向转动小滑板 30°并锁紧，刀具严格对准工件回转中心，用手动进给的方法摇动小滑板手轮，把前顶尖车准。

（2）容易产生的问题和注意事项

1）切削前，床鞍应左右移动全行程，观察有无碰撞现象。

2）注意防止鸡心夹头或对分夹头的拨杆因太长与卡盘端面相接触而影响顶尖与中心孔的配合，破坏定心精度。

3）两顶尖与工件中心孔之间的配合必须松紧适当。如果顶尖支顶太松，切削时工件产生轴向窜动和径向圆跳动而无法正确定心，车削时就容易引起振动，会造成外圆圆度误差、同轴度受影响等缺陷；如果顶得过紧，会使工件轴向力增大，车细长轴时工件会变形。对于固定顶尖来说，会增大摩擦，产生大量热而"烧坏"顶尖或中心孔；对于回转顶尖来说，容易损坏顶尖内部的滚动轴承。所以在车削过程中，必须随时注意顶尖及靠近顶尖的工件部分摩擦发热的情况，当发现温度过高时，必须加黄油或全损耗系统用油进行润滑，并适当调整松紧程度。

4）尾座套筒在不影响车刀切削的前提下，尽可能伸出短些，以提高刚度，减小振动。

5）中心孔、顶尖应形状正确、光洁，支顶前应清理中心孔，保证中心孔与顶尖的接触良好。若用固定后顶尖，应在中心孔中加工业润滑脂。

6）鸡心夹头或对分夹头必须牢靠地夹紧工件，以防切削时移动、打滑而损坏车刀。

7）注意安全，防止鸡心夹头或对分夹头钩衣伤人，并应及时使用专用切屑钩清除切屑。

8）应该使前、后顶尖轴线与主轴轴线同轴，否则车出来的工件会产生圆柱度误差。调整时，可先把尾座推向车头，使两顶尖靠近，检查它们是否在一条直线上。必要时，可调整尾座的横向位置使之对准。然后装上工件，将外圆车一刀后再测量工件两端的直径，根据直径之差来调整尾座的横向位置。如果床头直径大而床尾直径小，那么尾座应向操作者反方向偏移；反之，应向相反方向偏移。

尾座偏移时，最好用百分表来测量。以百分表测量头接触工件靠近后顶尖处，如果两端直径相差 0.08 mm，那么尾座应偏移 0.08/2 = 0.04 mm，这个偏移量可从百分表中准确读出。

四、多台阶轴加工工艺过程

1. 多台阶轴加工工艺过程选择车削步骤的原则

车削轴类工件，如果毛坯余量大且不均匀，或精度要求较高，应将粗车和精车分开进行。另外，根据工件的形状特点、技术要求、数量多少和装夹方法，轴类工件的车削步骤一般应考虑以下几个方面：

（1）用两顶尖装夹车削轴类工件，至少要装夹三次，即先粗车第一端，然后掉头粗车和精车另一端，最后精车第一端。

（2）车短小的工件，一般先车某一端面，这样便于确定长度方向的尺寸。车铸、锻件时，最好先适当倒角后再车削，这样刀尖就不易碰到型砂和硬皮，可避免车刀损坏。

（3）轴类工件的定位基准通常选用中心孔。加工中心孔时，应先车端面，后钻中心孔，以保证中心孔的加工精度。

（4）车削台阶轴，应先车削直径较大的一端，以避免过早地降低工件刚度。

（5）在轴上车槽，一般安排在粗车或半精车之后、精车之前进行。如果工件刚度高或精度要求不高，也可在精车之后再车槽。

（6）车螺纹一般安排在半精车之后进行，待螺纹车好后再精车各外圆，这样可避免车螺纹时轴发生弯曲而影响轴的精度。若工件精度要求不高，可安排最后车削螺纹。

（7）工件车削后还需磨削时，只需粗车或半精车，并注意留磨削余量。

2. 轴类工件工艺分析示例

车削如图 1—1 所示的台阶轴，工件每批为 60 件。

（1）选择毛坯类型

轴类工件的毛坯通常选用圆钢或锻件。对于直径相差较小、传递转矩不大的一般台阶轴，其毛坯多采用圆钢；而对于传递较大转矩的重要轴，无论其轴径相差多少、形状简单与否，均应选用锻件毛坯。

如图 1—1 所示台阶轴，由于各台阶之间的直径相差不大，所以毛坯可选用热轧圆钢。

（2）热处理安排

调质处理安排在粗加工之后。

（3）车削工艺分析

1）各主要轴颈必须经过磨削，而对车削要求不高，故可采用一夹一顶的装夹方式。但是必须注意，工件毛坯两端不能先钻中心孔，应该将一端车削后，再在另一端搭中心架钻中心孔，或者用卡盘夹持找正已加工面后钻中心孔。

2）工件用一夹一顶装夹，装夹刚度高，轴向定位较准确，台阶长度容易控制。

3）$\phi 45_{-0.025}^{0}$ mm 及两端 $\phi 35_{-0.025}^{0}$ mm 外圆的表面粗糙度值较小，同轴度要求较高，需经磨削，车削时必须留磨削余量。

五、选择切削用量，保证表面粗糙度的方法

1. 选择切削用量

粗车和精车时，切削用量的选择原则略有不同。通常希望只通过一次粗车、一次精车就把毛坯上的全部加工余量切除掉，达到加工要求。只有当余量较大、不能一次车去时，才考虑分几次车去。对于精度要求较高的工件，可以按粗车、半精车和精车的工序来加工。

粗车时，首先要确定背吃刀量 a_p，一般选 $a_p = 2 \sim 5$ mm，给半精车和精车留加工余量 $1 \sim 3$ mm，其中精车余量为 $0.1 \sim 0.5$ mm。其次是确定进给量 f，一般粗车时选 $f = 0.3 \sim 0.8$ mm/r；精车时选 $f = 0.08 \sim 0.3$ mm/r。最后选择切削速度 v_c。选择切削速度时，要综合考虑各种因素的影响，根据具体情况去选择。总的原则是：充分发挥刀具材料的切削性能；充分利用车床的能力；保证加工质量；保证提高生产率。如根据刀具材料，硬质合金刀具的切削速度应该比高速钢刀具高 $4 \sim 5$ 倍；根据工件材料，切削高强度、高硬度的材料时，切削速度要低一些；切削有色金属时就可以高一些；根据工件要求的表面粗糙度，当使用硬质合金刀具时用高速，使用高速钢刀具时用低速；背吃刀量和进给量大时，应该适当降低切削速度，否则会因为切削力较大、发热严重而影响正常切削，甚至使切削无法进行。

还应注意，在切削表层有硬皮的铸件、锻件等工件时，应使背吃刀量超过硬皮层，如图 1—66 所示，避免直接在硬皮上切削，以免引起振动和车刀的损坏。

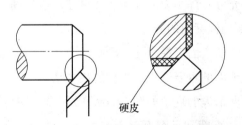

硬皮

图 1—66　粗车铸、锻件的背吃刀量

切削用量一般根据从生产实践中总结出来的资料选用。表 1—22 是根据工厂的一些实用数据编制的，供参考。

除此以外，还可以根据经验观察切屑的颜色来判断切削速度是否合理。对于高速钢车刀，如果车出来的切屑呈白色或黄色，那么所选的切削速度是合理的；如果切屑呈蓝色，那么切削速度就太高了。对于硬质合金车刀，车出的切屑呈蓝色，表

表 1—22　　　　　　　　硬质合金外圆车刀切削用量参考表

工件材料	热处理状态	$a_p = 0.3 \sim 2$ mm $f = 0.08 \sim 0.3$ mm/r v_c (m/min)	$a_p = 2 \sim 6$ mm $f = 0.3 \sim 0.6$ mm/r v_c (m/min)	$a_p = 6 \sim 10$ mm $f = 0.6 \sim 1$ mm/r v_c (m/min)
低碳钢 易切钢	热轧	$140 \sim 180$	$100 \sim 120$	$70 \sim 90$
中碳钢	热轧	$130 \sim 160$	$90 \sim 110$	$60 \sim 80$
	调质	$100 \sim 130$	$70 \sim 90$	$50 \sim 70$
合金结构钢	热轧	$100 \sim 130$	$70 \sim 90$	$50 \sim 70$
	调质	$80 \sim 110$	$50 \sim 70$	$40 \sim 60$
工具钢	退火	$90 \sim 120$	$60 \sim 80$	$50 \sim 70$
不锈钢	—	$70 \sim 80$	$60 \sim 70$	$50 \sim 60$
灰铸铁	HB < 190	$80 \sim 110$	$60 \sim 80$	$50 \sim 70$
	HB = 190 ~ 225	$90 \sim 120$	$50 \sim 70$	$40 \sim 60$
高锰钢 (13% Mn)	—	—	$10 \sim 20$	—
铜及铜合金	—	$200 \sim 250$	$120 \sim 180$	$90 \sim 120$
铝及铝合金	—	$300 \sim 600$	$200 \sim 400$	$150 \sim 300$
铸铝合金 (7% ~ 13% Si)	—	$100 \sim 180$	$80 \sim 150$	$60 \sim 100$

注：切削钢与铸铁时 $T \approx 60 \sim 90$ min。

明切削速度是合适的。如果车削时出现火花，说明切削速度太高；相反，如果切屑呈白色，说明还没有充分发挥车刀的作用，速度还可以提高。

2. 减小工件表面粗糙度值的方法

生产中若发现工件的表面粗糙度达不到技术要求，应观察表面粗糙度值大的现象，找出影响表面粗糙度的主要因素，提出解决方法。

常见的表面粗糙度值大的现象如图 1—67 所示，可采取以下措施：

（1）减小残留面积高度（见图 1—67a）

车削时，如果工件表面残留面积轮廓清楚，则说明其他切削条件正常。若要减小表面粗糙度值，可从以下几个方面着手：

1）减小主偏角和副偏角。一般情况下，减小副偏角对减小表面粗糙度值效果较明显。但减小主偏角使背向力 F_p 增大，若工艺系统刚性差，会引起振动。

2）增大刀尖圆弧半径。但如果机床刚度不足，刀尖圆弧半径 r_ε 过大会使背向力 F_p 增大而产生振动，反而使表面粗糙度值变大。

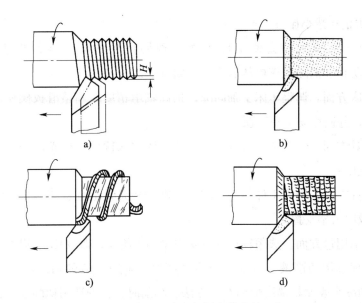

图 1—67　常见的表面粗糙度值大的现象

a）残留面积　b）毛刺　c）切屑拉毛　d）振纹

3）减小进给量。进给量 f 是影响表面粗糙度最显著的一个因素。进给量 f 越小，残留面积高度 R 越小。此时，鳞刺、积屑瘤和振动均不易产生，因此表面质量越高。

（2）避免工件表面产生毛刺（见图 1—67b）

工件表面产生毛刺一般是由积屑瘤引起的，这时可用改变切削速度的方法来控制积屑瘤的产生。用高速钢车刀时应降低切削速度（$v_c < 3$ m/min），并加注切削液；用硬质合金车刀时应提高切削速度，避开最易产生积屑瘤的中速（$v_c = 20$ m/min）区域。另外，应尽量减小车刀前面和后面的表面粗糙度值，保持切削刃锋利。

（3）避免磨损亮斑

工件在车削时，已加工表面出现亮斑或亮点，切削时有噪声，说明刀具已严重磨损。

磨钝的切削刃将工件表面挤压出亮痕，使表面粗糙度值变大，这时应及时更换或重磨刀具。

（4）防止切屑拉毛已加工表面

被切屑拉毛的工件表面一般是不规则的很浅的痕迹（如图 1—67c）。这时应选用正值刃倾角的车刀，使切屑流向工件待加工表面，并采取卷屑或断屑措施。

（5）防止和减小振纹

切削时产生的振动会使工件表面出现周期性的横向或纵向振纹（见图 1—67d）。防止和消除振纹可从以下几方面着手：

1）机床方面。调整车床主轴间隙，提高轴承精度；调整滑板楔铁，使间隙小于 0.1 mm，并使移动平稳轻便。

2）刀具方面。合理选择刀具几何参数，经常保持切削刃光洁和锋利；增大刀具的装夹刚度。

3）工件方面。增大工件的装夹刚度，例如装夹时不宜悬伸太长，细长轴应采用中心架或跟刀架支撑。

4）切削用量方面。选用较小的背吃刀量和进给量，改变切削速度。

5）合理选用切削液，保证充分冷却润滑。采用合适的切削液，是消除积屑瘤、鳞刺和减小表面粗糙度值的有效方法。车削时，合理选用切削液并保证充分冷却润滑，可以改善切削条件；尤其是润滑性能增强，使切削区域金属材料的塑性变形程度下降，从而减小已加工表面的粗糙度值。

 **技能要求**

螺纹轴加工

加工如图 1—68 所示螺纹轴工件，材料为 45 钢。以三爪自定心卡盘装夹，采用一夹一顶的方式加工。

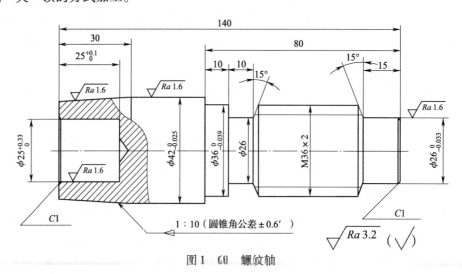

图 1—68 螺纹轴

一、操作准备

序号	名称		准备事项
1	材料		45 钢，ϕ45 mm×145 mm 棒料 1 根
2	设备		CA6140（三爪自定心卡盘）
3	工艺装备	刀具	45°车刀，90°车刀，平底孔车刀（加工 ϕ25 mm 孔），外圆车槽刀（切削刃宽为 4 mm），M30×2 外螺纹车刀，麻花钻（ϕ24 mm），中心钻 A2.5/6.3 等
4		量具	游标卡尺 0.02 mm/（0～150 mm），千分尺 0.01 mm/（0～25 mm、25～50 mm），内径百分表 0.01 mm/（18～35 mm），万能角度尺 2′（0°～320°），钢直尺，M36×2－6g 螺纹环规、牙型样板等
5		工、附具	一字旋具，活扳手，顶尖及钻夹头，其他常用工具

二、操作步骤

序号	操作步骤	操作简图
步骤1	夹住毛坯外圆（工件伸出 90 mm 长），加工下列尺寸 1）车端面 2）钻中心孔 A2.5 mm，加顶尖支顶 3）车 $\phi36_{-0.039}^{\ 0}$ mm 外圆至 ϕ38 mm×80 mm 4）车 $\phi26_{-0.033}^{\ 0}$ mm 外圆至 ϕ28 mm×15 mm 5）车 ϕ26 mm×10 mm 槽至尺寸	
步骤2	掉头，夹紧外圆，加工下列尺寸 1）车端面，取总长至 140 mm 2）车 $\phi42_{-0.025}^{\ 0}$ mm 外圆至 ϕ44 mm 3）钻 ϕ23 mm 孔，孔深为 25 mm 4）粗车、精车内孔 $\phi25_{\ 0}^{+0.025}$ mm 合格 5）半精车、精车 $\phi42_{-0.025}^{\ 0}$ mm 外圆合格 6）半精车、精车 1:10 锥面合格 7）倒角 C1	

续表

序号	操作步骤	操作简图
步骤3	掉头，夹紧 $\phi 42_{-0.025}^{0}$ mm 外圆，一夹一顶装夹，加工下列尺寸 1）车 $\phi 36_{-0.039}^{0}$ mm 外圆至尺寸 2）车 $\phi 26_{-0.033}^{0}$ mm 外圆至尺寸 3）车螺纹外圆 $\phi 36$ mm 至尺寸 4）车 M36×2 螺纹 5）倒角 $C1$	

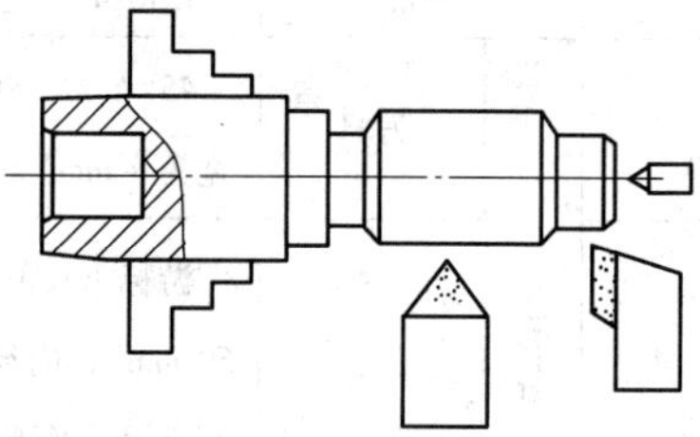

三、工件质量标准

按如图 1—68 所示螺纹轴工件需要达到的标准要求。

1. 工件外圆、内孔要求

工件外圆、内孔尺寸 $\phi 42_{-0.025}^{0}$ mm、$\phi 36_{-0.039}^{0}$ mm、$\phi 26_{-0.033}^{0}$ mm、$\phi 25_{0}^{+0.025}$ mm，有 $Ra1.6$ μm 表面粗糙度要求，公差需要加以保证，超差不合格，表面粗糙度降级不合格。

2. 工件长度尺寸要求

工件 $25_{0}^{+0.1}$ mm 孔深度尺寸给定公差，用游标深度尺进行测量。

3. 螺纹、圆锥要求

螺纹用环规检验，超差不得分。圆锥要求在加工中保证与 $\phi 42_{-0.025}^{0}$ mm 外圆同轴。

4. 其他表面要求

其他表面及两端面的表面粗糙度要求 $Ra3.2$ μm。$\phi 26$ mm，140 mm，80 mm，30 mm，15 mm，10 mm，10 mm，倒角 $C1$ mm 等都要按照未注公差尺寸进行检验。未注公差尺寸的公差等级：m 级。

第 2 节 细长轴加工

学习单元 细长轴的车削方法

学习目标

➤ 了解细长轴的装夹方法

➤ 合理选择车刀几何形状

➤ 细长轴切削用量的选择

➤ 了解积屑瘤对细长轴加工的影响

➤ 掌握细长轴热变形伸长量的计算

➤ 了解金属切削过程、切削力的分解及影响切削力的因素

➤ 了解车削细长轴时出现的弯曲、竹节形、多边形、锥度、振动等产生的原因及处理办法

知识要求

一、细长轴的概念

在轴类工件中，当工件的长度 L 与直径 d 之比大于 20（即长径比 $L/d > 20$）时，称为细长轴，如图 1—69 所示的光杠。

根据零件图样分析，该工件长径比为 26:1，中间尺寸 $\phi25_{-0.052}^{0}$ mm 有 0.05 mm 的圆柱度公差。

细长轴的外形并不复杂，但由于其本身的刚度低，车削时又受切削力、重力、切削热等因素的影响，容易产生弯曲变形以及振动、锥度、腰鼓形、竹节形等缺陷，难以保证加工精度。长径比越大，加工就越困难。细长轴的加工有如下特点：

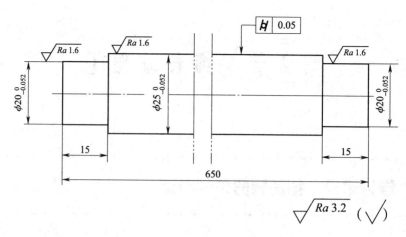

图1—69　光杠

1．工件刚性差、拉弯力弱，并有因材料自重下垂的弯曲现象。

2．在切削过程中、工件受热伸长会产生弯曲变形，甚至会使工件卡死在顶尖间而无法加工。

3．工件受切削力作用易产生弯曲，从而引起振动，影响工件的精度和表面粗糙度。

4．采用跟刀架、中心架等辅助工夹具操作时，对操作者技能要求高，并且与之配合的机床、工夹刀具等多方面的协调困难，也是增大振动的因素，会影响加工精度。

5．由于工件长，每次走刀切削时间长，刀具磨损和工件尺寸变化大，难以保证加工精度。

在车削细长轴时，对工件的装夹方法、刀具、机床、辅助工夹具及切削用量等要合理选择、精心调整，并要抓住中心架和跟刀架的使用、解决工件热变形伸长等几个关键技术，才能有效保证加工质量。

二、车细长轴的车刀

根据细长轴刚性差，易变形的特点，要求车削细长轴的车刀（见图1—70）必须具有在车削时径向力小、车刀锋利和车出工件表面粗糙度值小的特点。

1．为使径向力小，应采用主偏角较大的车刀，主偏角应在90°～93°的范围内选择。

2．为保证车刀锋利，应使车刀的前角较大，前角应在15°～30°的范围内选择

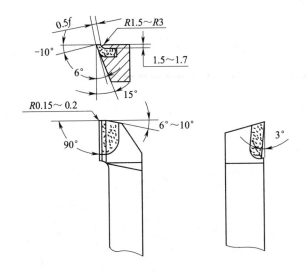

图 1—70　车削细长轴的车刀

3．为减小表面粗糙度值，应选正值刃倾角，使切屑排向待加工表面。取 $\lambda_s = 3°$。

4．为排屑顺利，车刀应磨有 $R1.5 \sim R3$ mm 的断屑槽。

5．为减小径向切削力引起的振动，应选择较小的刀尖圆弧半径（$r_\varepsilon <$ 0.3 mm）。倒棱宽度也应较小，取倒棱宽度 $b_r = 0.5 f$ 比较适宜。

三、细长轴的装夹

1．钻中心孔

将棒料一端钻好中心孔。当毛坯直径小于机床主轴通孔时，按一般方法加工中心孔，但是棒料所伸出床头后面的部分应加强安全措施。当棒料直径大于机床主轴通孔或弯曲较大时，则用卡盘夹持一端，另一端用中心架支承其外圆毛坯面，先钻好可供活顶尖顶住的不规则中心孔，然后车出一段完整的外圆柱面，再用中心架支承该圆柱面，修正原来的中心孔，达到圆度的要求。应注意，在开始架中心架时，应使工件旋转中心与中心钻中心重合，否则将出现中心钻在工件端面上划圈，导致中心钻被折断。

中心孔是细长轴的主要定位基准，精加工时，对中心孔的要求更高，一般精加工前要修正中心孔，使两端中心孔同轴，角度、圆度、粗糙度符合要求，必要时还需将两端中心孔进行研磨。

2．装夹方式

（1）中心架的装夹

中心架安装在床身导轨上。当中心架支承在工件中间（见图1—71）时，工件长度相当于减少了一半，而工件的刚度却提高了好几倍。

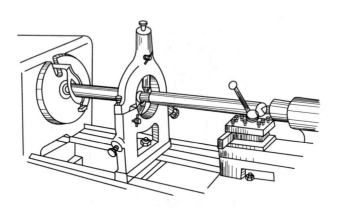

图1—71　用中心架支承细长轴

1）中心架支承在工件中间。安装中心架之前，应先在工件中间车一段安装中心架支承爪的沟槽，沟槽的直径略大于工件的尺寸要求，宽度大于支承爪的直径。安装中心架后，要使三个支承爪松紧适当，在沟槽上加注润滑油。在车削过程中，要经常检查支承爪的松紧程度，发现松动及时调整。

为了使卡爪与工件保持良好的接触，也可以在卡爪与工件之间加一层砂布或研磨剂，使接触更好。

2）用过渡套筒支承工件（见图1—72）。要在细长轴中间车削一条支承基准沟槽是比较困难的。为了解决这个问题，可采用过渡套筒装夹细长轴，使卡爪不直接与毛坯接触，而是与过渡套筒的外表面接触。过渡套筒的两端各装有四个螺钉，用这些螺钉夹住毛坯工件，但过渡套筒的外圆必须校正。

3）对中心架支承卡爪的调整。在调整中心架卡爪前，应在卡盘和顶尖之间将工件两端支承好。

中心架卡爪的调整，重点是注意两侧下方的卡爪，它决定工件中心位置是否保持在主轴轴线的延长线上，因此支承力应均等而且适度，否则将造成因操作失误顶弯工件。位于工件上方的卡爪，起抗衡主切削力 F_c 的作用，按顺序它应在下方两侧卡爪支承调整稳妥之后再进行支承调整，并注意不能过紧顶压。调整后，应使中心架每个卡爪都能如精密配合的滑动轴承的内壁一样，保持相同的微小间隙，作自由滑动。车削过程中，应随时注意中心架各个卡爪的磨损情况，及时地调整和补偿。

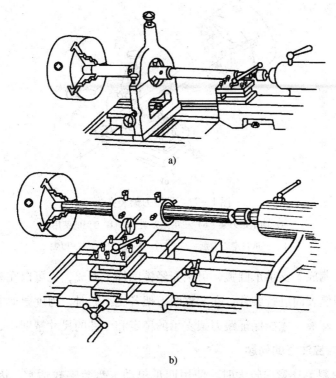

图 1—72　用过渡套筒支承工件

a）过渡套筒支承工件　b）过渡套筒的调整

中心架的三个卡爪在长期使用磨损后，可用青铜、球墨铸铁或尼龙 1010 等材料更换。

（2）用跟刀架装夹（见图 1—73a）。

车细长轴时最好采用三个卡爪的跟刀架。它有平衡主切削力 F_c、背向力 F_p 和阻止工件自重 G 下垂的三向支承爪（见图 1—73b）。各支承卡爪的触头由可以更

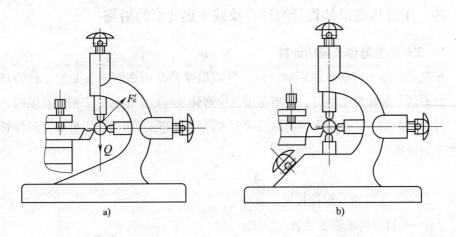

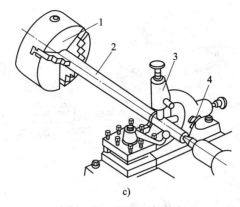

图1—73　用跟刀架装夹

a）两爪跟刀架　b）三爪跟刀架　c）跟刀架的使用

1—三爪自定心卡盘　2—工件　3—跟刀架　4—顶尖

换的耐磨铸铁制成。支承爪圆弧，可预先经镗削加工而成，也可以在车削时利用工件粗车后的粗糙表面进行磨合。在调整跟刀架各支承力时，力度要适中，并要供给充分的润滑冷却液，才能保证跟刀架支承的稳定和工件的尺寸精度。

3. 装夹时应注意的问题

（1）当材料毛坯弯曲较大时，使用四爪单动卡盘装夹较适宜。因为四爪单动卡盘具有可调整被夹工件圆心位置的特点。当工件毛坯加工余量充足时，利用它将弯曲过大的毛坯部分"借"正，保证外径能全部车圆，并留有足够的半精加工余量。

（2）卡爪夹持毛坯不宜过长，一般为15~20 mm。并且应加垫铜皮或用直径为4~6 mm的钢丝绕在夹头上一圈充当垫块，这样可以克服因材料尾端外圆不平而受力不均迫使工件弯曲的情况产生。

四、工件热变形伸长量的计算及减小热变形的措施

1. 工件热变形伸长量的计算

车削时，由于切削热的影响，使工件随温度升高而逐渐伸长变形，称为热变形。在车削一般轴类工件时，可不考虑热变形伸长问题。但是，车削细长轴时，因为工件长，热变形伸长量大，所以一定要考虑到热变形的影响。工件热变形伸长量可按下式计算。

$$\Delta L = \alpha L \Delta t \tag{1—3}$$

式中　ΔL——工件热变形伸长量，mm；

α——材料的线膨胀系数，1/°C；

L——工件全长，mm；

Δt——工件升高的温度，℃。

【例1—7】 车削直径为$\phi 25$ mm，长度为1 200 mm的细长轴，材料为45钢，车削时因受切削热的影响，使工件温度由原来的21℃上升到61℃，求这根细长轴的热变形伸长量。

解： 已知$L = 1\ 200$ mm，$\Delta t = 61 - 21 = 40$℃，查表45钢的线膨胀系数$\alpha = 11.59 \times 10^{-6}$（$1/℃$）。

根据公式1—3得：

$$\Delta L = \alpha L \Delta t$$
$$= 11.59 \times 10^{-6} \times 1200 \times 40$$
$$= 0.556 \text{ mm}$$

从上例计算可知，细长轴热变形伸长量是很大的。由于工件一端夹紧、一端顶住而无法伸长，所以只能使本身产生弯曲。细长轴一旦产生弯曲，车削就很难进行。因此，必须采取措施减小工件的热变形。

2．减小工件热变形的措施

（1）使用弹性回转顶尖

弹性回转顶尖的结构如图1—74所示。顶尖用圆柱滚子轴承、滚针轴承承受背向力，推力球轴承承受进给力。在短圆柱滚子轴承和推力球轴承之间，放置若干片碟形弹簧。当工件热变形伸长时，工件推动顶尖通过圆柱滚子轴承，使碟形弹簧压缩变形。生产实践证明，用弹性回转顶尖加工细长轴，可有效地补偿工件的热变形伸长，工件不易弯曲，车削可顺利进行。

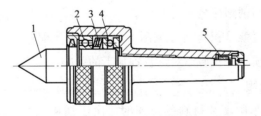

图1—74　弹性回转顶尖的结构

1—回转顶尖　2—圆柱滚子轴承　3—碟形弹簧　4—推力球轴承　5—紧定端盖

调整顶尖对工件的压力大小，一般以开车后手指能将顶尖头部捏住，使其不转为合适。

（2）浮动夹紧和反向进给车削

如图1—75所示，细长轴采用一夹一顶装夹方式，其卡爪夹持的部分不宜过长，一般为 15 mm 左右，最好用 ϕ3 mm × 200 mm 的钢丝垫在卡爪的凹槽中。这样，细长轴左端的夹持就形成线接触的浮动状态，使细长轴在卡盘内能自由调节，切削过程中热变形伸长的细长轴，不会因卡盘夹死而产生弯曲变形。

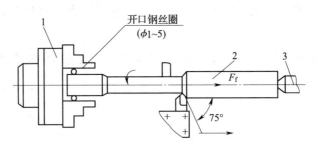

图 1—75　浮动夹紧和反向进给车削

1—三爪自定心卡盘　2—工件　3—顶尖

采用反向进给时，进给力 F_f 拉直工件已切削部分，并推进工件待切削部分由右端的弹性回转顶尖支撑并补偿，细长轴不易产生弯曲变形。

浮动夹紧和反向进给车削能使工件达到较高的加工精度和较小的表面粗糙度值。

（3）加注充分的切削液

车削细长轴时，无论是低速切削，还是高速切削，加注充分的切削液能有效地降低切削区域的温度，从而减小工件的热变形伸长，延长车刀的使用寿命。

（4）保持刀具锋利

保持刀具锋利可以减少车刀与工件之间的摩擦发热。

五、积屑瘤对细长轴加工的影响

中等切削速度切削塑性金属材料时，在车刀前刀面近刀尖处会"冷焊"上一小块金属，这块金属就是积屑瘤（见图 1—76）。由于细长轴多采用中等切削速度进行加工，因此必须注意积屑瘤对细长轴加工的影响。

1. 积屑瘤的成因

中等切削速度车削塑性材料的金属时，由于切屑和前刀面的剧烈摩擦，当切削温度达到 300℃ 而摩擦力超过切屑内部结合力时，一部分金属离开切屑被"冷焊"到前刀面上，便形成积屑瘤。

2. 积屑瘤对切削加工的影响

（1）粗车时积屑瘤能代替切削刃进行切削，起到保护前刀面和刀尖的作用。

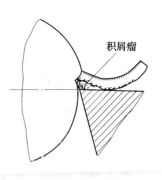

图 1—76　积屑瘤

（2）积屑瘤聚集在切削刃处，增大了车刀的实际前角（见图 1—77），能减小切屑变形和切削力。

（3）积屑瘤无法形成稳定的刀面和刀刃，造成切削的不稳定性，使切削力时大时小，易引起振动。

（4）积屑瘤超出刀尖时会影响尺寸精度，积屑瘤脱落嵌入工件后会影响工件的加工精度和表面质量。

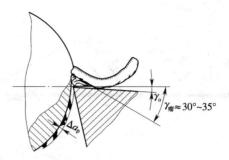

图 1—77 积屑瘤对前角的影响

总之，粗车时产生积屑瘤还有一定的好处，但精车时一定要选择合理的切削速度（高速钢选低速，硬质合金选高速），避免积屑瘤的产生。

六、金属切削过程、切削力的分解及影响切削力的因素

切削时工件材料抵抗车刀切削所产生的阻力称为切削力。切削力是一对大小相等、方向相反、分别作用在工件上和车刀上的作用力与反作用力。切削力来源于工件的弹性变形与塑性变形抗力、切屑与前刀面及工件与后刀面的摩擦力，如图 1—78 所示。由于切削力是细长轴加工中引起工件振动的主要原因，因此必须注意切削力对细长轴加工的影响。

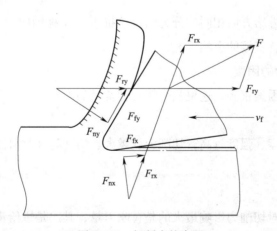

图 1—78 切削力的来源

1. 切削力的分解

切削力一般指工件、切屑对车刀多个力的合力。为设计与测量方便，通常将合力分解成主运动方向、进给运动方向和切深方向几个互相垂直的分力，如图 1—79 所示。

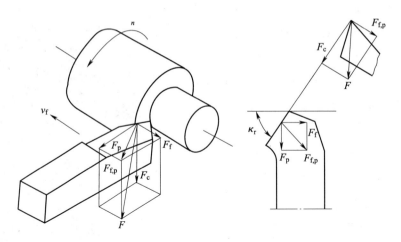

图 1—79 切削力

（1）主切削力

垂直于基面的分力叫主切削力（又称切向力）。主切削力能使刀杆弯曲，因此装夹车刀时刀杆应尽量伸出得短一些。

（2）切深抗力

在基面内并与进给方向垂直的分力叫切深抗力（又称径向力），它能使工件在水平面内弯曲，影响工件的形状精度，还是产生振动的主要原因。

（3）进给抗力

在基面内并与进给方向相同的分力叫进给抗力（又称轴向力），它对进给系统零部件的受力大小有直接的影响。

2. 影响切削力的因素

影响切削力的因素很多，这里只介绍几种常见的因素。

（1）工件材料

工件材料的硬度、强度越高，切削力就越大。切削脆性材料比切削塑性材的切削力要大一些。

（2）切削用量

切削用量中，对切削力影响最大的是背吃刀量，其次是进给量，而影响最小的是切削速度。

实验证明：当背吃刀量增大一倍时，主切削力也增大一倍；进给量增大一倍时，主切削力只增大 0.7～0.8 倍；低速切削塑性材料时，切削力随切削速度的提高而减小；切削脆性材料的金属时，切削速度的变化对切削力的影响并不明显。

（3）车刀几何角度

车刀几何角度中，对切削力影响最大的是前角、主偏角、刃倾角和刀尖圆弧半径。

1）前角。前角增大则车刀锋利，切削变形小，切削力也小。

2）主偏角。主偏角主要改变轴向分力与径向分力之比（见图1—79），增大主偏角能使径向力减小而使轴向力增大。因此，车削细长轴时一定要选大的主偏角。

3）刃倾角。刃倾角对主切削力影响很小，对轴向力和径向力影响比较显著，其原因是当刃倾角变化时，改变切削力的方向。当刃倾角由正值向负值变化时，径向力增大，而轴向力减小。

4）刀尖圆弧半径。刀尖圆弧半径增大时，使圆弧刃参加切削的长度增加，当工件的刚度不足时就会引起振动。

七、合理选择切削用量

车削细长轴时，应分粗车和精车。若选用材料为 YT 15、形状如图 1—70 所示的车刀，粗车时切削用量应选 $a_p = 1.5 \sim 2$ mm，$f = 0.3 \sim 0.4$ mm/r，$v_c = 50 \sim 60$ m/min 比较合适；精车时切削用量应选 $a_p = 0.5 \sim 1$ mm，$f = 0.08 \sim 0.12$ mm/r，$v_c = 60 \sim 100$ m/min 比较合适。

八、车削细长轴时出现的弯曲、竹节形、多边形、锥度、振动等缺陷的原因及处理办法

车削细长轴时出现缺陷的原因及处理办法，见表1—23。

表1—23　　　　车削细长轴时出现缺陷的原因及处理办法

缺陷	原因及处理办法
弯曲	①坯料自重和本身弯曲。应经校直和热处理 ②工件装夹不良，尾座顶尖与工件中心孔顶得过紧 ③刀具几何参数和切削用量选择不当，造成切削力过大。可减小背吃刀量，增加进给次数 ④切削时产生热变形，应采用冷却润滑液 ⑤刀尖与跟刀架支承块间距离过大，应不超过 2 mm 为宜

续表

缺陷	原因及处理办法
竹节形	①在调整和修磨跟刀架支承块后，接刀不良，使第二次和第一次进给的径向尺寸不一致，引起工件全长上出现与支承块宽度一致的周期性直径变化。当车削中出现轻度竹节形时，可调节上侧支承块的压紧力，也可调节中滑板手柄，改变背吃刀量和减小车床床鞍与中滑板间的间隙 ②跟刀架外侧支承块调整过紧，易在工件中段出现周期性直径变化，此时应调整支承块，使其与工件保持良好接触
多边形	①跟刀架支承块与工件表面接触不良，留有间隙，使工件中心偏离旋转中心。应合理选用跟刀架结构，正确修磨支承块弧面，使其与工件良好接触 ②因装夹、发热等各种因素造成的工件偏摆，导致背吃刀量变化，可利用托架并改善托架与工件的接触状态
锥度	①尾座顶尖与主轴中心线对床身导轨不平行 ②刀具磨损。可采用0°后角，磨出刀尖圆弧半径
振动	①车削时的振动 ②跟刀架支承块材料选用不当，与工件接触和摩擦不良 ③刀具几何参数选择不当，可磨出刀尖圆弧半径。当工件长度与直径比较大时，亦可采用宽刃低速光车

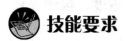 **技能要求**

光 杠 加 工

加工如图1—69所示光杠工件，工艺过程如下：

以三爪自定心卡盘装夹，中心架支承，车毛坯端面，并钻中心孔。

以三爪自定心卡盘装夹，跟刀架支承，完成粗、精加工。

一、操作准备

序号	名称	准备事项
1	材料	45钢，ϕ30 mm×665 mm棒料1根
2	设备	CA6140车床（三爪自定心卡盘）

续表

序号	名称		准备事项
3	工艺装备	刀具	45°车刀，90°车刀，中心钻 A2.5/6.3 等
4		量具	游标卡尺 0.02 mm/（0~150 mm），千分尺 0.01 mm/（0~25 mm），钢直尺等
5		工、附具	一字旋具，活扳手，顶尖及钻夹头，中心架，跟刀架，其他常用工具

二、操作步骤

序号	操作步骤	操作简图
步骤1	车削前应先校直毛坯，使毛坯的直线度误差在 1.5 mm 以内	
步骤2	以三爪自定心卡盘夹持，中心架支承距离工件端面 50 mm 处 1）车毛坯端面 2）钻中心孔	
步骤3	用三爪自定心卡盘夹持，尾部用弹性回转顶尖支撑 1）先在近顶尖处的毛坯上车 $\phi28$ mm 的跟刀架支撑基准 2）装上跟刀架，研磨支承爪 3）用90°车刀粗车外圆至 $\phi28$ mm 4）用90°车刀半精车外圆至 $\phi26$ mm 5）用90°车刀精车外圆 $\phi25_{-0.052}^{0}$ mm 至尺寸 6）用90°车刀粗、精加工 $\phi20_{-0.052}^{0}$ mm 外圆至尺寸 7）倒角	
步骤4	掉头，用三爪自定心卡盘夹持外圆，尾端搭中心架支撑 1）车端面截总长至尺寸，钻中心孔，采用顶尖支撑 2）用90°车刀完成 $\phi20_{-0.052}^{0}$ mm 外圆的粗、精加工 3）倒角	

三、工件质量标准

按如图 1—69 所示光杠需要达到的标准要求。

1. 工件外圆要求

工件外圆尺寸 $\phi 20_{-0.052}^{0}$ mm、$\phi 25_{-0.052}^{0}$ mm、$\phi 20_{-0.052}^{0}$ mm，同时有 $Ra3.2$ μm 的表面粗糙度要求，这是此工件加工较为困难的内容。

2. 几何公差的圆柱度要求

工件为细长轴，要求在加工中用中心架和跟刀架支撑进行车削，保证圆柱度要求。

思 考 题

1. 减小工件外圆表面粗糙度值的方法有哪些？

2. 简述轴肩倒角和轴肩根部圆弧的作用。

3. 切断工件时如何选择切削用量？

4. 简述工序尺寸的意义。

5. 简述前顶尖的作用。

6. 采用两顶尖装夹工件的优点有哪些？

7. 车削细长轴有哪几个关键技术问题？怎样解决？

8. 车削细长轴时如何选择切削用量？

9. 在什么情况下使用中心架？

第2章

套类零件加工

第1节 有色金属材料套类、盘类工件的加工

学习单元1 加工套类工件

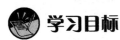 **学习目标**

➤ 掌握套类工件几何公差的保证方法

➤ 能正确安排套类工件的加工顺序

➤ 了解加工套类工件常用的刀具

➤ 能对套类工件车削时的质量问题进行分析

 **知识要求**

一、套类工件的概念

加工如图2—1所示衬套，材料为45钢。

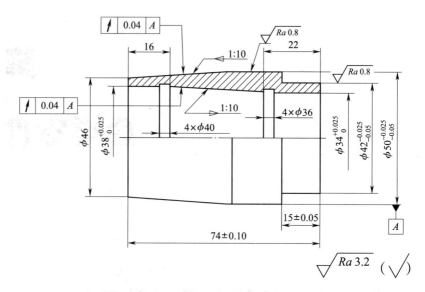

图2—1 衬套

在机械零件中，一般把轴套、衬套等零件称为套类零件。由于齿轮、带轮等工件的车削工艺与套类工件相似，在此将其作为套类工件分析。

套类工件一般由外圆、内孔、端面、台阶和内沟槽等结构要素组成，其主要技术要求如下：

1．内孔

内孔是套类工件的最主要表面，孔径公差等级一般为 IT7～IT8；孔的形状精度应控制在孔径公差以内。对于长套筒，除了圆度要求外，还应注意孔的圆柱度和孔轴线的直线度要求。内孔的表面粗糙度控制在 $Ra3.2～Ra0.8\ \mu m$ 范围内。

车削薄壁套时，达到孔径公差等级为 IT9，圆柱度公差等级为 9 级。

车削有色金属套类工件时，达到孔径公差等级为 IT9，表面粗糙度 $Ra3.2\ \mu m$。

2．外圆

外圆一般是套类工件的支撑表面，外径尺寸公差等级通常取 IT6～IT7；形状精度控制在外径公差以内，表面粗糙度控制在 $Ra3.2～Ra0.8\ \mu m$ 范围内。

车削薄壁套时，达到轴径公差等级为 IT8，圆柱度公差等级为 9 级。

车削有色金属套类工件时，达到轴径公差等级为 IT8，表面粗糙度 $Ra3.2\ \mu m$。

3．几何精度

套类工件的内、外圆之间的同轴度要求较高，一般为 0.01～0.05 mm；套类工件的端面在使用中承受轴向载荷或在加工中作为定位基准时，其内孔轴线与端面的垂直度公差一般为 0.01～0.05 mm。

二、套类工件主要表面的加工方法

套类工件外圆和端面的加工方法与轴类工件相似。

套类工件的内孔加工方法有：钻孔、扩孔、车孔、铰孔、磨孔、研磨孔及滚压加工。其中，钻孔、扩孔和车孔作为粗加工和半精加工方法，而车孔、铰孔、磨孔、珩磨孔、研磨孔、拉孔和滚压加工则作为孔的精加工方法。

通常孔的加工方案有：

1. 当孔径较小（$D < 25$ mm）时，大多采用钻、扩、铰的方案，其精度和生产率均很高。

2. 当孔径较大（$D > 25$ mm）时，大多采用钻孔后车孔或对已有铸、锻孔直接车孔，并增加进一步精加工的方案。

3. 箱体上的孔多采用粗车、精车和浮动镗孔。

4. 淬硬套筒工件，多采用磨孔方案。

三、套类工件几何公差的保证方法

套类工件是机械零件中精度要求较高的工件之一。套类工件的主要加工表面是内孔、外圆和端面，这些表面不仅有尺寸精度和表面粗糙度的要求，而且彼此间还有较高的形状精度和位置精度要求。因此，应选择合理的装夹方法。

1. 尽可能在一次装夹中完成车削

车削套类工件时，如是单件小批量生产，可在一次装夹中尽可能把工件全部或大部分表面车削完毕。这种方法不存在因装夹而产生的定位误差，如果车床精度较高，可获得较高的几何公差精度。但采用这种方法车削时，需要经常转换刀架位置。例如车削如图 2—2 所示工件，需轮流使用 90°车刀、45°车刀、麻花钻、铰刀和切断刀等刀具加工，如果刀架定位精度较差，则尺寸较难控制。此外，切削用量也要时常改变。

2. 以外圆为基准保证位置精度

在加工外圆直径很大、内孔直径较小、定位长度较短的工件时，多以外圆为基准来保证工件的位置精度。此时，一般应用软卡爪装夹工件。软卡爪用未经淬火的45 钢制成。由于这种卡爪是在本车床上车削成形的，因而可确保装夹精度；其次，当装夹已加工表面或软金属时，不易夹伤工件表面；另外，还可根据工件的特殊形状相应地加工软卡爪，以装夹工件。因此，软卡爪在工厂中已得到越来越广泛的使用。软卡爪的形状及制作如图 2—3 所示，车削夹紧工件的软卡爪的内限位台阶时，定位圆柱应放在卡爪的里面，用卡爪底部夹紧。

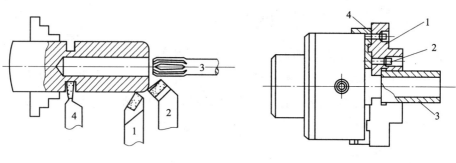

图 2—2　尽可能在一次装夹中完成车削

图 2—3　软卡爪

1—软卡爪　2—螺钉　3—工件　4—卡爪下部

3. 以内孔为基准保证位置精度

车削中小型的轴套、带轮和齿轮等工件时，一般可用已加工好的内孔为定位基准，并根据内孔配置一根合适的心轴，再将装工件的心轴支顶在车床上，精加工套类工件的外圆、端面等。常用的心轴有实体心轴和胀力心轴。

（1）实体心轴

实体心轴分不带台阶和带台阶两种。不带台阶的实体心轴又称小锥度心轴，如图 2—4a，其锥度 $C = 1:5\,000 \sim 1:1\,000$。采用这种方法定心精度高，缺点是承受切削力小，工件装卸时不太方便。带台阶的心轴如图 2—4b 所示，其配合圆柱面与工件孔保持较小的配合间隙，工件靠螺母压紧，常用来一次装夹多个工件。若装上快换垫圈，则装卸工件就更加方便。其缺点是定心精度较低，只能保证 0.02 mm 左右的同轴度。

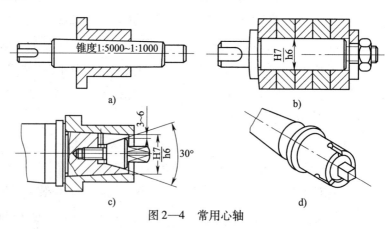

图 2—4　常用心轴

a）小锥度心轴　b）圆柱心轴　c）胀力心轴　d）槽做成三等分

（2）胀力心轴

胀力心轴依靠材料弹性变形所产生的胀力来胀紧工件，如图 2—4c 所示为装夹在机床主轴锥孔中的胀力心轴。胀力心轴的圆锥角最好为30°左右，最薄部分的壁厚可为 3 ~ 6 mm。为了使胀力均匀，槽可做成三等分。使用时先把工件套在胀力心轴上，拧紧锥堵的方头，使胀力心轴胀紧工件。长期使用的胀力心轴可用 65 Mn 弹簧钢制成。胀力心轴装卸方便，定心精度高，故应用广泛。

四、正确安排加工顺序

车削各种轴承套、齿轮和带轮等套类工件，虽然工艺方案各异，但也有一些共性可供遵循，现简要说明如下：

1. 在车削短而小的套类工件时，为了保证内、外圆的同轴度，最好在一次装夹中把内孔、外圆及端面都加工完毕。

2. 内沟槽应在半精车之后、精车之前加工，还应注意内孔精车余量对槽深的影响。

3. 车削精度要求较高的孔，可考虑以下两种方案：

（1）粗车端面—钻孔—粗车孔—半精车孔—精车端面—铰孔。

（2）粗车端面—钻孔—粗车孔—半精车孔—精车端面—磨孔。

4. 加工盲孔时，先用麻花钻钻孔，再用平底钻锪平，最后用盲孔车刀精车孔。

5. 如果工件以内孔定位车外圆，在内孔精车后，对端面也应进行一次精车，以保证端面与内孔的垂直度要求。

五、套类工件车削时切削用量的选择

套类工件车削时切削用量的选择与轴类工件基本一样，不同的是套类工件内孔车刀强度较低，工件刚度较差，需根据工件的尺寸、精度及材料的性质等因素合理选择。

六、套类工件车削时的质量分析

车削套类工件时，产生废品的原因及预防方法见表 2—1。

表 2—1　　　　　　车削套类工件时，产生废品的原因及预防方法

废品种类	产生原因	预防方法
孔的尺寸大	1. 车孔时，没有仔细测量 2. 铰孔时，主轴转速太高，铰刀温度上升，切削液供应不足 3. 铰孔时，铰刀尺寸大于要求的尺寸，尾座偏移	1. 仔细测量和进行试车削 2. 降低主轴转速，加注充足的切削液 3. 检查铰刀尺寸，校正尾座，或采用浮动套筒

续表

废品种类	产生原因	预防方法
孔的圆柱度超差	1. 车孔时，刀柄过细，切削刃不锋利，造成让刀现象，使孔径外大内小 2. 车孔时，主轴中心线与导轨不平行 3. 铰孔时，由于尾座偏移等原因使孔口扩大	1. 增大刀柄刚度，保证车刀锋利 2. 调整主轴轴线与导轨的平行度 3. 校正尾座，或采用浮动套筒
孔的表面粗糙度值大	1. 车孔时，与车轴类工件表面粗糙度达不到要求的原因相同，其中内孔车刀磨损和刀柄产生振动尤其突出 2. 铰孔时，铰刀磨损或切削刃上有崩口、毛刺 3. 铰孔时，切削液和切削速度选择不当，产生积屑瘤 4. 铰孔余量不均匀，铰孔余量过大或过小	1. 具体见轴类加工时，保证表面粗糙度的方法。关键是要保持内孔车刀的锋利和采用刚度较高的刀柄 2. 修磨铰刀，刃磨后保管好，防止碰毛 3. 铰孔时，采用5 m/min以下的切削速度，并正确选用和加注切削液 4. 正确选择铰孔余量
同轴度和垂直度超差	1. 用一次装夹方式车削时，工件移位或机床精度不高 2. 用软卡爪装夹时，软卡爪没有车好 3. 用心轴装夹时，心轴中心孔碰毛，或心轴本身同轴度超差	1. 工件装夹牢固，减小切削用量，调整车床精度 2. 软卡爪应在本车床上车出，直径与工件装夹尺寸基本相同 3. 心轴中心孔应保护好，如碰毛可研修中心孔；如心轴弯曲可校直或更换

七、加工套类工件常用的刀具

套类工件加工与轴类工件加工不同的是增加了内孔的加工，在刀具方面主要是多了麻花钻和内孔车刀。

1. 麻花钻的刃磨方法

刃磨麻花钻是车削加工的基本操作技能之一。麻花钻的刃磨质量好坏，将直接影响到钻孔质量、钻削效率和钻头的使用寿命。

一般情况下，麻花钻只刃磨两个主后面，并同时磨出顶角、后角和横刃斜角。所以，麻花钻的刃磨比较困难，刃磨技术要求高，对此须加以重视。

（1）麻花钻的刃磨要求

麻花钻的两个主切削刃和钻头轴线之间的夹角应对称，刃长度相等，顶角为118°左右，横刃斜角为55°左右，如图2—5所示。

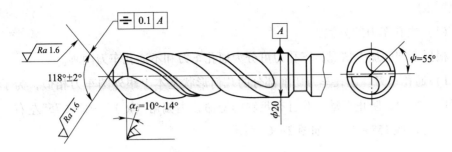

图 2—5 麻花钻刃磨技术要求

（2）标准麻花钻的优点

1）钻头上有螺旋槽，形成钻头的前刀面。一般情况下，可以不必刃磨前面，即有一定的前角。刃磨时，只需刃磨主后面。

2）钻头的两条主切削刃相当于两把车刀，钻削时双刃同时切削，并有导向部分支持，不易产生振动。

3）钻身上有螺旋形的棱边，钻孔时导向作用好，轴线不容易歪斜，并可减小钻身与孔壁间的摩擦。

4）钻头工作部分较长，使用寿命较长。

（3）标准麻花钻的缺点

1）主切削刃上各点的前角是变化的。靠近外缘处的前角较大（+30°），切削刃强度最差；横刃处前角为 -60°～-54°，切削时挤压严重，消耗功率较多，切削条件变差。

2）横刃过长，且横刃处有很大的负前角，钻削时横刃不是切削而是挤压和刮削，消耗能量多，产生热量多，而且横刃的存在使轴向力增大，定心差。

3）棱边处副后角为 0°，棱边与孔壁摩擦，加之该处的切削速度又高，产生的热量较多，使外缘磨损加快。

4）钻孔时，主切削刃全部参加切削，产生的切屑较宽，切削刃上各点排出切屑的速度相差很大，切屑占较大的空间，使得排屑不顺利，切削液不易进入切削区域。

针对上述缺点，麻花钻在使用时，应根据工件材料、加工要求，采用相应的修磨方法进行修磨。

2. 内孔车刀工艺知识

铸孔、锻造孔或用钻头钻出的孔，为了达到要求的精度和表面粗糙度，还需要车孔。车孔是最常用的孔加工方法之一，可以进行粗加工，也可以进行精加工，加工范围很广。

（1）内孔车刀的分类

根据不同的加工情况，车孔刀可分为通孔车刀和不通孔车刀两种。

1）通孔车刀。通孔车刀切削部分的几何形状基本上跟外圆车刀相似，为了减小径向切削力，防止振动，并且有足够的寿命，主偏角（κ_r）一般取75°左右，副偏角（κ_r'）取15°~30°，如图2—6a所示。

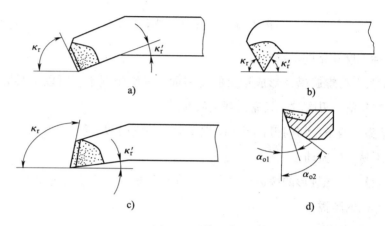

图2—6　车孔刀

a）通孔车刀　b）内孔尖刀　c）不通孔车刀　d）两个后角

2）内孔螺纹车刀形式。内孔螺纹车刀形式（俗称内孔尖刀）的车刀用于车内螺纹、内沟槽等，主偏角和副偏角应符合图样要求，一般按照样板校正角度，如图2—6b所示。

3）不通孔车刀。不通孔车刀是车台阶孔或不通孔用的，切削部分的几何形状基本上跟偏刀相似，它的主偏角大于90°（$\kappa_r = 92° ~ 95°$），刀尖在刀柄的最前端，刀尖到刀柄外端的距离 a 应小于内孔半径 R，否则孔的底平面就无法车平。车内孔台阶时，只要刀柄外端不碰孔壁即可，如图2—6c所示。

4）为了防止车孔刀后刀面与孔壁摩擦，以及不使车孔刀因后角磨的太大而影响刀具寿命，一般磨成双重后角或圆弧面后面，如图2—6d所示。

内孔车刀可做成整体式，如图2—7a所示。为了节省刀具材料和增大刀柄强度，也可把高速钢或硬质合金做成小的刀头，安装在碳钢或合金钢制成的刀柄前端的方孔中，并在顶端或上面用螺钉固定，如图2—7b、c所示。

（2）内孔车刀的刃磨

内孔车刀刃磨类似于外圆车刀的刃磨，其刃磨步骤如下：

1）粗磨前面。

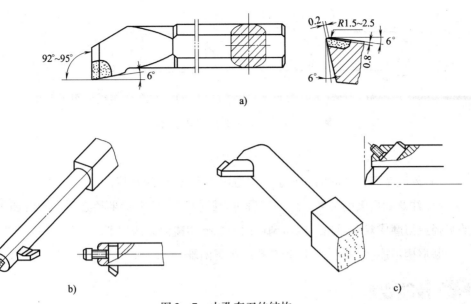

图 2—7 内孔车刀的结构

a）整体式 b）通孔车刀 c）不通孔车刀

2）粗磨主后面。

3）粗磨副后面。

4）磨断屑槽并控制前角和刃倾角。

5）刃磨倒棱。

6）精磨主后面、副后面。

7）修磨刀尖圆弧。

（3）内孔车刀断屑槽方向的选择

根据内孔加工性质的不同，内孔车刀的断屑槽有刃磨在主切削刃方向上和刃磨在副切削刃方向上两种。

1）当通孔车刀主偏角为 45°～75°时，如果在主切削刃方向上刃磨断屑槽（见图 2—8a），能使切削刃锋利，切削省力，在背吃刀量较大的情况下，仍能保持其切削稳定性，适用于背吃刀量较大的粗加工；如果在副切削刃方向上刃磨断屑槽（见图 2—8b），会影响主切削刃的切削性能，在背吃刀量较小的情况下，能达到较小的表面粗糙度值和较高的尺寸精度，故适用于半精车、精车。

2）当内孔车刀的主偏角大于 90°时，如果在主切削刃方向上刃磨断屑槽（见图 2—8c），适用于横向切削，但背吃刀量不能太大，否则切削稳定性不好，易产生"扎刀"现象，刀尖容易损坏，常用于不通孔的粗加工；如果在副切削刃方向上刃磨断屑槽（见图 2—8d），则适用于横向切削或者通孔和台阶孔的精加工。

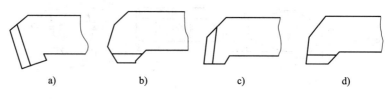

图2—8 内孔切削刃磨断屑槽

（4）注意事项

1）外圆车刀刃磨时的注意事项都适用于内孔车刀的刃磨。

2）注意副后面的刃磨。此处副后面为圆弧形，其圆弧半径必须小于所加工孔的半径或刃磨成双重后角，以防副后面与孔壁相碰而无法切削。

断屑槽不能磨得太宽，以防车孔时排屑困难。

 技能要求1

麻花钻的刃磨

一、操作准备

序号	名称		准备事项
1	材料		高速钢麻花钻（$\phi 20$ mm）
2	设备		砂轮机
3	工艺装备	刃具	氧化铝砂轮片
4		量具	角度样板
5		工、附具	砂轮修整器，防护眼镜，活扳手

二、操作步骤

序号	操作步骤	操作简图
步骤1	刃磨主切削刃时摆放角度 κ_r 1）刃磨前，钻头切削刃应放置在砂轮中心水平面上或稍高些。钻头轴线与砂轮外圆柱表面素线在水平面内的夹角等于顶角的一半	

续表

序号	操作步骤	操作简图
步骤 1	2）同时钻尾向下倾斜 1°～2°	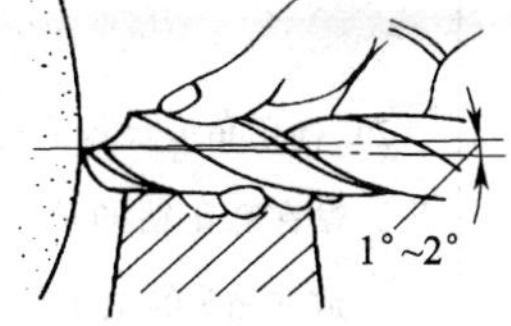
步骤 2	刃磨主切削刃	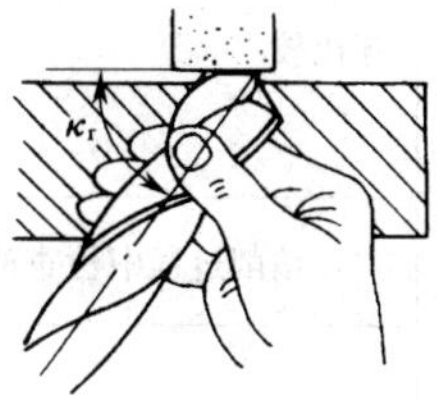
	1）钻头刃磨时用右手握住钻头前端作为支点，左手握钻尾，以钻头前端支点为圆心，钻尾作上下摆动，并绕轴线作微量转动，刃磨后刀面，磨出后角 α_o，控制横刃斜角	
	2）同时施加适当的压力，并略带旋转，但不能转动过多或上下摆动太大，以防磨出负后角或把另一面主切削刃磨掉。特别是刃磨小麻花钻时更应注意	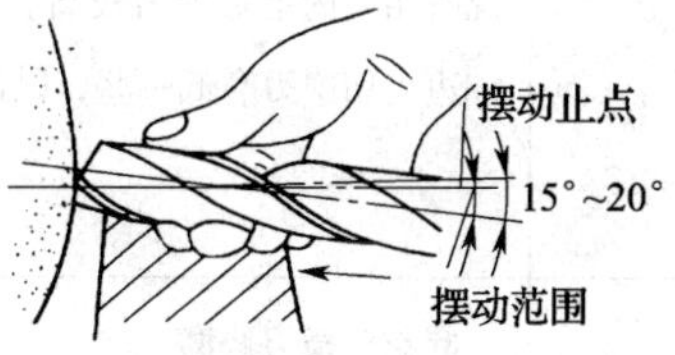
	3）当一个主切削刃刃磨完毕后，把钻头转过 180°刃磨另一个主切削刃，身体和手要保持原来的位置和姿势，这样容易达到两刃对称的要求，其具体刃磨方法同上	
步骤 3	麻花钻角度的目测法检查	
	1）将钻头垂直竖在与视线等高的位置上，在明亮的背景下观察两主切削刃长短是否对称、高低是否相等、后角是否合理，如右图所示。但在检查中由于视差关系，往往会感到左刃高、右刃低，此时就把钻头转过 180°再进行观察，这样反复观察对比，最后觉得两刃基本对称就可使用。如果发现两刃有偏差，必须进行再次修磨	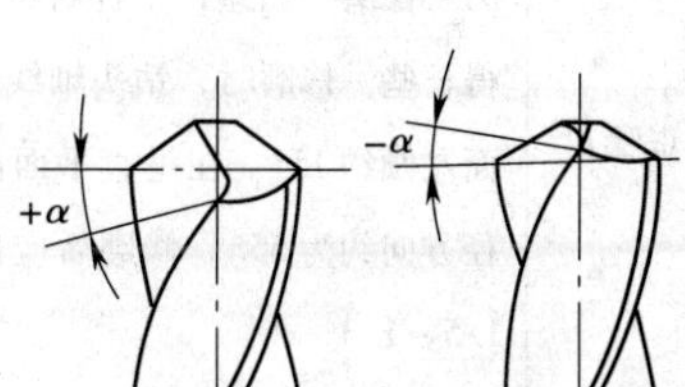a）正确　　b）错误

序号	操作步骤	操作简图
步骤3	**使用角度尺检查麻花钻角度** 2）使用角度尺检查时，只需将尺的一边（基尺）贴在麻花钻的棱边上，另一边（刀口形直尺）放在钻头的主切削刃上，测量其刃长和刃与钻头轴线的夹角，如图所示；然后转过180°，用同样的方法检查另一主切削刃。两次测量结果相互比较	121°
	在钻削过程中检查麻花钻角度 3）刃磨正确的麻花钻，在钻削时切屑会从两侧螺旋槽中均匀排出，如果切屑从一条螺旋槽中排出，或者一条螺旋槽中排出的切屑量较多，均说明相应的主切削刃较高。可卸下钻头，将高的一边主切削刃磨低一些，以避免钻孔尺寸变大	主切削刃较低，形成空间
步骤4	**麻花钻横刃修磨** 1）修磨横刃就是为了缩短横刃的长度，增大横刃处前角。一般情况下，工件材料较软时，横刃可修磨得短些；工件材料较硬时，横刃可修磨得长些。修磨时，钻头轴线在水平面内与砂轮侧面左倾约15°，在垂直平面内与刃磨点的砂轮半径方向约为55°。修磨后应使横刃长度为原长的1/5~1/3 2）修磨横刃时，钻头上的磨削点由外刃背逐渐向钻心移动，磨到横刃后使横刃缩短，在横刃处改变前角。注意横刃不要磨得太尖、太薄	$-\gamma_原$ $-\gamma_修$

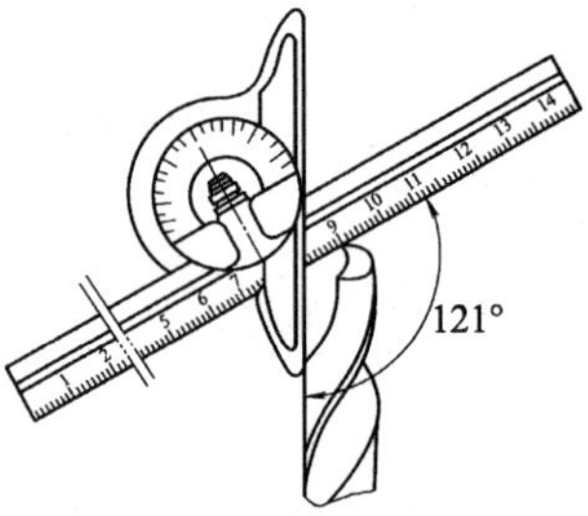

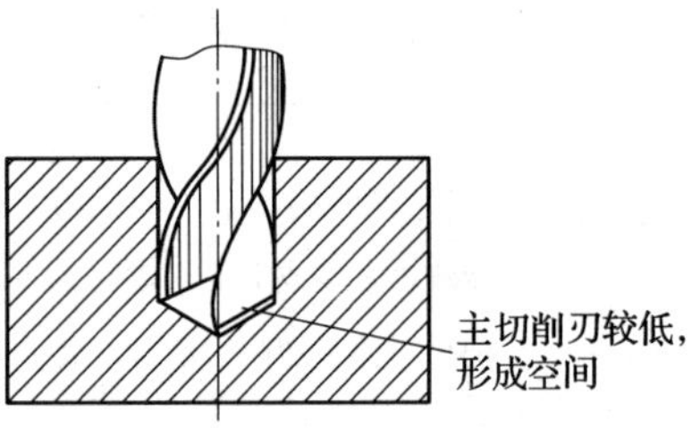

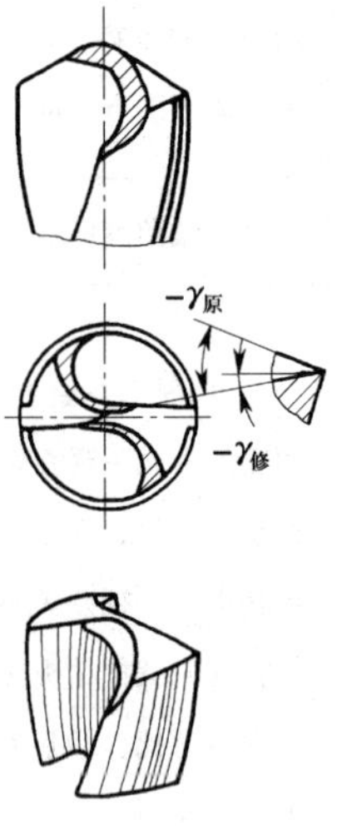

续表

序号	操作步骤	操作简图
步骤5	麻花钻前面修磨 修磨外缘处前面和横刃处前面。修磨横刃处前面是为了增大横刃处的前角；修磨外缘处前面是为了减小外缘处的前角。一般情况下，工件材料较软时，可修磨横刃处前角，以增大前角，减小切削力，使切削轻快；工件材料较硬时，可修磨外缘处前角，以减小前角，增大钻头强度	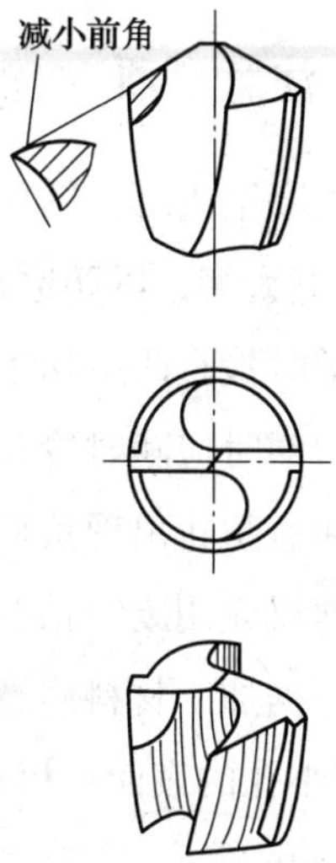 减小前角
步骤6	双重修磨 钻头外缘处的切削速度最高，磨损最快，因此可磨出双重顶角，这样可以改善外缘处的散热条件，增大钻头强度，并可以减小孔的表面粗糙度值	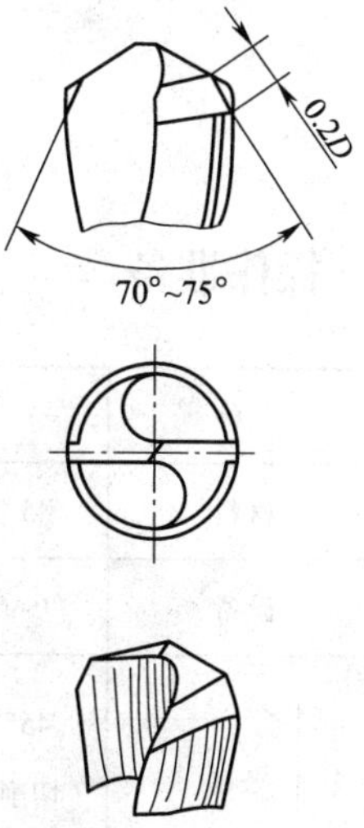 0.2D 70°~75°

三、工件质量标准

按如图 2—5 所示麻花钻刃磨需要达到的标准要求。

1. 两个主切削刃和钻头轴线之间的夹角应对称。

2. 两主切削刃等长。经过钻削检验，明显一侧刃下屑，另一侧刃无屑不合格。

3. 横刃修磨恰当，以 1 mm 长为宜。

4. 安全刃磨，杜绝违章。

5. 孔径大 0.1 mm 后，一般粗加工可视为合格。

四、注意事项

1. 刃磨钻头时，钻尾向上摆动不得高出水平线，以防磨出负后角；钻尾向下摆动亦不能太多，以防磨掉另一条主切削刃。

2. 随时检查两主切削刃的长度及与钻头轴线的夹角是否对称。

3. 刃磨时应随时冷却，以防刃口受热退火，降低硬度。

4. 注意防止出现负后角或者后角太大。

5. 建议先用废旧钻头练习刃磨。

6. 根据加工材料修磨横刃。这样可以改善外缘处的散热条件，增大钻头强度，并可以减小孔的表面粗糙度值。

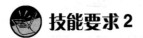 技能要求 2

衬 套 加 工

一、操作准备

序号	名称		准备事项
1	材料		45 钢，ϕ55 mm×80 mm 棒料 1 根
2	设备		CA6140 车床（四爪单动卡盘）
3	工艺装备	刀具	45°车刀，90°车刀，通孔车刀（加工 ϕ34 mm、ϕ38 mm 孔），内孔车槽刀（切削刃宽为 4mm），麻花钻（ϕ32 mm）等
4		量具	游标卡尺 0.02 mm/（0~150 mm），千分尺 0.01 mm/（25~50 mm），内径百分表 0.01 mm/（18~35 mm、35~50 mm），万能角度尺 2′/（0°~320°），1:10 圆锥塞规及圆锥套规（小端直径分别为 ϕ34 mm、ϕ46 mm）等
5		工附具	一字旋具，活扳手，其他常用工具

二、操作步骤

序号	操作步骤	操作简图
步骤 1	用四爪单动卡盘装夹毛坯外圆，夹持长度约为 20 mm，校正，夹紧	
	1）车端面，钻通孔 $\phi 32$ mm 2）车外圆至 $\phi 52$ mm，长至卡爪附近	
步骤 2	掉头，夹住 $\phi 52$ mm 外圆，伸出长度约为 40 mm，校正，夹紧	
	1）车端面，车平即可 2）粗车 $\phi 50_{-0.050}^{-0.025}$ mm、$\phi 42_{-0.050}^{-0.025}$ mm 外圆，各留 2 mm 余量，台阶长度（15 ± 0.05）mm 留 1 mm 余量 3）粗车 $\phi 34_{0}^{+0.025}$ mm 内孔，留 1 mm 余量 4）车槽 4 mm × $\phi 36$ mm 至图样要求，保证 22 mm 长度尺寸 5）半精车、精车内孔 $\phi 34_{0}^{+0.025}$ mm 至图样要求，倒钝锐边 6）半精车、精车外圆 $\phi 50_{-0.050}^{-0.025}$ mm、$\phi 42_{-0.050}^{-0.025}$ mm 至图样要求，保证台阶长度（15 ± 0.05）mm，倒钝锐边	
步骤 3	用开口衬套夹住 $\phi 50_{-0.050}^{-0.025}$ mm 外圆（伸出长度约为 45 mm），用百分表校正 $\phi 50_{-0.050}^{-0.025}$ mm 外圆及内孔 $\phi 34_{0}^{+0.025}$ mm 部分，夹紧	
	1）车端面，总长车至（74 ± 0.10）mm 2）粗车内孔 $\phi 38_{0}^{+0.025}$ mm 至 $\phi 37$ mm，长度 16 mm 3）车内沟槽 4 mm × $\phi 40$ mm 至图样要求，保证 16 mm 长度尺寸 4）半精车、精车内孔 $\phi 38_{0}^{+0.025}$ mm 至图样要求 5）用转动小滑板法车外圆锥 1 : 10 至图样要求 6）反装内孔车刀，车内圆锥 1 : 10 至图样要求 7）倒钝锐边	

三、工件质量标准

按如图 2—1 所示衬套工件需要达到的标准要求。

1. 工件外圆

工件外圆表面 $\phi 50_{-0.05}^{-0.025}$ mm、$\phi 42_{-0.05}^{-0.025}$ mm，有 $Ra0.8$ μm 表面粗糙度要求，这是此工件比较重要的加工内容，超差不合格，Ra 降级不合格。

2. 内孔要求

工件内孔表面 $\phi 38_{0}^{+0.025}$ mm、$\phi 34_{0}^{+0.025}$ mm，有 $Ra3.2$ μm 表面粗糙度要求，这是此工件比较重要的加工内容，超差不合格，Ra 降级不合格。

3. 工件长度尺寸要求

工件长度尺寸（74±0.1）mm、（15±0.05）mm 给定公差，尺寸超差不合格。

4. 圆锥要求

内（外）圆锥用圆锥塞（套）规检验，要求在加工中保证相对 $\phi 50_{-0.05}^{-0.025}$ mm 轴线的圆跳动公差。

5. 其他表面要求

其他表面及两端面的表面粗糙度要求 $Ra3.2$ μm。4 mm × $\phi 40$ mm，4 mm × $\phi 36$ mm，22 mm，16 mm，锐边倒钝等，都要按照未注公差尺寸进行检验。未注公差尺寸的公差等级：可查 GB/T 1804 中的 m 级。

 学习单元2　加工有色金属材料的套、盘类零件

 学习目标

➤ 了解车削有色金属的车刀牌号
➤ 掌握套类工件变形的复映规律及解决变形的方法
➤ 能够根据工件的尺寸、精度及材料的性质等因素选择切削用量

 **知识要求**

一、图样含义

加工如图 2—9 所示衬套，材料为 ZCuSn10Pb1，数量为 100 件。

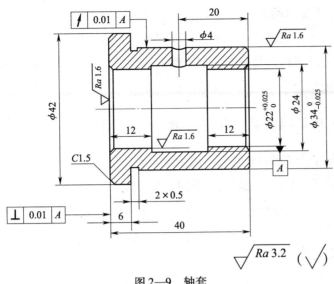

图 2—9　轴套

如图 2—9 所示轴套是有色金属套类工件中常见的一种，图样分析应注意以下内容：

1. 外圆 $\phi 34_{-0.025}^{\ 0}$ mm 和内孔 $\phi 22_{\ 0}^{+0.025}$ mm 的尺寸公差较小。

2. 表面粗糙度值控制在 $Ra1.6$ μm 范围内。

3. 内外圆之间的圆跳动要求较高，公差值为 0.01 mm。

常见的套类零件材料有黑色金属、有色金属及非金属材料。按毛坯成型方法的不同，有通用材料、锻造材料和铸造材料。这里特别介绍有色金属铸造材料的套类零件加工。

二、车削有色金属铸造材料的车刀选用

车削有色金属铸造材料的车刀牌号一般选用 K（钨钴）类硬质合金材料。K01（YG3）因含钨量多而含钴量少，硬度高而韧性差，适用于精加工；K30（YG8）含钨量少而含钴量多，硬度低而韧性好，适用于粗加工。

由于有色金属铸造材料较脆且加工时所受的冲击力较大，刃磨时刀具的前角一般为 0°，其他角度与加工普通钢材基本相同。

三、套类工件变形的复映规律及解决变形的方法

1. 借料找正解决铸造缺陷

由于铸造材料多数存在铸造缺陷，加工时需借料找正。方法有直接找正和划线找正。

2. 解决工件变形问题

套类工件加工的关键是解决各种变形问题，有热变形、残余应力变形、装夹变形等。加工时应注意粗、精分开的加工原则，合理安排加工工艺，充分利用夹具，就能保证加工质量。

四、车有色金属套类工件时切削用量的选择

车有色金属套类工件时选择切削用量，主要受刀具材质和刀具几何角度的影响，切削速度适当降低一点，其他切削用量的选择与加工普通材料的套类工件基本一样。

相关链接

有色金属材料——铜及铜合金简介

1. 工业纯铜

铜是贵重有色金属，是人类应用最早和最广的一种有色金属，其全世界产量仅次于钢和铝。工业纯铜又称紫铜，密度为 $8.96 \times 10^3 \, \text{kg/m}^3$，熔点为 $1\,083\,℃$。纯铜具有良好的导电、导热性，其晶体结构为面心立方晶格，因而塑性好，容易进行冷、热加工。纯铜有较高的耐蚀性，在大气、海水及不少酸类中皆能耐蚀。但其强度低，强度经冷变形后可以提高，但塑性显著下降。

工业纯铜按杂质含量可分为 T_1、T_2、T_3、T_4 四种。"T"为"铜"的汉语拼音字首，其数字越大，纯度越低。如 T1 的 $w_{Cu} = 99.95\%$，而 T4 的 $w_{Cu} = 99.50\%$，余为杂质含量。纯铜一般不作为结构材料使用，主要用于制造电线、电缆、导热零件及配制铜合金。

2. 黄铜

黄铜是以锌为主要合金元素的铜锌合金。按化学成分分为普通黄铜和特殊黄铜两类。

普通黄铜是由铜与锌组成的二元合金。它的色泽美观，对海水和大气腐蚀有很好的抗力。当 $w_{Cu} < 32\%$，为单相黄铜，塑性好，适宜于冷、热压力加工；当 $w_{Cu} \geq 32\%$，组成双相黄铜，适宜于热压力加工。

黄铜的代号用"H"（"黄"的汉语拼音字首）+数字表示，数字表示铜的平均质量分数。

H80色泽好，可以用来制造装饰品，故有"金色黄铜"之称。H70强度高、塑性好，可用深冲压的方法制造弹壳、散热器、垫片等零件，故有"弹壳黄铜"之称。H62，H59具有较高的强度与耐蚀性，且价格便宜，主要用于热压、热轧零件。

为改善黄铜的某些性能，常加入少量铝、锰、锡、硅、铅、镍等合金元素，形成特殊黄铜。特殊黄铜的代号是在"H"之后标以主加元素的化学符号，并在其后标以铜及合金元素的质量分数。例如，HPb59-1表示 $w_{Cu}=59\%$，$w_{Pb}=1\%$，余量为 w_{Zn} 的铅黄铜。

3. 青铜

青铜原指人类历史上应用最早的一种铜—锡合金，但逐渐地把除锌以外的其他元素的铜基合金也称为青铜。所以青铜包含锡青铜、铝青铜、铍青铜、硅青铜和铅青铜等。

青铜的代号为"Q（青）+主加元素符号及其质量分数+其他元素符号及质量分数"。铸造青铜则在代号（牌号）前加"ZCu"。

（1）锡青铜

锡青铜是以锡为主加元素的铜合金，我国古代遗留下来的钟、鼎、镜、剑等就是用这种合金制成的，至今已有几千年的历史，仍完好无损。

锡青铜铸造时流动性差，易产生分散缩孔及铸件致密性不高等缺陷，但它在凝固时体积收缩小，不会在铸件某处形成集中缩孔，故适用于铸造对外形尺寸要求较严格的零件。

锡青铜的耐蚀性比纯铜和黄铜都高，特别是在大气、海水等环境中；耐磨损性能也高，多用于制造轴瓦、轴套等耐磨零件。

常用锡青铜牌号有QSn4—3，QSn6.5—0.1，ZCuSn10Pb1。

（2）铝青铜

铝青铜是以铝为主加元素的铜合金，它不仅价格低廉，且强度、耐磨性、耐蚀性及耐热性比黄铜和锡青铜都高，还可进行热处理（淬火、回火）强化。当含铝量小于5%时，强度很低，塑性高；当含铝量达到12%

时，塑性已很差，加工困难，故实际应用的铝青铜的 w_{Al} 一般为 5% ~ 10%。当 w_{Al} = 5% ~ 7% 时，塑性最好，适于冷变形加工；当 w_{Al} = 10% 左右时，常用于铸造。

常用铝青铜牌号有 QA17。

铝青铜在大气、海水、碳酸及大多数有机酸中具有比黄铜和锡青铜更高的耐蚀性，因此铝青铜是无锡青铜中应用最广的一种，也是锡青铜的重要代用品。缺点是其焊接性能较差。铸造铝青铜常用来制造强度及耐磨性要求较高的摩擦零件，如齿轮、轴套、蜗轮等。

（3）铍青铜

铍青铜的含铍量很低，w_{Be} = 7% ~ 2.5%。铍在铜中的溶解度随温度而变化，故它是唯一可以固溶时效强化的铜合金，经固溶处理及人工时效后，其性能可达：R_m = 1 200 MPa，A = 2% ~ 4%，硬度为 330 ~ 400HBS。

铍青铜具有较高的耐蚀性和导电、导热性，无磁性。此外，还具有良好的工艺性，可进行冷、热加工及铸造成形。通常用于制作弹性元件及钟表、仪表、罗盘仪器中的零件，电焊机电极等。

 **技能要求**

轴 套 加 工

加工如图 2—9 所示轴套工件，确定毛坯材料为 ZCuSn10Pb1，由于毛坯直径不大，故选用棒料。批量较大，可采用 5 件同时加工。

一、操作准备

序号	名称		准备事项
1	材料		铸铜 φ50 mm×250 mm 棒料 1 根
2	设备		CA6140 车床（三爪自定心卡盘）
3	工艺装备	刀具	45°车刀，90°车刀，通孔车刀（加工 φ22 mm 孔），外圆车槽刀（切削刃宽为 2 mm），麻花钻（φ20 mm），铰刀（φ22 mm），外圆切断刀等

续表

序号	名称		准备事项
4	工艺装备	量具	游标卡尺 0.02 mm/（0～150 mm），千分尺 0.01 mm/（0～25 mm、25～50 mm），内径百分表 0.01 mm/（18～35 mm），钢直尺等
5		工、附具	一字旋具，活扳手，顶尖及钻夹头，其他常用工具

二、操作步骤

序号	操作步骤	操作简图
步骤1	用三爪自定心卡盘夹持工件 1）车端面 2）钻中心孔	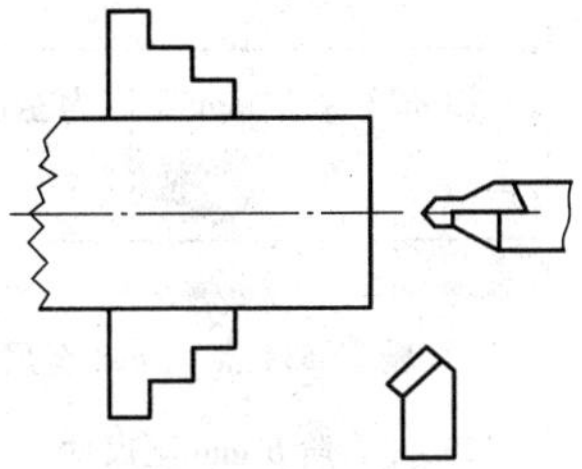
步骤2	用三爪自定心卡盘夹持工件一端，用尾座顶尖顶另一端 5件同时加工，尺寸均相同	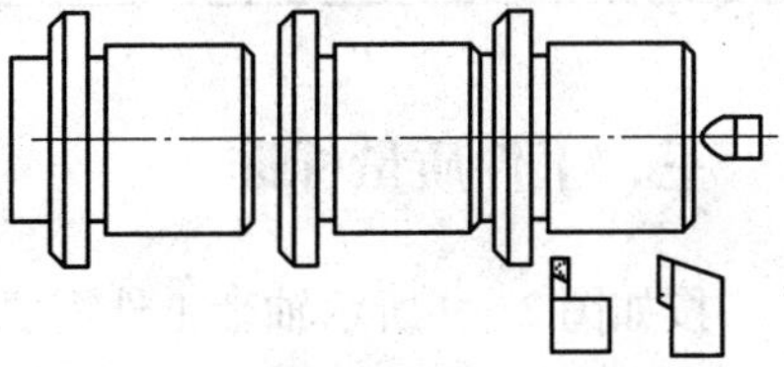
步骤3	用软卡爪夹住 φ42 mm 外圆 找正，钻 φ20.5 mm 孔成单件	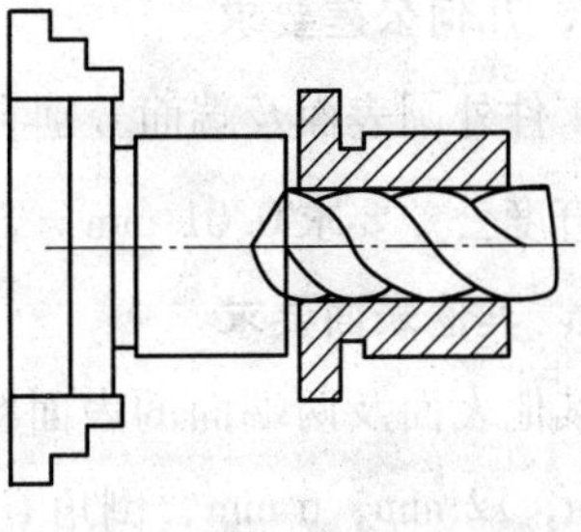

序号	操作步骤	操作简图
	用三爪卡盘夹住 $\phi35$ mm 外圆	
步骤4	1）车端面，保证长 40 mm 2）车 $\phi22^{+0.025}_{0}$ mm 孔，留精加工余量 0.15 mm 3）车内沟槽 $\phi24$ mm，长 16 mm 4）倒角 $C1.5$ 5）铰孔 $\phi22^{+0.025}_{0}$ mm 至尺寸 6）孔口倒角 $C1.5$	
步骤5	以 $\phi22^{+0.025}_{0}$ mm 孔作为基准，用小锥度心轴定位 1）精车 $\phi34^{0}_{-0.025}$ mm 至尺寸 2）车台阶 6 mm 至尺寸 3）车 $\phi47$ mm 外圆 4）倒角 $C1.5$ （以下略）	

三、工件质量标准

按如图 2—9 所示轴套工件需要达到的标准要求。

1. 工件外圆、内孔要求

工件外圆、内孔表面 $\phi34^{0}_{-0.025}$ mm、$\phi22^{+0.025}_{0}$ mm，表面粗糙度有 $Ra1.6$ μm 要求。外圆、内孔尺寸超差不合格；Ra 降级不合格。

2. 几何公差要求

工件外圆表面及端面分别有对 $\phi22^{+0.025}_{0}$ mm 内孔轴线的跳动公差要求 0.01 mm 和垂直度公差要求 0.01 mm，要求在加工中用心轴保证精度。

3. 其他表面要求

其他表面及两端面的表面粗糙度要求 $Ra3.2$ μm。$\phi42$ mm，$\phi24$ mm，40 mm，12 mm，12 mm，6 mm，倒角 $C1.5$ mm 等都要按照未注公差尺寸进行检验。未注公差尺寸的公差等级可查 GB/T 1804 中的 m 级。

第 2 节　薄壁套加工

 学习单元　薄壁套类零件的加工方法

 学习目标

➤ 薄壁套类零件六点定位原理的运用

（1）夹紧力大小的确定

（2）夹紧力方向的确定

（3）夹紧力作用点的确定

➤ 薄壁套切削用量的选择

➤ 车床典型轴向夹紧机构

➤ 保证薄壁套零件圆柱度的方法

 知识要求

一、薄壁工件车削时的特点

车削薄壁工件时，由于工件薄壁、刚度差，在车削过程中可能产生以下现象：

1. 受径向夹紧力、切削力、切削热的作用，易产生变形，影响工件的尺寸精度和形状精度。

薄壁工件装夹时，因受径向夹紧力的作用而产生变形，用三爪自定心卡盘装夹时会略微变成三边形，而车孔后使内孔成为一个圆柱孔，加工完毕松开卡爪，由于弹性变形恢复会使加工表面变形，外圆恢复成圆柱形，内孔则变成弧形三边形（见图 2—10）。若用内径千分尺测量，各个方向上直径 D 相等，但实际上已变形不是内圆柱面了，这种变形称为等直径变形。

2. 对于线胀系数较大的金属薄壁工件，在一次装夹过程中连续车削，所产生的切削热会引起工件热变形，使工件的尺寸精度难以控制。

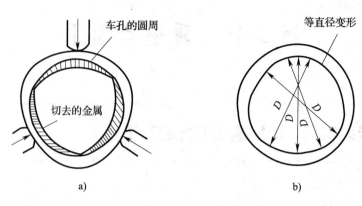

图2—10　薄壁工件夹紧变形

a）车孔情况　b）等直径变形

3. 由于工件刚度差，在切削力作用下，容易引起工件的振动和变形，影响工件的尺寸精度、几何精度和表面粗糙度的控制。

4. 残留内应力使工件变形。工件在锻造、铸造和焊接过程中，内部组织失去平衡会引起工件变形。

二、防止和减小薄壁工件变形的方法

1. 把薄壁工件的加工分为粗车和精车两个阶段

粗车时，由于切削余量较大，夹紧力大，切削用量相对较大，产生的切削力、切削热都大，所以变形也相应大一些，圆柱度误差较大。

精车时，夹紧力可稍小一些，一方面夹紧变形小，另一方面精车时背吃刀量a_p、进给量f都选得相对小一些，产生的切削力、切削热都小，变形也就相对小一些。

2. 防止残留内应力造成的工件变形

对于锻造、铸造、焊接、轧制的工件，为消除其内应力，不影响工件加工精度，必须在工件粗加工前、后进行适当的热处理，以保证工件的加工质量。

3. 合理选择刀具的几何参数

精车薄壁工件的车刀，为减小切削力、切削热，避免变形，必须使车刀刃口保持锋利并加注切削液。

（1）外圆精车刀：$\kappa_r = 90° \sim 93°$，$\kappa_r' = 15°$，$\alpha_o = 14° \sim 16°$，$\alpha_o' = 15°$，γ_o适当增大。

（2）内孔精车刀：为防止振动，刀杆刚度要高，刀具的修光刃不宜过长（一般取0.2~0.5 mm），刀具刃口要锋利，注意冷却润滑。

4. 增加装夹接触面积（夹紧力大小的确定）

合理装夹工件、防止产生变形最常用的方法是增大装夹接触面，让夹紧力均布在工件圆周上，使夹紧时工件不易产生变形，如采用开缝套筒和特制的软卡爪（见图2—11）。

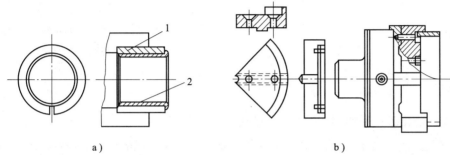

a）　　　　　　　　　　　　　　　　b）

图2—11　增大装夹接触面，减小工件变形

a）开缝套筒　b）特制的软卡爪

1—薄壁套　2—工件

5. 使用轴向夹紧夹具

车削薄壁工件时，尽量不使用径向夹紧，而优先选用轴向夹紧的方法，使夹紧力确定为轴向力。

（1）以外圆定位的轴向夹紧夹具

薄壁工件装夹在如图2—12所示的车床夹具体内，工件以外圆柱面定位加工内孔，加工时用螺母的端面来压紧工件，使夹紧力F沿工件轴向分布，这样可以防止薄壁工件产生夹紧变形。

（2）以内孔定位的轴向夹紧夹具

薄壁工件装夹在如图2—13所示的车床夹具体内，工件以内孔定位加工外圆，加工时用螺母来压紧工件，使夹紧力沿工件轴向分布，这样可以防止薄壁工件产生夹紧变形。

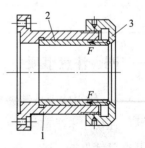

图2—12　以外圆定位的
轴向夹紧夹具

1—车床夹具体

2—工件　3—螺母

6. 增加工艺肋（夹紧力作用点的确定）

有些薄壁工件可以在其装夹部位特制几根工艺肋，以增大刚度，使夹紧力更多地作用在工艺肋上，减小工件的变形。加工完毕后，再去掉工艺肋。如图2—14所示。

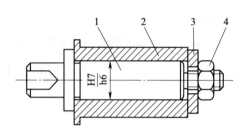

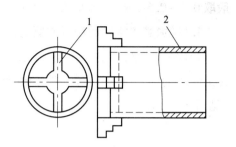

图2—13 以内孔定位的
轴向夹紧夹具

1—车床夹具体 2—工件

3—垫片 4—螺母

图2—14 增加工艺肋减小
薄壁工件的变形

1—工艺肋 2—工件

7. 防止工件受切削热的影响产生变形

车削线胀系数较大的金属薄壁件时，要注意加注充足的切削液进行冷却，不要在较高的温度下进行精车，并注意温度变化对尺寸精度的影响。

三、车削薄壁工件时切削用量的选择

针对薄壁工件刚度低、易变形的特点，车薄壁工件时应适当降低切削用量。实践中，一般按照中速、小吃刀和快进给的原则来选择，具体数据可参考表2—2。

表2—2　　　　　　　　　　　车削薄壁工件时的切削用量

加工性质	切削速度 v_c（m/min）	进给量 f（mm/r）	背吃刀量 a_p（mm）
粗车	70 ~ 80	0.6 ~ 0.8	1
精车	100 ~ 120	0.15 ~ 0.25	0.3 ~ 0.5

四、注意事项

1. 使用软卡爪装夹薄壁工件，可以根据工件的要求，将软卡爪做成不同的形状，在使用卡爪前最好根据工件定位基准的尺寸精车一刀，使卡爪尺寸与工件定位基准尺寸保持一致；在夹紧工件时应适当控制夹紧力，防止工件因夹紧力的分布不均匀而引起加工误差。

2. 在车削过程中，若出现振动，造成工件表面波纹状痕迹，可立即停止进给，降低转速，并稍增大进给量，再检查刀具是否合理，当一切正常后重新进给，将波

纹除去。

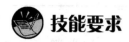 **技能要求**

薄壁过渡套加工

加工如图 2—15 所示薄壁过渡套工件。

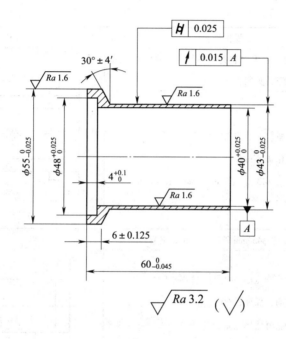

图 2—15　薄壁过渡套

为满足跳动等位置精度要求，应以内孔为定位基准，配以心轴精车外圆和锥面。

一、操作准备

序号	名称		准备事项
1	材料		45 钢，ϕ60 mm×65 mm 棒料 1 根
2	设备		CA6140 车床（三爪自定心卡盘）
3	工艺装备	刀具	45°车刀，90°车刀，通孔车刀（加工 ϕ40 mm 孔），平底孔车刀（加工 ϕ48 mm 孔），麻花钻（ϕ38 mm）等

序号	名称		准备事项
4	工艺装备	量具	游标卡尺 0.02 mm／（0～150 mm），千分尺 0.01 mm／（25～50 mm、50～75 mm），内径百分表 0.01 mm／（35～50 mm），万能角度尺 2′／（0°～320°），钢直尺等
5		工、附具	一字旋具，活扳手，顶尖及钻夹头，其他常用工具

二、操作步骤

序号	操作步骤	操作简图
步骤1	用三爪自定心卡盘装夹毛坯外圆，伸出长度约 45 mm，校正，夹紧 1）车端面 2）钻通孔 $\phi38$ mm 3）车外圆 $\phi43_{-0.025}^{0}$ 至 $\phi45$ mm，长 40 mm	
步骤2	掉头，夹住 $\phi45$ mm 外圆，校正，夹紧 1）粗车 $\phi55_{-0.025}^{0}$ mm 外圆至 $\phi56$ mm 2）车端面，保证长 $60_{-0.045}^{0}$ mm 3）车准 $\phi40_{0}^{+0.025}$ mm 内孔 4）车准 $\phi48_{0}^{+0.025}$ mm $\times 4_{0}^{+0.10}$ mm 的台阶孔 5）倒钝锐边	
步骤3	用心轴装夹工件 1）半精车、精车 $\phi55_{-0.025}^{0}$ mm 外圆 2）半精车 $\phi43_{-0.025}^{0}$ mm 外圆长度至 50.4 mm 3）半精车 30°斜面，（6±0.125）mm 至 6.05 mm 4）精车 $\phi43_{-0.025}^{0}$ mm 外圆长度至 50.45 mm 5）精车 30°斜面，保证长（6±0.125）mm 6）倒钝锐边	

三、工件质量标准

按如图 2—15 所示薄壁过渡套工件需要达到的标准要求。

1. 工件外圆、内孔要求

工件外圆、内孔表面 $\phi55_{-0.025}^{0}$ mm、$\phi48_{0}^{+0.025}$ mm、$\phi43_{-0.025}^{0}$ mm、$\phi40_{0}^{+0.025}$ mm，尺寸超差不合格，Ra 降级不合格。

2. 工件长度尺寸要求

工件 $60_{-0.045}^{0}$ mm、$4_{0}^{+0.1}$ mm、（6 ± 0.125）mm 长度尺寸给定公差，超差不合格。

3. 几何公差要求

工件外圆表面有圆柱度公差 0.025 mm 和对内孔 $\phi40$ mm 基准轴线的圆跳动公差 0.015 mm，要求在加工中用心轴装夹的方法进行车削。

4. 圆锥要求

圆锥要求在加工中保证与 $\phi43_{-0.025}^{0}$ mm 外圆的同轴度。

5. 其他表面要求

其他表面的表面粗糙度要求 $Ra3.2$ μm。

第 3 节　组 合 件 加 工

 学习目标

➤ 能够分析和解决组合工件加工中产生的质量问题
➤ 能够解决车削组合工件时的关键问题

 知识要求

一、三组合工件识图

三件圆锥组合如图 2—16、图 2—17、图 2—18 和图 2—19 所示。
三件圆锥组合说明：

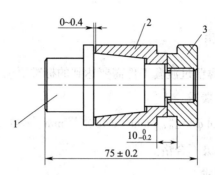

图 2—16　三件圆锥组合件

1—锥轴　2—锥套　3—螺母

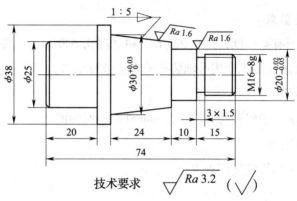

技术要求　$\sqrt{Ra\,3.2}$（$\sqrt{}$）

1. 未注倒角C1。
2. 未注公差尺寸按GB/T 1804—m加工。
3. 锐角倒钝。

图 2—17　件 1 锥轴

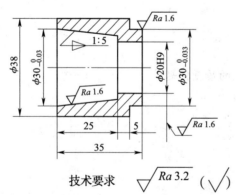

技术要求　$\sqrt{Ra\,3.2}$（$\sqrt{}$）

1. 未注倒角C1。
2. 未注公差尺寸按GB/T 1804—m加工。
3. 锐角倒钝。

图 2—18　件 2 锥套

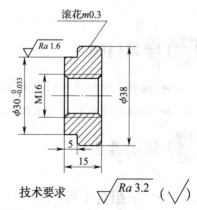

技术要求　$\sqrt{Ra\,3.2}$（$\sqrt{}$）

1. 未注倒角C1。
2. 未注公差尺寸按GB/T 1804—m加工。
3. 锐角倒钝。

图 2—19　件 3 螺母

1．件 1 右端为 M16 普通螺纹，长 15 mm；左侧一处直径 $\phi20_{-0.033}^{0}$ mm 台阶；1∶5 圆锥大端直径 $\phi30_{-0.033}^{0}$ mm，长 24 mm；左端一处 $\phi25$ mm 及 $\phi38$ mm 台阶。

2．件 2 为 1∶5 内圆锥套，圆锥大端直径 $\phi30$ mm，长 25 mm；内孔直径 $\phi20H9$；工件外圆直径 $\phi38$ mm；右侧台阶直径 $\phi30_{-0.033}^{0}$ mm，长 5 mm；工件总长 35 mm。

3．件 3 为一螺母，M16 普通内螺纹，外圆直径 $\phi38$ mm，左端 $\phi30_{-0.033}^{0}$ mm 台阶长 5 mm。

二、车削组合工件的基本知识

1．车削加工三原则

（1）粗、精加工分开原则

粗、精加工分开原则指对于刚度差、批量较大、要求精度较高的工件，一般要将粗、精加工分开进行，即在主要部位进行粗加工之后再进行精加工。这样，可以消除由粗加工所造成的内应力、切削力、切削热、夹紧力对加工精度的影响。

（2）精基准加工先行原则

精基准加工先行原则指零件在加工过程中，作为定位基准的表面应首先加工出来，以便尽快为后续工序的加工提供精基准。先考虑基准加工，称为"基准先行"，以后的加工都要围绕基准来考虑。所以在加工之前选择的基准好就便于加工，不好就很麻烦，所以会有基准先行的说法。

（3）一刀加工原则

一刀加工原则指"一刀活"加工，在工件加工中尽量将全部或大部分加工面在一次装夹中加工完，以保证各个面之间的相互位置精度。

以上三个原则概括了一般加工过程应遵守的经典加工意识。

2．确定基准件

因为每套组合件中必有一个件为核心件，确定它且先加工它，作为后加工件的基准。

3．使用配车、配研等手段保证组合件的装配精度

车削组合件其余零件时，应按已加工的基准件及其他零件的实际测量结果相应调整尺寸及几何公差值，充分使用配车、配研等手段保证组合件的装配精度要求。

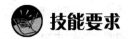 **技能要求**

三组合工件加工

一、操作准备

序号	名称		准备事项
1	材料		ϕ40 mm×80 mm、ϕ40 mm×50 mm、ϕ40 mm×30 mm 棒料
2	设备		CA6140 车床
3	工艺装备	刀具	90°车刀，45°车刀，90°内孔车刀，内孔光刀，60°螺纹车刀，切断刀，m0.3 mm 网纹滚花刀，ϕ23 mm、ϕ18 mm、ϕ13 mm、ϕ14 mm 钻头，A2.5/6.3 mm 中心钻
4		量具	塞尺，游标卡尺 0.02 mm/（0~150 mm），千分尺 0.01 mm/（25~50 mm），内径千分尺 0.01 mm/（5~30 mm），M16 螺纹环规，60°螺纹规，1:5 圆锥量规，万能角度尺 2′（0°~320°）
5		工、附具	红丹粉，划线盘，一字旋具，活扳手，顶尖及钻夹头，其他常用工具

二、操作步骤

序号	操作步骤	操作简图
		件 1
步骤1	工件伸出 30 mm，夹紧 1）车端面 2）车外圆 ϕ38 mm 长 27 mm 至尺寸 3）粗、精车外圆 ϕ25 mm 长 20 mm 至尺寸 4）倒角 C1	

续表

序号	操作步骤	操作简图
步骤2	工件掉头，将 ϕ38 mm 端面靠在卡盘爪端面上，夹紧工件 1）车端面，保证总长 74 mm 2）粗、精车外圆 ϕ30 $_{-0.033}^{0}$ mm 至 ϕ31 mm，长 49 mm 3）粗、精车外圆 ϕ20 $_{-0.033}^{0}$ 长 25 mm 至尺寸 4）将 M16 螺纹外圆车至 ϕ16 $_{-0.4}^{-0.2}$ mm，长 15 mm 5）车退刀槽 3 mm × 1.1 mm	
	6）工件倒角 C2 7）车 M16 螺纹 8）车 1：5 圆锥，同时控制圆锥大头尺寸 ϕ30 $_{-0.033}^{0}$ mm 9）锐角倒钝	

件 2

序号	操作步骤	操作简图
步骤1	工件伸出 45 mm，夹紧 1）车端面 2）用三尖平面钻头钻孔 ϕ23 mm，长 24 mm 3）钻孔 ϕ18 mm，长 40 mm 4）车外圆 ϕ38 mm 长 36 mm 至尺寸	
	5）车内圆锥 1：5 长 25 mm，大头直径 ϕ30 mm，与件 1 配车接触率不小于 70%，并保证两端面间隙 0.1～0.2 mm 6）精车内孔 ϕ20H9 mm 至尺寸 7）锐角倒钝 8）工件切断，保证长度 36 mm	

序号	操作步骤	操作简图
步骤2	工件掉头，垫铜皮夹紧 1）车端面，保证总长 35 mm 2）锐角倒钝	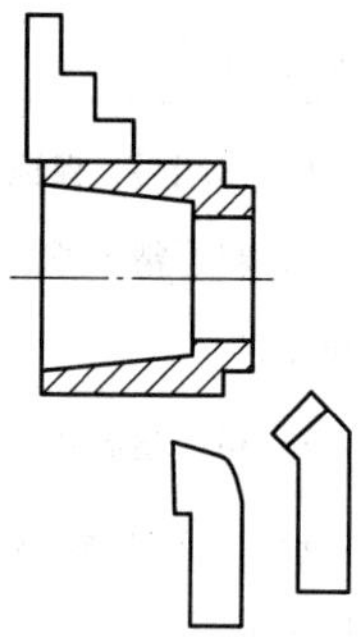
	件3	
步骤1	工件伸出 25 mm，夹紧 1）车端面 2）钻孔 $\phi13$ mm 3）车外圆 $\phi38$ mm，长 17 mm 4）车台阶 $\phi30_{-0.033}^{0}$ mm 5）$\phi38$ mm 外圆倒角 6）切断，保证工件总长 16 mm	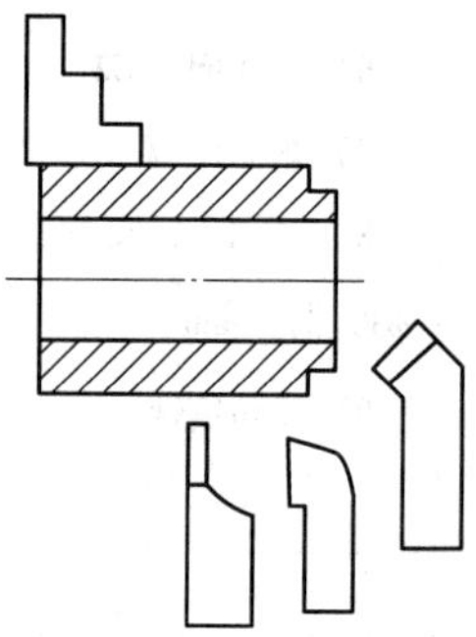
步骤2	掉头，垫铜皮夹 $\phi30_{-0.033}^{0}$ mm 外圆 1）车端面，保证工件总长 15 mm 2）车内孔 $\phi14_{+0.2}^{+0.3}$ mm 至尺寸，内孔两侧倒角 （或用 $\phi14$ mm 钻头钻孔） 3）车内螺纹 M16，长 15 mm	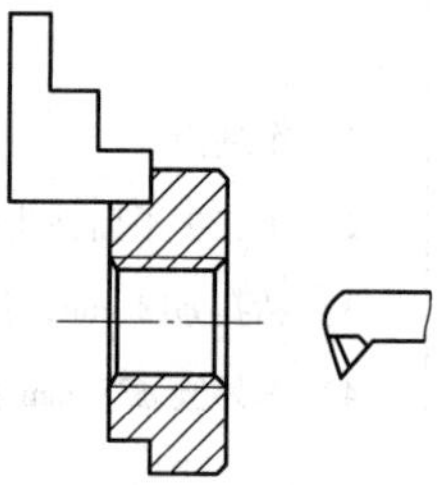

三、工件质量标准

1. 锥轴

按如图 2—17 所示锥轴工件需要达到的加工标准。

（1）圆锥面

1∶5 外圆锥面用圆锥量规检验，并与件 2 相配合，接触率不小于 70%，接触率低于此值不合格。圆锥面的大头尺寸 $\phi 30^{+0.033}_{0}$ mm 及 $Ra1.6$ μm 予以保证，按照最大极限尺寸超差不合格，表面粗糙度超差不合格。

（2）外圆

$\phi 20^{-0.02}_{-0.05}$ mm 超差不合格，Ra 降级不合格。

（3）螺纹

M16 - 8g 超差不合格，用螺纹环规检验。

（4）其他

长度 20 mm、24 mm、10 mm、15 mm、74 mm，槽 3 mm × 1.5 mm，外圆 $\phi 38$ mm、$\phi 25$ mm，倒角 C1 mm，$Ra3.2$ μm 4 处，均按照未注公差尺寸 GB/T 1804 - m 值检验。其余 $Ra3.2$ μm，Ra 降级不合格。

2. 锥套

按如图 2—18 所示锥套工件需要达到的加工标准。

（1）圆锥面

1∶5 圆锥面用圆锥量规检验，并与件 1 相配合，接触率不小于 70%，接触率低于此值不合格。内圆锥面的大头尺寸 $\phi 30^{0}_{-0.033}$ mm 及 $Ra1.6$ μm 予以保证，按照最小极限尺寸超差不合格，表面粗糙度超差不合格。

（2）内孔

内孔 $\phi 20$H9 与件 1 配合，由于采用基孔制，此孔的公差值应采用较大极限 +0.052 mm 的值，防止对锥面配合产生干涉。$Ra1.6$ μm，降级不合格。

（3）外圆

外圆 $\phi 30^{0}_{-0.033}$ mm、$Ra1.6$ μm 及 $\phi 38$ mm 无配合，可按照超差不合格和表面粗糙度降级不合格考核。

（4）其他

长度 25 mm、5 mm、35 mm 按照未注公差尺寸 GB/T 1804 - m 值检测。其余 $Ra3.2$ μm，Ra 降级不合格。

3. 螺母

按如图 2—19 所示螺母工件需要达到的加工标准。

（1）螺纹
M16 未注公差超差不合格。

（2）滚花 $m0.3$ mm 花纹清晰，牙尖不清不合格。

（3）外圆 $\phi 30^{0}_{-0.033}$ mm、$Ra1.6$ μm 及 $\phi 38$ mm 无配合，尺寸超差不合格，表面粗糙度降级不合格。

（4）其他

长度 5 mm、15 mm 及倒角按照未注公差尺寸检测。

四、注意事项

1. 首先将件 1 外圆锥车削符合要求，同时保证圆锥与 ϕ38 mm 外圆同轴，与件 2 组合后两 ϕ38 mm 外圆无明显凸凹感。

2. 件 2 外圆与内圆锥应在一次装夹中车削完成。

思 考 题

1. 套类工件保证几何公差的方法有哪些？

2. 常用车削套类工件的心轴有几种？

3. 车削有色金属套类零件时如何选择切削用量？

4. 车削薄壁套类零件有哪几个关键技术问题？怎样解决？

5. 车削薄壁套类零件时如何选择切削用量？

6. 车削加工三原则是什么？

第3章

螺纹及蜗杆加工

第1节　米制普通螺纹精加工

 学习目标

➤ 掌握螺纹精车的方法

➤ 掌握螺纹精车切削用量的选择

➤ 了解螺纹千分尺的结构、原理及使用、保养方法

 知识要求

一、螺纹车刀的选用、刃磨与安装

1. 螺纹车刀的种类

车刀从材料上分有高速钢螺纹车刀和硬质合金螺纹车刀两种。

（1）高速钢螺纹车刀

高速钢螺纹车刀刃磨方便、切削刃锋利、韧性好，能承受较大的切削冲击力，车出螺纹的表面粗糙度小。但它的耐热性差，不宜用来高速车削，所以常用来低速车削或作为螺纹精车刀。高速钢螺纹车刀的几何形状如图3—1所示。

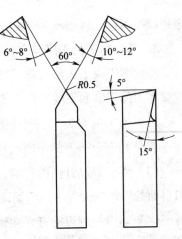

图3—1　高速钢三角形外螺纹车刀

高速钢三角螺纹车刀的刀尖角一定要等于牙型角。当车刀的纵向前角 $\gamma_0 = 0°$ 时，车刀两侧刃之间夹角等于牙型角；若纵向前角不为 0°，车刀两侧刃不通过工件轴线，车出螺纹的牙型不是直线而是曲线。当车削精度要求较高的三角螺纹时，一定要考虑纵向前角对牙型精度的影响。为车削顺利，纵向前角常选为 5°～15°，这时车刀两侧刃的夹角不能等于牙型角，而应当比牙型角小 30′～1°30′。

应当注意，纵向前角不能选得过大，若纵向前角过大，不仅影响牙型精度，而且还容易引起扎刀现象。

车螺纹时，由于螺纹升角的影响，造成切削平面和基面的位置变化，从而使车刀工作时的前角和后角与车刀静止时的前角和后角不相等。螺纹升角越大，对工作时的前角和后角影响越明显。

当车刀的静止前角为零度时，螺纹升角能使进给方向一侧刀刃的前角变为正值，而使另一侧前角变为负值，使切削不顺利、排屑也困难。为改善切削条件，应采取垂直装刀方法，即让车刀两侧刃组成的平面和螺旋线方向垂直，使两侧刃的工作前角均为零度；或在车刀前刀面上沿两侧切削刃方向磨出较大前角的卷屑槽。

螺纹升角能使车刀沿进给方向一面的工作后角变小，而使另一面的工作后角增大，为切削顺利，保证车刀强度，车刀刃磨时一定要考虑螺纹升角的影响，把进给方向一面的后角磨成工作后角加上螺纹升角，即 (3°～5°) $+\psi$；另一面的后角磨成工作后角减去一个螺纹升角，即 (3°～5°) $-\psi$。

（2）硬质合金螺纹车刀

硬质合金螺纹车刀的硬度高、耐磨性好、耐高温，但抗冲击能力差。高速车削螺纹时，因挤压力较大会使牙型角增大，所以车刀的刀尖角应磨成 59°30′。硬质合金螺纹车刀的几何形状如图 3—2 所示。

2. 螺纹车刀的刃磨与安装要求

螺纹车刀属于成形刀具，要保证螺纹牙型精度，必须正确刃磨和安装车刀。对螺纹车刀的刃磨和安装要求主要有以下几点：

（1）车刀的刀尖角一定要等于螺纹的牙型角。

（2）精车时车刀的纵向前角应等于零度；粗车时允许有 5°～15°的纵向前角。

（3）因受螺纹升角的影响，车刀两侧面的静止后角应刃磨得不相等，进给方向后面的后角较大，一般应保证两侧面均有 3°～5°的工作后角。

（4）车刀两侧刃的直线性要好。

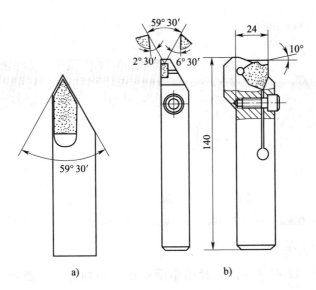

图 3—2　硬质合金三角螺纹车刀

a）焊接式车刀　b）机械夹固式车刀

（5）螺纹车刀安装时车刀的刀尖要严格对准工件中心。若车刀装得过高或过低，会造成车刀纵向前角和纵向后角变化，不仅车削不顺利，更重要的是会影响螺纹牙型角的正确性，车出的螺纹牙型侧面不是直线而是曲线。

（6）螺纹车刀安装时不能左右偏斜，否则车出的螺纹牙型半角不对称。

二、车削方法与切削用量的选择

车削三角形螺纹的方法有低速车削和高速车削两种。低速车削使用高速钢螺纹车刀，高速车削使用硬质合金螺纹车刀。低速车削精度高，表面粗糙度小，但效率低。高速车削效率高，能比低速车削提高 15～20 倍，只要措施合理，也可获得较小的表面粗糙度。因此，高速车削螺纹在生产实践中被广泛采用。

1. 低速车削三角形螺纹

低速车削三角形螺纹的进刀方法有直进法、左右车削法和斜进法（见图 3—3）三种。

（1）直进法

车削时只用中滑板横向进给，在几次行程中把螺纹车削成形（见图 3—3a）。

直进法车削螺纹容易保证牙型的正确性，但这种方法车削时，车刀刀尖和两侧切削刃同时进行切削，切削力较大，容易产生扎刀现象，因此只适用于车削较小螺距的螺纹。

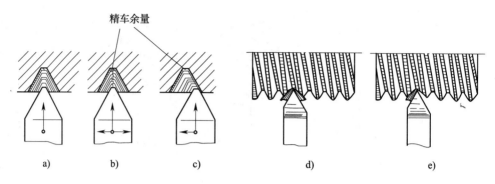

精车余量

a)   b)   c)   d)   e)

图 3—3   车削三角形螺纹的进刀方法

a）直进法   b）左右车削法   c）斜进法   d）双面切削   e）单面切削

（2）左右车削法

车削螺纹时，除直进外，同时用小滑板把车刀向左、右微量进给（俗称赶刀），几次行程后把螺纹车削成形（见图 3—3b）。

采用左右车削法车削螺纹时，车刀只有一个侧面进行切削，不仅排屑顺利，而且不易扎刀。但在精车时，车刀左右进给量一定要小，否则易造成牙底过宽或牙底不平。

（3）斜进法

粗车时为操作方便，除直进外，小滑板只向一个方向作微量进给，几次行程后把螺纹车削成形（见图 3—3c）。

采用斜进法车削螺纹，操作方便、排屑顺利，不易扎刀，但只适用于粗车，精车时还必须用左右车削法来保证螺纹精度。

2. 高速车削三角形螺纹

高速车削三角形螺纹只能采用直进法，而不能采用左右切削法，否则会拉毛牙型侧面，影响精度。高速车削时，车刀两侧刃同时参加切削，切削力较大，为防止振动及扎刀现象，可使用图 3—4 所示的弹性刀杆。高速车削的进给次数可参阅表 3—1 提供的数据。

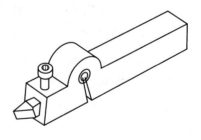

图 3—4   弹性刀杆螺纹车刀

表 3—1   高速车削三角形螺纹的进给次数

螺距 P/mm		1.5~2	3	4	5	6
进给次数	粗车	2~3	3~4	4~5	5~6	6~7
	精车	1	2	2	2	2

3. 车削三角形螺纹时的切削用量选用

车削三角形螺纹时的切削用量选用方法见表 3—2。

表 3—2 车削三角形螺纹时的切削用量选用

工件材料	刀具材料	牙型	螺距/mm	切削速度/（m/min)	背吃刀量/mm
45 钢	YT15	三角形	2	50 ~ 60	余量分 2 ~ 3 次完成
45 钢	W18Cr4V	三角形	1. 5	粗车 15 ~ 30 精车 5 ~ 7	粗车 0. 15 ~ 0. 30 精车 0. 025 ~ 0. 05
铸铁	YG8	三角形	2	粗车 15 ~ 30 精车 10 ~ 20	粗车 0. 20 ~ 0. 40 精车 0. 05 ~ 0. 10

三、螺纹的测量

1. 顶径测量

螺纹与蜗杆的顶径公差较大，车削螺纹前或车削成形后，顶径一般只需用游标卡尺测量。

2. 螺距测量

车削螺纹时，螺距的正确与否从第一刀开始就要进行检查。其具体方法是：车削螺纹的第一刀切入深度一定要小，使车刀在工件外圆上划出一条很浅的螺旋线，为使测量准确，应摇床鞍纵向手轮，让车刀在工件表面上划出一条平行于轴线的基准线。测量时可以用钢尺（最好是游标卡尺）沿着基准线进行测量（见图 3—5a），这样可以避免由于钢尺或卡尺倾斜而造成的测量误差。为提高测量精度，一次可多测几个螺距长度，然后用长度除以螺距的个数，便得到一个比较准确的螺距。

英制螺纹的螺距应测出一英寸内的牙数或把英制螺距换算成米制螺距进行测量，其测量方法和上述方法一样。

对车削成形的螺距较小的螺纹，可用螺距规进行测量，如图 3—5b 所示。

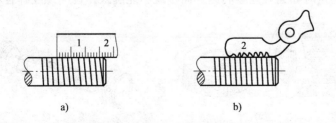

a)   b)

图 3—5 螺距的检验

a）用钢尺测量螺距 b）用螺距规测量螺距

国家职业资格培训教程

3．中径测量

用螺纹千分尺测量螺纹的中径，如图3—6a所示。一般用来测量三角形螺纹的中径。测量时一定要选用一套和螺纹牙型角相同的上、下两个测量头，让两个测量头正好卡在螺纹的牙侧上，如图3—6b、图3—6c所示，此时螺纹千分尺的读数就是螺纹的中径尺寸。

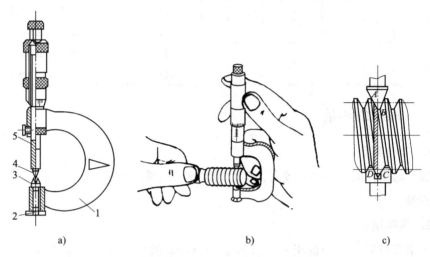

图3—6　用螺纹千分尺测量螺纹的中径

a）螺纹千分尺　b）测量方法　c）测量原理

1—尺架　2—固定螺母　3—上测量头　4—下测量头　5—测微螺杆

应当注意：在测量过程中，若更换测量头，必须重新调整砧座位置，使千分尺对准零位。

4．综合测量

综合测量是采用螺纹量规对螺纹各主要尺寸进行综合检验的一种测量方法。对标准螺纹或大批量生产的螺纹工件常采用综合测量法。

螺纹量规有螺纹塞规和螺纹套规两种，如图3—7所示，而每一种又有通规和止规之分，测量时如通规能顺利旋入而止规不能旋入，说明螺纹综合精度合格。

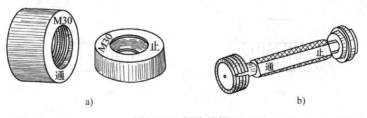

图3—7　螺纹量规

a）螺纹套规　b）螺纹塞规

测量时应当注意不要用力过大，更不允许用扳手强行拧紧，否则不仅测量不准确，更易引起量规的严重磨损，降低量规的精度。

 相关链接

切削液的选用

高速钢车刀车削螺纹时切削液的选用见表3—3。

表3—3 高速钢车刀车削螺纹时切削液的选用

	碳素结构钢	合金结构钢	不锈钢、耐热钢	铸铁、黄铜	纯铜、铝及合金
粗车	3%～5%乳化液	1）3%～5%乳化液 2）5%～10%极压乳化液	1）3%～5%乳化液 2）5%～10%极压乳化液 3）含硫、磷、氯的切削油	一般不用	1）3%～5%乳化液 2）煤油 3）煤油和矿物油的混合油
精车	1）10%～20%乳化液 2）10%～15%极压乳化液 3）硫化切削油 4）70%～80%变压器油加氯化石蜡20%～30%	1）10%～20%乳化液 2）10%～15%极压乳化液 3）煤油 4）食醋 5）60%煤油加20%松节油加20%油酸	铸铁一般不用，必要时用煤油，黄铜一般不用，必要时用菜油		铝及合金一般不用，必要时用煤油，但不可加乳化液

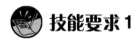 **技能要求1**

M24 三角形螺纹精车刀的刃磨

一、操作准备

序号	名称		准备事项
1	材料		W18Cr4V 高速钢，8 mm × 20 mm ×200 mm
2	设备		落地砂轮机
3	工艺装备	刃具	粗、细碳化硅与氧化铝砂轮
4		量具	螺纹车刀角度样板
5		工、附具	防护眼镜，磨石，砂轮修正笔

二、操作步骤

序号	操作步骤	操作简图
步骤 1	刃磨前准备工作 1. 检查砂轮机运转情况以及防护装置是否齐全 2. 检查劳保穿戴是否符合安全文明生产的要求	
步骤 2	精磨高速钢螺纹车刀 1. 精磨前面，使背前角达到 0°~3°要求 2. 精磨两侧后面，使左、右两侧后角符合图样要求 $\alpha_L = 10° ~ 12°$、$\alpha_R = 6° ~ 8°$。同时刀尖角应与样板相符无缝隙 3. 精磨车刀刀尖圆弧 $R0.2$ mm 4. 用磨石精磨螺纹刀各面和刀刃、刀尖，$Ra \leqslant 0.8$ μm	6°~8°　60°　10°~12°　$R0.2$　5°　0°~3°

序号	操作步骤	操作简图
步骤 3	精磨硬质合金螺纹车刀 1. 车削硬度较高的工件时，为增加刀刃强度，应在车刀两切削刃上磨出宽度为 0.2 ~ 0.4 mm 的负倒棱 2. 背前角取 0° ~ −3°，便于加强刀尖强度和减少磨损 3. 用细晶粒砂轮高速刃磨螺纹刀各面和刀刃、刀尖，$Ra \leqslant 0.8\ \mu m$ 4. 刀尖圆弧半径 $R \leqslant 0.12P$，使刀尖圆弧超过螺纹根部 $H/4$ 处，防止与螺母小径产生干涉	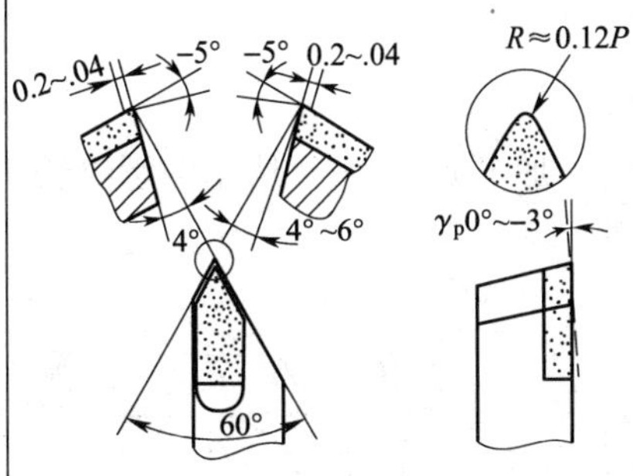

三、工件质量标准

按图 3—1 所示的高速钢三角形外螺纹精车刀及图 3—2 所示的硬质合金焊接式车刀需要达到的标准要求。

1. 刀尖角 60°，超差 10′不合格。

2. 高速钢螺纹车刀前角 0° ~ 3°，硬质合金螺纹车刀前角 0° ~ −3°，超差 1°不合格。

3. 高速钢螺纹车刀主后角 10° ~ 12°，硬质合金螺纹车刀主后角 4° ~ 6°，超差 1°不合格。

4. 高速钢螺纹车刀副后角 6° ~ 8°，硬质合金螺纹车刀副后角 4°，超差 1°不合格。

5. 螺纹车刀主副切削刃平直，在靠近刀刃部出现参差不齐的痕迹，可视为主副切削刃不平直，不合格。

6. 各刀面表面粗糙度 $Ra \leqslant 0.8\ \mu m$，降级不合格。

7. 刀尖圆弧 $R \leqslant 0.5$ mm 超差不合格。

四、注意事项

1. 在高速钢螺纹车刀刃磨中，应及时冷却，以防止车刀退火。

2. 粗磨时，刀尖角略大一些，以保证刃磨前刀面、刀尖角的正确。

3. 精磨时，应保证牙型半角相等、两切削刃平直光洁、刀头不歪斜。

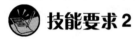 **技能要求2**

螺纹轴加工

加工如图 3—8 所示的螺纹轴工件，重点为 M24 螺纹的精加工。

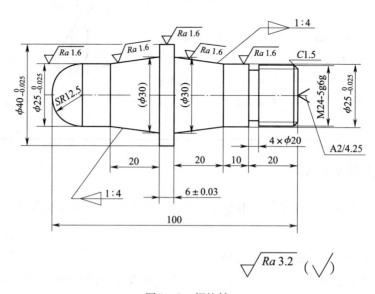

图 3—8　螺纹轴

一、操作准备

序号	名称		准备事项
1	材料		45 钢，ϕ45 mm×105 mm 的棒料 1 根
2	设备		CA6140（三爪自定心卡盘）
3	工艺装备	刃具	45°弯头车刀，90°外圆车刀，外圆车槽刀（刀刃宽为 4 mm），M24 外螺纹车刀，圆弧刀（R12.5 mm），中心钻 A2.5/6.3 等
4		量具	游标卡尺 0.02 mm/（0～150 mm），千分尺 0.01 mm/（0～25 mm、25～50 mm），万能角度尺 2′/（0°～320°），钢直尺，M24－6g 的螺纹环规、牙型样板等
5		工、附具	穿旋具，活扳手，顶尖及伯人具，其他常用工具

二、操作步骤

序号	操作步骤	操作简图
步骤 1	用三爪自定心卡盘装夹 1. 平外端面，钻 A2.5/5.3 mm 中心孔 2. 粗车坯料外圆至 $\phi41$ mm，长近卡盘端面 3. 粗车 $\phi30$ mm 外圆至 $\phi31$ mm×50 mm（从外端量起） 4. 粗车 $\phi25_{-0.025}^{0}$ mm 外圆至 $\phi27$ mm×30 mm（从外端量起） 5. 粗车 M24 螺纹至 $\phi25$ mm×20 mm（从外端量起）	
步骤 2	工件掉头，用三爪自定心卡盘装夹 1. 车外端面保证总长达 100.5 mm 2. 粗车 $\phi30$ mm 外圆至 $\phi31$ mm，保证未车长 6.5 mm 3. $\phi25_{-0.025}^{0}$ mm 外圆粗车至 $\phi26$×24.5 mm（从外端量起） 4. 精车 $\phi40_{-0.025}^{0}$ mm 外圆至尺寸要求 5. 精车 $\phi25_{-0.025}^{0}$ mm 外圆至尺寸要求 6. 车球面 SR 12.5 mm 至要求 7. 粗车、精车 1:4±3′外圆锥至图样要求	
步骤 3	工件掉头，用三爪自定心卡盘装夹 1. 半精车 $\phi30$ mm 外圆至图样要求，保证（6±0.03）mm 2. 半精车 M24 外圆至图样要求 3. 车退刀槽 4×2 mm 至图样要求尺寸 4. 倒角 C1.5 5. 粗车、精车 M24 螺纹至图样要求 6. 精车 $\phi25_{-0.025}^{0}$ mm 外圆至尺寸要求 7. 粗车、精车 1:4±3′外圆锥至图样要求	

三、工件质量标准

按图3—8所示螺纹轴工件需要达到的标准要求。

1. 工件外圆要求

工件3处外圆表面尺寸给定公差 $\phi40_{-0.025}^{0}$ mm、$2 \times \phi25_{-0.02}^{0}$ mm，有 $Ra \leqslant$ 1.6 μm 表面粗糙度要求，这是此工件比较重要的加工内容。

2. 螺纹、圆锥要求

螺纹用环规检验，超差不合格。圆锥要求在加工中用两顶尖装夹的方法进行车削，保证与 $\phi25_{-0.025}^{0}$ mm 外圆的同轴度。

3. 其他表面要求

其他表面及两端面的表面粗糙度要求 $Ra \leqslant 3.2$ μm。$\phi30$ mm，100 mm，20 mm，10 mm，倒角 $C1.5$ mm 等都要按照未注公差值进行检验。未注尺寸公差等级可查一般公差中等 m 级。

第 2 节 管螺纹加工

学习目标

➤ 管螺纹标记

➤ 螺纹基本牙型及尺寸计算、公差带的选用

➤ 管螺纹车削时的吃刀方法

➤ 查阅各种管螺纹的基本牙型、基本尺寸和公差表知识

知识要求

一、管螺纹标识

管螺纹常在液体或气体管路中作接头或旋塞用，如图3—9所示。

1. 非螺纹密封的管螺纹（又称圆柱管螺纹）

它的标记是由螺纹特征代号"G"和尺寸代号、公差等级代号组成。尺寸代号指的是管子的孔径，单位是 in；对于公差等级代号，内螺纹可以不必标出，而外螺

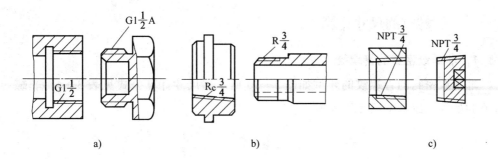

图 3—9　带有管螺纹的零件
a）圆柱管螺纹　b）55°圆锥管螺纹　c）66°圆锥管螺纹

纹分 A、B 两级。如：$G\dfrac{3}{4}$ 表示公称直径为 3/4 in 的圆柱管内螺纹；$G\dfrac{3}{4}A$ 表示公称直径为 3/4 in 的 A 级圆柱管外螺纹。

2. 用螺纹密封的管螺纹（55°圆锥管螺纹）

它的牙型角为 55°，标记是由螺纹的特征代号和尺寸代号组成。R_c 表示圆锥管内螺纹；R_p 表示圆柱管内螺纹；R 表示圆锥管外螺纹。尺寸代号是用管子孔径的公称直径表示，单位是 in。如：$R_c\dfrac{1}{2}$ 表示公称直径为 1/2 in 的圆锥管内螺纹；$R_p\dfrac{3}{4}$ 表示公称直径为 3/4 in 的圆柱管内螺纹；$R\dfrac{1}{2}$ 表示公称直径为 1/2 in 的圆锥管外螺纹。

当螺纹为左旋时，应在尺寸代号之后加注 LH，并用"—"分开。如 $R_c\dfrac{1}{2}$ – LH；$R_p\dfrac{3}{4}$ – LH。内、外螺纹配合时的标注方法是：把内、外螺纹的标记用斜线分开，左边表示内螺纹，右边表示外螺纹。如：$R_c\dfrac{1}{2}/R\dfrac{1}{2}$；$R_p\dfrac{3}{4}/R\dfrac{3}{4}$。

3. 60°圆锥管螺纹

60°圆锥管螺纹的牙型角为 60°，它的标记是由螺纹特征代号"NPT"和公称直径表示。如：$NPT\dfrac{1}{2}$；$NPT\dfrac{3}{4}$ 等。若是左旋螺纹，应在标记后面加注"LH"字。如：$NPT\dfrac{1}{2}$ – LH；$NPT\dfrac{3}{4}$ – LH。

4. 米制锥螺纹

它的标记是由螺纹特征代号"ZM"及基面上公称外径来表示。如：ZM10，即基面上公称外径为 10 mm 米制锥螺纹。

二、管螺纹的尺寸计算

1. 非螺纹密封的管螺纹

非螺纹密封的管螺纹的牙型如图3—10所示，尺寸计算公式见表3—4，非螺纹密封的管螺纹基本尺寸见表3—5。

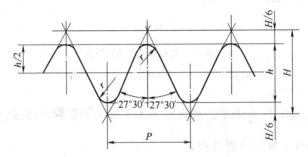

图3—10 非螺纹密封的管螺纹的牙型

表3—4 　　　　　　　　　非螺纹密封的管螺纹尺寸计算　　　　　　　　　mm

名称	代号	计算公式
牙型角	α	55°
螺距	P	$P = 25.4/n$
原始三角形高度	H	$H = 0.960\,49P$
牙型高度	h	$h = 0.640\,33P$
圆弧半径	r	$r = 0.137\,33P$

表3—5 　　　　　　　　　非螺纹密封的管螺纹基本尺寸

尺寸代号	每25.4 mm内的牙数 n	螺距 P/mm	牙高 h/mm	圆弧半径 $r\approx/\text{mm}$	基本直径 大径 $d=D/\text{mm}$	中径 $d_2=D_2/\text{mm}$	小径 $d_1=D_1/\text{mm}$
1/16	28	0.907	0.581	0.125	7.723	7.142	6.561
1/8	28	0.907	0.581	0.125	9.728	9.147	8.566
1/4	19	1.337	0.856	0.184	13.157	12.301	11.445
3/8	19	1.337	0.856	0.184	16.662	15.806	14.950
1/2	14	1.814	1.162	0.249	20.955	19.793	18.631
5/8	14	1.814	1.162	0.249	22.911	21.749	20.587
3/4	14	1.814	1.162	0.249	26.441	25.279	24.117
7/8	14	1.814	1.162	0.249	30.201	29.039	27.877
1	11	2.309	1.479	0.317	33.249	31.770	30.291
1⅛	11	2.309	1.479	0.317	37.897	36.418	34.939

尺寸代号	每25.4 mm内的牙数 n	螺距 P/mm	牙高 h/mm	圆弧半径 $r\approx$/mm	基本直径		
					大径 $d = D$/mm	中径 $d_2 = D_2$/mm	小径 $d_1 = D_1$/mm
1¼	11	2.309	1.479	0.317	41.910	40.431	38.952
1½	11	2.309	1.479	0.317	47.803	46.324	44.845
1¾	11	2.309	1.479	0.317	53.746	52.267	50.788
2	11	2.309	1.479	0.317	59.614	58.135	56.656
2¼	11	2.309	1.479	0.317	65.710	64.231	62.752
2½	11	2.309	1.479	0.317	75.184	73.705	72.226
2¾	11	2.309	1.479	0.317	81.534	80.055	78.576
3	11	2.309	1.479	0.317	87.884	86.405	84.926
3½	11	2.309	1.479	0.317	100.330	98.851	97.372
4	11	2.309	1.479	0.317	113.030	111.551	110.072
4½	11	2.309	1.479	0.317	125.730	124.251	122.772
5	11	2.309	1.479	0.317	138.430	136.951	135.472
5½	11	2.309	1.479	0.317	151.130	149.651	148.172
6	11	2.309	1.479	0.317	163.830	162.351	160.872

2. 用螺纹密封的管螺纹

用螺纹密封的管螺纹的牙型如图 3—11 所示,尺寸计算公式见表 3—6,用螺纹密封的管螺纹基本尺寸见表 3—7。

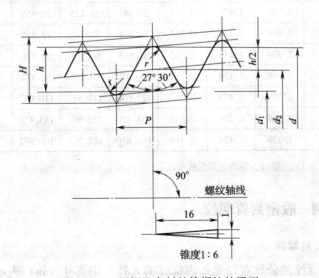

图 3—11　用螺纹密封的管螺纹的牙型

表3—6 　　　　　　　　　用螺纹密封的管螺纹尺寸计算 　　　　　mm

名称	代号	计算公式
牙型角	α	$55°$
原始三角形高度	H	$H = 0.96024P$
牙型高度	h	$h = 0.64033P$
圆弧半径	r	$r = 0.13728P$
螺距	P	$P = 25.4/n$

表3—7 　　　　　　　　用螺纹密封的管螺纹基本尺寸

尺寸代号	每25.4mm内的牙数 n	螺距 P/mm	牙高 h/mm	圆弧半径 $r≈$/mm	大径 $d=D$/mm	中径 $d_2=D_2$/mm	小径 $d_1=D_1$/mm	基准距离/mm	有效螺纹长度/mm
1/16	28	0.907	0.581	0.125	7.723	7.142	6.561	4.0	6.5
1/8	28	0.907	0.581	0.125	9.728	9.147	8.566	4.0	6.5
1/4	19	1.337	0.856	0.148	13.157	12.301	11.445	6.0	9.7
3/8	19	1.337	0.856	0.148	16.662	15.806	14.950	6.4	10.1
1/2	14	1.814	1.162	0.249	20.955	19.793	18.631	8.2	13.2
3/4	14	1.814	1.162	0.249	26.441	25.279	24.117	9.5	14.5
1	11	2.309	1.479	0.317	33.249	31.770	30.291	10.4	16.8
1¼	11	2.309	1.479	0.317	41.910	40.431	38.952	12.7	19.1
1½	11	2.309	1.479	0.317	47.803	46.324	44.845	15.9	19.1
2	11	2.309	1.479	0.317	59.641	58.135	56.656	17.5	23.4
2½	11	2.309	1.479	0.317	75.184	73.705	72.226	20.6	26.7
3	11	2.309	1.479	0.317	87.884	86.405	84.926	22.2	29.8
3½	11	2.309	1.479	0.317	100.330	98.851	97.372	25.4	31.4
4	11	2.309	1.479	0.317	113.030	111.551	110.072	25.4	35.8
5	11	2.309	1.479	0.317	138.430	136.951	135.472	28.6	40.1
6	11	2.309	1.479	0.317	163.830	162.351	160.872	28.6	40.1

注：尺寸代号为3½的螺纹，限用于蒸汽机车。

三、英制一般密封管螺纹

1. 英制三角螺纹

英制三角螺纹的公称直径是指内螺纹的大径，用英寸（in）表示，螺距由每英寸长度内的牙数换算出来。其换算公式是：

$$P = 1 \text{ in}/n = 25.4/n \qquad (3\text{—}1)$$

式中　P——螺距，mm；

　　　n——每英寸内的牙数，个。

【例 3—1】　英制三角螺纹在 1 in 内的牙数是 8 个，试计算它的螺距？

解：根据公式（3—1）：

$$P = 25.4/n = 25.4/8 = 3.175 \text{（mm）}$$

2. 英制三角螺纹的尺寸计算

英制三角螺纹的牙型如图 3—12 所示，尺寸计算公式见表 3—8。英制三角螺纹的基本尺寸见表 3—9。

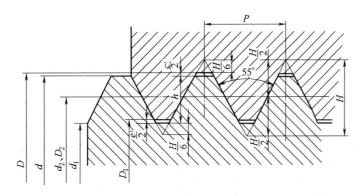

图 3—12　英制三角螺纹的牙型

表 3—8　　　　　　　　　　英制三角螺纹的尺寸计算　　　　　　　　　　mm

名称		代号	计算公式
牙型角		α	55°
螺距		P	$P = \dfrac{1 \text{ in}}{n} = \dfrac{25.4}{n}$
原始三角形高度		H	$H = 0.960\,49P$
外螺纹	大径	d	$d = D - c'$
	牙顶间隙	c'	$c' = 0.075P + 0.05$
	牙型高度	h	$h = 0.640\,33P - c'/2$
	中径	d_2	$d_2 = D - 0.640\,33P$
	小径	d_1	$d_1 = d - 2h$
内螺纹	大径	D	$D = 公称直径$
	中径	D_2	$D_2 = d_2$
	小径	D_1	$D_1 = d - 2h - c' + e'$
	牙底间隙	e'	$e' = 0.148P$

表 3—9　　　　　英制三角螺纹的基本尺寸

公称直径 D	每英寸牙数 n	螺距 P	中径 d_2	外螺纹大径 d	内螺纹小径 D_1	牙型高度外螺纹 h	牙型高度内螺纹 h'	牙槽底宽 W
3/16	24	1.06	4.09	4.63	1.56	0.61	0.60	0.18
1/4	20	1.27	5.54	6.20	4.91	0.74	0.72	0.21
5/16	18	1.41	7.03	7.78	6.34	0.82	0.80	0.24
3/8	16	1.59	8.51	9.36	7.73	0.93	0.90	0.27
(7/16)	14	1.81	9.95	10.93	9.06	1.07	1.03	0.30
1/2	12	2.12	11.35	12.50	10.30	1.26	1.20	0.35
(9/16)	12	2.12	12.93	14.08	11.89	1.25	1.20	0.35
5/8	11	2.31	14.40	15.65	13.26	1.37	1.31	0.39
3/4	10	2.54	17.42	18.81	16.17	1.51	1.44	0.42
7/8	9	2.82	20.42	21.96	19.03	1.67	1.60	0.47
1	8	3.18	23.37	25.11	21.80	1.89	1.80	0.53
1⅛	7	3.63	26.25	28.25	24.46	2.16	2.06	0.61
1¼	7	3.63	29.43	31.42	27.64	2.16	2.06	0.61
(1⅜)	6	4.23	32.22	34.56	30.13	2.53	2.40	0.71
1½	6	4.32	35.39	37.73	33.31	2.53	2.40	0.71
(1⅝)	5	5.08	38.02	40.85	35.52	3.04	2.88	0.85
1¾	5	5.08	41.20	44.02	38.7	3.04	2.88	0.85
(1⅞)	4½	5.64	44.01	47.15	41.23	3.38	3.20	0.94
2	4½	5.64	47.19	50.32	44.41	3.38	3.20	0.94
2¼	4	6.35	53.08	56.62	49.96	3.80	3.60	1.06
2½	4	6.35	59.43	62.97	56.31	3.80	3.60	1.06
2¾	3½	7.26	65.20	69.26	61.63	4.35	4.11	1.21
3	3½	7.26	71.55	75.61	67.98	4.35	4.11	1.21
3¼	3¼	7.82	77.55	81.91	73.70	4.68	4.43	1.31
3½	3¼	7.82	83.90	88.26	80.05	4.68	4.43	1.31
3¾	3	8.47	89.83	94.55	85.66	5.07	4.80	1.41
4	3	8.47	96.18	100.90	92.01	5.07	4.80	1.41

注：1. 括号内的尺寸尽可能不用。

2. 牙槽底宽 W 是指外螺纹。

技能要求

管接头加工

加工图 3—13 所示的管接头工件，工艺过程如下：

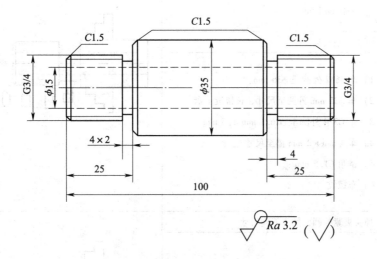

图 3—13　管接头

如图 3—13 所示的管接头用于液体管路中作连接用。

图中 G3/4 是管螺纹标识，加工时按每英寸 14 牙调整进给箱手柄。

一、操作准备

序号	名称		准备事项
1	材料		45 钢，$\phi 40$ mm × 100 mm 的棒料 1 根
2	设备		CA6140（三爪自定心卡盘）
3	工艺装备	刃具	45°弯头车刀，90°外圆车刀，G3/4 管螺纹车刀，切刀（4 mm × 2 mm），麻花钻（$\phi 15$ mm）等
4		量具	游标卡尺 0.02 mm/（0～150 mm），钢直尺，G3/4 管螺纹的量规、牙型样板等
5		工、附具	一字旋具，活扳手，顶尖及钻夹具，其他常用工具

二、操作步骤

序号	操作步骤	操作简图
1	夹住毛坯外圆（工件伸出 80 mm 长），加工下列尺寸 1）车端面 2）钻孔 $\phi15$ mm	
2	一夹一顶装夹 1）车 36h7 外圆至 $\phi36$ mm 2）车 $\phi35$ mm 外圆至尺寸，长接近卡盘 3）车 G3/4 外圆至 $\phi26.1$ mm×25 mm 4）车 4 mm×2 mm 槽至尺寸 5）倒角 $C1.5$ mm 6）车螺纹	
3	掉头夹紧外圆，加工下列尺寸 1）车端面，取总长至 100 mm 2）车外圆至 $\phi26.1$ mm×25 mm 3）车 4 mm×2 mm 槽至尺寸 4）倒角 $C1.5$ mm 5）车螺纹	

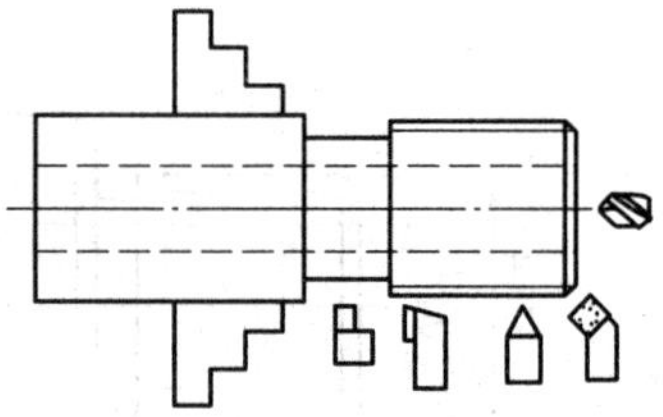

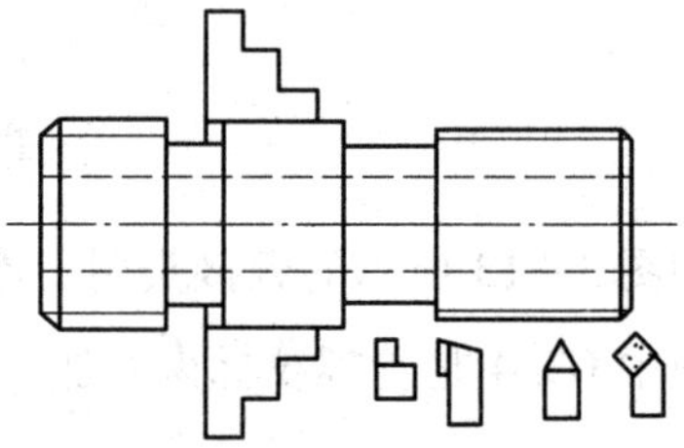

三、工件质量标准

按图 3—13 所示管接头工件需要达到的标准要求。

1. 螺纹要求

$G\frac{3}{4}$，2 处，螺纹用环规检验，不符合要求不合格。

2. 其他表面要求

其他表面及两端面的表面粗糙度要求 $Ra \leqslant 3.2$ μm。$\phi35$ mm，100 mm，25 mm，4 mm×2 mm 等按照未注公差值进行检验。未注尺寸公差等级：可查一般未注公差标准 GB/T 1804 中等级 m。

第 3 节 米制梯形螺纹 Tr（30°）加工

 **学习目标**

➤ 米制梯形螺纹标记

➤ 梯形螺纹牙型尺寸及角度的计算方法

➤ 梯形螺纹车刀角度几何参数的选择原则

➤ 梯形螺纹车刀的刃磨与装夹

➤ 双线梯形螺纹的分线方法

➤ 梯形螺纹车削时的吃刀方法

➤ 三针及单针测量螺纹中径的方法

➤ 梯形螺纹切削用量的选择

 知识要求

一、梯形螺纹的标记

梯形螺纹的完整标记是由螺纹代号、公差带代号及旋合长度代号组成，三者用"—"分开。外螺纹小径和中径公差等级相同，在公差带代号中只标注中径公差带代号；旋合长度分中等旋合长度（N 组）和长旋合长度（L 组）两组，当旋合长度为 N 组时可以不标注。

标记举例：

外螺纹：Tr40×7LH—7e

表示公称直径为 40 mm，螺距为 7 mm，中等旋合长度的梯形左螺纹，其中径的公差等级为 IT7，公差带的位置为 e。

内螺纹：Tr36×6—7H—L

表示公称直径为 36 mm，螺距为 6 mm，长旋合长度的梯形内螺纹，其中径公差等级为 IT7，公差带的位置为 H。

对相互配合的内外螺纹标注方法是：把内、外螺纹的公差带代号全部写出，前边表示内螺纹公差带代号，后边表示外螺纹公差带代号，中间用斜线分开，如：

Tr36×12（P6）—8H/7e。

二、梯形螺纹的尺寸计算

梯形螺纹的牙型如图3—14所示，尺寸计算公式见表3—10。

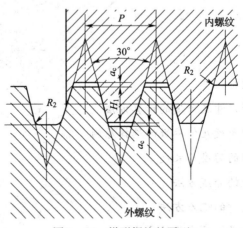

图3—14　梯形螺纹的牙型

表3—10　　　　　　　　　　梯形螺纹各部分尺寸计算　　　　　　　　　　mm

名称		代号	计算公式			
牙型角		α	$\alpha=30°$			
螺距		P	由设计决定			
间隙		a_c	P	1.5~5	6~12	14~44
			a_c	0.25	0.5	1
外螺纹	大径	d	$d=$公称直径			
	中径	d_2	$d_2=d-0.5P$			
	小径	d_1	$d_1=d-2h$			
	牙高	h	$h=0.5P+a_c$			
内螺纹	大径	D	$D=d+2a_c$			
	中径	D_2	$D_2=d_2$			
	小径	D_1	$D_1=d-P$			
	牙高	H'	$H'=h=0.5P+a_c$			
牙顶宽		f、f'	$f=f'=0.366P$			
牙槽底宽		W、W'	$W=W'=0.366P-0.536a_c$			

三、梯形螺纹车刀

梯形螺纹是应用广泛的传动螺纹。车削梯形螺纹时，因径向切削力较大，为保证螺纹精度，可分别采用粗车刀和精车刀对工件进行粗、精加工。

1. 高速钢梯形螺纹车刀

（1）粗车刀

高速钢梯形螺纹粗车刀的几何形状如图 3—15 所示。为给精车时留有充分的加工余量，粗车刀的刀尖角要小于牙型角，刀头宽度也要小于螺纹的牙槽宽度。

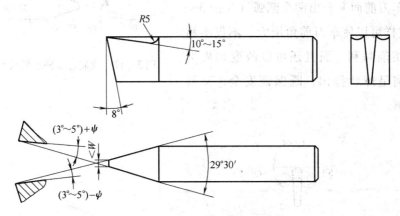

图 3—15　高速钢梯形螺纹粗车刀

（2）精车刀

高速钢梯形螺纹精车刀的几何形状如图 3—16 所示。为保证梯形螺纹的牙型精度，精车刀的纵向前角应为零度，两侧切削刃的夹角应等于牙型角。为切削顺利，排屑顺利，两侧刃都应磨有较大前角（10°～20°）的卷屑槽。

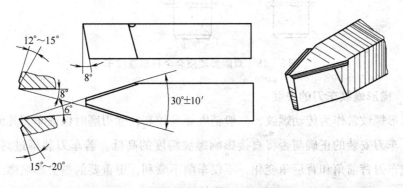

图 3—16　高速钢梯形螺纹精车刀

2. 硬质合金梯形螺纹车刀

用高速钢车刀车削梯形螺纹虽精度高，但速度慢、效率低，为提高车削效率，可使用硬质合金车刀进行高速车削。硬质合金梯形螺纹车刀的几何形状如图 3—17 所示。

用硬质合金车刀高速车削时，车刀三个面同时参加车削，切削力较大易产生振动，另外由于前面是平面，易产生带状切屑，造成排屑困难。为了减少振动使切削和排屑顺利，对牙型精度要求不太高的螺纹可在车刀前面上磨出两个圆弧（见图3—18）。这样可以使车刀前角增大，不仅不易振动、切削顺利，而且还可以改变切屑形状，切屑呈球状排出，既保证安全，又易清除切屑。

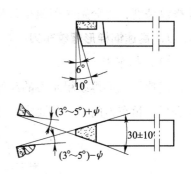

图3—17 硬质合金梯形螺纹车刀

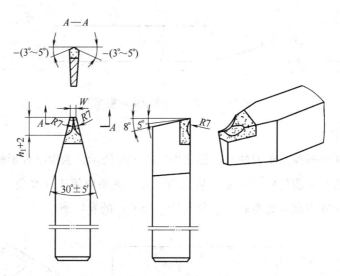

图3—18 双圆弧硬质合金梯形螺纹车刀

3. 梯形螺纹车刀的安装

梯形螺纹常作为传动螺纹，一般精度要求较高，除刃磨时保证车刀几何形状正确外，车刀安装的正确与否将直接影响螺纹精度的高低。若车刀装得过高或过低，会造成车刀背前角和背后角变化，不仅车削不顺利，更重要的是会影响螺纹牙型角的正确性，车出的螺纹牙型侧面不是直线而是曲线。如果螺纹车刀安装得高低正确但左右偏斜，这种情况下车出的螺纹牙型半角不对称。

安装梯形螺纹车刀的方法是：首先使车刀对准工件中心，保证车刀高低正确，然后用对刀板（最好是万能角度尺）对刀，保证车刀不左右歪斜（见图3—19）。另外，还要做到车刀伸出不要太长，压紧力要适当等。

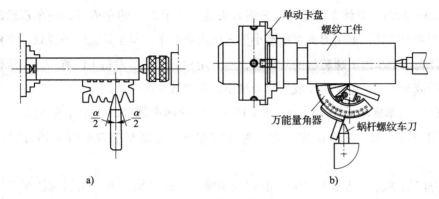

图 3—19　车刀安装方法

a）用对刀板对刀　b）用万能角度尺对刀

四、梯形螺纹的车削方法

梯形螺纹的车削方法有低速车削和高速车削两种。对于精度要求高的梯形螺纹应采用低速车削的方法。

1. 低速车削梯形螺纹

（1）车削较小螺距（$P < 4$ mm）的梯形螺纹，可只用一把梯形螺纹车刀，采用直进法并用少量的左右进给车削成形。

（2）粗车螺距大于 4 mm（$P > 4$ mm）的梯形螺纹时可采用左右切削法或车直槽法。

左右切削法：车刀三个切削刃同时切削时，为防止因切削力过大而产生振动或扎刀现象，应采用左右切削法（见图 3—20a）。

车直槽法：由于左右切削法操作不方便，粗车时可用车槽刀采用直进法在工件上车出螺旋直槽（见图 3—20c），然后用梯形螺纹车刀粗车两侧面。

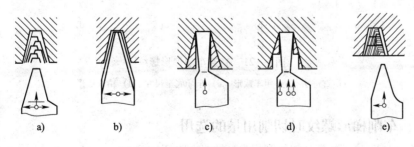

图 3—20　粗车梯形螺纹的加工方法

a）左右切削法粗车　b）左右切削法精车　c）车直槽法　d）车阶梯槽法　e）分层切削法

145

（3）粗车螺距大于 8 mm（$P > 8$ mm）的梯形螺纹时，可采用车阶梯槽的方法（见图3—20d）。具体车削步骤是先用刀头宽度小于 $P/2$ 的车槽刀，用车直槽的方法车至近中径处，再用刀头宽度略小于牙槽底宽的车刀车至近螺纹小径处，这样就在工件表面上车出了螺旋状的阶梯槽，然后用梯形螺纹车刀粗车两侧面。车阶梯槽方法的最大优点是粗车螺纹成形时余量小，车削效率高。

（4）粗车螺距大于 18 mm（$P > 18$ mm）的梯形螺纹时，由于螺距大、牙槽深、切削面积大，车削比较困难，为操作方便，提高车削效率可采用分层切削法。

分层切削法（见图3—20e）的切削步骤是用梯形螺纹刀采用斜进法车至第一层，在保持切削深度不变的情况下，车刀向左或向右移动，逐步车好第一层。然后用同样的方法依次车削第二层、第三层，直至螺纹粗车成形。

以上四种车削方法只适用于粗车，精车时应采用带有卷屑槽的精车刀精车成形（见图3—20b）。

2. 高速车削梯形螺纹

高速车削梯形螺纹时，为防止切屑拉毛牙型侧面，不能用左右切削法，只能用直进法。

车削较大螺距（$P > 8$mm）的梯形螺纹时，为防止切削力过大和齿部变形，最好采用三把刀依次进行车削。具体方法是先用梯形螺纹粗车刀粗车成形，然后用车槽刀车牙底至尺寸，最后用精车刀精车牙两侧面至尺寸，如图3—21所示。

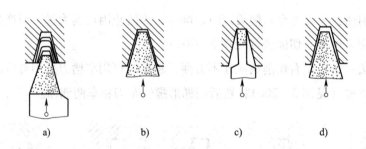

图3—21　高速车削梯形螺纹

a）直进法　b）粗车成形　c）车牙底至尺寸　d）精车成形

五、车削梯形螺纹时切削用量的选用

车削梯形螺纹时的切削用量选用，见表3—11。

表 3—11　　　　　　　　车削梯形螺纹时的切削用量选用

工件材料	硬度 HBW	切削速度（m/min）		每一走刀的横向进给量（mm/r）	
		高速钢车刀	硬质合金车刀	第一次走刀	最后一次走刀
易切钢、碳钢	100～225	12～15	18～60	0.5	0.013
合金钢	225～375	9～12	15～46	0.4	0.025
不锈钢	135～440	2～6	20～30	0.4	0.025
灰铸铁	100～320	8～15	25～45	0.4	0.013

六、多线螺纹的加工

螺纹按其线数分有单线螺纹和多线螺纹。由一条螺旋线形成的螺纹叫单线（单头）螺纹；由两条或两条以上在轴向等距分布的螺旋线所形成的螺纹叫多线（或多头）螺纹。

多线螺纹的代号不完全一样，普通多线三角螺纹的代号是由螺纹特征代号×导程/线数表示，如 M24×4/2、M10×4/4 等。梯形螺纹由螺纹特征代号×导程（螺距）表示，如 Tr36×12（P6）、Tr20×6（P2）等。

1. 多线螺纹的分线方法

多线螺纹螺旋线分布的特点是在轴向等距分布，在端面上螺旋线的起点是等角度分布（见图3—22）。根据多线螺纹的特点，其分线方法有轴向分线法和圆周分线法两大类。

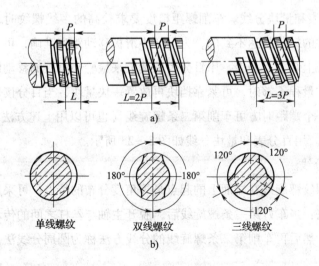

图 3—22　单线和多线螺纹

（1）轴向分线法

当车好一条螺旋线后，把车刀沿工件轴向移动一个螺距再车第二条螺旋线，这种分线方法称为轴向分线法。

1）利用小滑板分线。小滑板分线的步骤是首先车好一条螺旋线，然后把小滑板沿工件轴向向左或向右根据刻度移动一个螺距（一定要保证小滑板移动对工件轴线的平行度），再车削第二条螺旋线。第二条螺旋线车好后依照上述方法再车第三条、第四条等。分线时小滑板转过的格数可用下面公式求出：

$$k = \frac{P}{a} \qquad\qquad (3—2)$$

式中　k——刻度盘转过的格数；

　　　P——工件的螺距，mm；

　　　a——刻度盘转 1 格小滑板移动的距离，mm。

2）利用床鞍和小滑板移动之和进行分线。车削螺距很大的多线螺纹时，若只用小滑板分线，小滑板移动的距离太大，刀架伸出量大，降低了刀架的刚性，尤其是分线距离超过 100 mm 后，采用小滑板分线无法实现，而利用这种分线法，多大的移动量都可完成。

利用床鞍移动和小滑板移动之和（代数和）分线的步骤是，当车好第一条螺旋线之后，打开和丝杠啮合的开合螺母，摇动床鞍大手轮，使床鞍向左移动 1 个或几个丝杠螺距（接近工件螺距）后，再把开合螺母合上，床鞍移动不足（或超出）部分用移动小滑板的方法给以补偿，当床鞍移动与小滑板移动之和等于一个工件螺距时，再车第二条螺旋线。

3）用百分表和量块分线。车削螺距精度要求较高的多线螺纹时，仅靠小滑板刻度来保证工件的螺距是达不到的，为保证小滑板移动距离准确，可在床鞍上固定一个挡块，刀架上装上百分表，用百分表的读数来检验小滑板的移动距离。若螺距较大而百分表的量程不够时，可紧靠挡块再放置一块量块，当百分读数与量块长度之和等于工件一个螺距时方可车削第二条螺旋线（也可以用上述方法 2）和本方法结合进行分线）。用百分表和量块分线如图 3—23 所示。

（2）圆周分线法

根据多线螺纹螺旋线在端面上的起点是等角度分布的特点，可采用圆周分线。

圆周分线法：当车好第一条螺旋线后，脱开主轴与丝杠之间的传动链，使主轴旋转　个角度，然后再车削第二条螺旋线的分线方法称为圆周分线法。

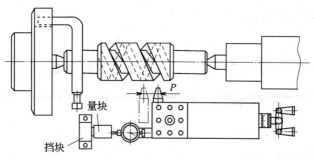

图 3—23　用百分表和量块分线

2. 车削多线螺纹的注意事项

（1）车削精度要求高的多线螺纹应选择精度高的分线方法，把每条螺旋线都粗车完后再进行精车。

（2）采用圆周分线法车削多线螺纹时，小滑板刻度盘起始刻度应相同。

（3）车削的每一条螺旋线，车刀切入工件的深度都应当相等。

（4）为保证螺距精度，采用左右切削法车削多线螺纹时，车刀左、右移动量都应该相等。

七、梯形螺纹中径的测量

1. 用三针测量

用三针法测量螺纹中径是一种比较精密的测量方法。测量时把三根直径符合要求的量针（没有量针可用三根直径相同的钻头柄代替）放在螺纹相应的螺旋槽内，用公法线千分尺，如图 3—24 所示，测量出两边量针顶点之间的距离 M 值，根据 M 值可换算出螺纹中径的实际尺寸。

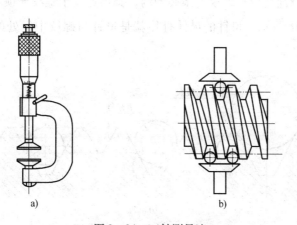

a)　　　　　　　　　　　　　b)

图 3—24　三针测量法

a）公法线千分尺　b）三针测量方法

千分尺 M 值可用下面公式计算

$$M = d_2 + d_D\left(1 + \frac{1}{\sin\frac{\alpha}{2}}\right) - \frac{P}{2}\cot\frac{\alpha}{2} \qquad (3—3)$$

式中　M——千分尺的读数值，mm；

　　　　d_2——螺纹中径，mm；

　　　　d_D——量针直径，mm；

　　　　α——螺纹牙型角；

　　　　P——工件螺距，mm。

为方便起见，也可用表3—12所列简化公式计算出千分尺的读数值 M 及量针直径 d_D。

表3—12　　　　　　　　　M 值及量针直径的简化计算公式

螺纹牙型角	M 计算公式	量针直径		
		最大值	最佳值	最小值
29°（英制蜗杆）	$M = d_2 + 4.994d_D - 1.933P$		$0.516P$	
30°（梯形螺纹）	$M = d_2 + 4.864d_D - 1.866P$	$0.656P$	$0.518P$	$0.486P$
40°（蜗杆）	$M = d_1 + 3.924d_D - 1.374P$	$2.446m_x$	$1.675m_x$	$1.61m_x$
55°（英制螺纹）	$M = d_2 + 3.166d_D - 0.961P$	$0.894P - 0.029$ mm	$0.564P$	$0.481P - 0.016$ mm
60°（普通螺纹）	$M = d_2 + 3d_D - 0.866P$	$1.01P$	$0.577P$	$0.505P$

注：d_1 为蜗杆分度圆直径，m_x 为蜗杆轴向模数。

应当注意量针直径既不能太大也不能太小，太大时量针外圆不能和螺纹牙型侧面相切，太小时量针会掉在螺纹的螺旋槽内，其顶点低于螺纹牙顶不起作用，如图3—25a、图3—25c所示。量针的最佳直径就是量针与螺纹中径处的牙侧相切，如图3—25b所示。

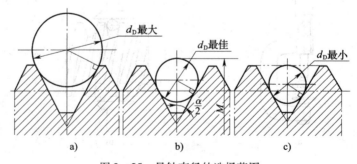

图3—25　量针直径的选择范围

a）最大量针直径　b）最佳量针直径　c）最小量针直径

【例3—2】 用三针测量 M20 的普通螺纹，求量针的最佳直径和千分尺的读数值 M。

解： 先求出螺纹中径和量针最佳直径

$$d_2 = d - 0.649\ 5P = 20 - 0.649\ 5 \times 2.5 = 18.376\ \text{mm}$$

$$d_D = 0.577P = 0.577 \times 2.5 = 1.443\ \text{mm}$$

将 d_2、d_D 代入简化公式

$$M = d_2 + 3d_D - 0.866P$$
$$= 18.376 + 3 \times 1.443 - 0.866 \times 2.5$$
$$= 18.376 + 4.329 - 2.165$$
$$= 20.54\ \text{mm}$$

【例3—3】 用三针法测量 Tr40×10 的丝杠，已知中径的基本尺寸和极限偏差为 $\phi 35^{-0.15}_{-0.55}$ mm，若用最佳量针直径，求千分尺的读数范围。

解： 先求出量针最佳直径

$$d_D = 0.518P = 0.518 \times 10 = 5.18\ \text{mm}$$

将 d_2、d_D 代入简化公式

$$M = d_2 + 4.864d_D - 1.866P$$
$$= 35 + 4.864 \times 5.18 - 1.866 \times 10$$
$$= 41.536\ \text{mm}$$

根据规定的中径极限偏差，千分尺读数值 M 在 $\phi 40.986$ mm 至 $\phi 41.386$ mm 范围内，中径才算合格。

2. 用单针测量

用单针测量螺纹中径比用三针测量简单，测量时只需把一根符合要求的量针放入螺纹的螺旋槽内，另一侧以螺纹顶径外圆为基准，用公法线千分尺（或外径千分尺）测出实际读数（见图3—26），然后通过计算方法检验螺纹中径是否合格。

单针测量千分尺的读数值 A 的计算公式是：

$$A = \frac{d_0 + M}{2} \qquad (3-4)$$

式中 A——千分尺读数，mm；

d_0——螺纹大径，mm；

M——三针测量时的读数值，mm。

单针测量千分尺的读数值 A 也可以用表3—13所列简化公式计算。最佳量针直径见表3—14。

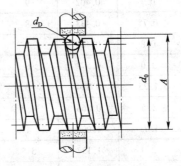

图3—26 单针测量螺纹中径

表 3—13   **单针测量 A 值的简化计算公式**

螺纹牙型角	A 值计算公式
29°（英制蜗杆）	$A = \dfrac{d_0 + d_2 + 4.994d_D - 1.933P}{2}$
30°（梯形螺纹）	$A = \dfrac{d_0 + d_2 + 4.864d_D - 1.866P}{2}$
40°（蜗杆）	$A = \dfrac{d_0 + d_2 + 3.924d_D - 1.374P}{2}$
55°（英制螺纹）	$A = \dfrac{d_0 + d_2 + 3.166d_D - 0.961P}{2}$
60°（普通螺纹）	$A = \dfrac{d_0 + d_2 + 3d_D - 0.866P}{2}$

表 3—14   **最佳量针直径**

米制螺纹		英制及圆柱管螺纹		梯形螺纹		锯齿形螺纹	
螺距 （mm）	三针直径 （mm）	每英寸 牙数	三针直径 （mm）	螺距 （mm）	三针直径 （mm）	螺距 （mm）	三针直径 （mm）
0.2	0.118	28	0.511	2	1.047	2	1.157
		24	0.572		1.302 *		
0.25	0.142	20（19）	0.724			3	1.732
0.3	0.170	18		3	1.553		
0.35	0.201	16			1.732 *	4	2.217
0.4	0.232	14		4	2.071	5	2.886
0.45	0.260	12			2.217 *	6	3.310
0.5	0.291	11		5	2.595	8	4.400
0.6	0.343	10			2.886 *	10	5.493
0.7	0.402	9		6	3.106	12	6.585
0.75	0.433	8			3.287 *	16	8.767
0.8	0.461	7		8	4.141	20	10.950
1.0	0.572	6			4.212 *	24	13.133
1.25	0.724	5		10	5.176	32	17.362
1.5	0.866	4.5		12	6.212	40	21.863
1.75	1.008	4		16	8.282	48	26.231
2.0	1.157	3.5		20	10.353		
2.5	1.441	3.25		24	12.423		

续表

米制螺纹		英制及圆柱管螺纹		梯形螺纹		锯齿形螺纹	
螺距 （mm）	三针直径 （mm）	每英寸 牙数	三针直径 （mm）	螺距 （mm）	三针直径 （mm）	螺距 （mm）	三针直径 （mm）
3.0	1.732	3		32	16.565		
3.5	2.020			40	20.706		
4.0	2.311			48	26.231		
4.5	2.595						
5.0	2.886						
5.5	3.177						
6.0	3.468						

注：标 * 号的，主要用于测量通端工作量规的中径。

技能要求 1

梯形螺纹车刀的刃磨

刃磨梯形螺纹车刀，螺纹型号标识为 Tr36×6，单头螺纹。梯形螺纹车刀几何形状如图 3—27 所示。

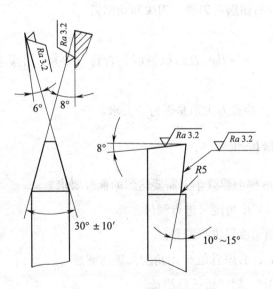

图 3—27　梯形螺纹车刀

一、操作准备

序号	名称		准备事项
1	材料		16 mm×6 mm×200 mm 高速钢刀坯
2	设备		落地砂轮机
3	工艺装备	刃具	粗、细粒度氧化铝砂轮
4		量具	高速钢梯形外螺纹车刀角度样板
5		工、附具	防护眼镜，砂轮修整器，一字旋具，活扳手，其他常用工具

二、操作步骤

1. 粗磨，选用粗粒度氧化铝砂轮

（1）粗磨主后面，磨出梯形螺纹车刀的背后角 8°。

（2）粗磨两侧后面，磨出梯形螺纹车刀的刀尖角 30°，磨出左侧后角 8°～10° 和右侧后角 4°～6°。

（3）粗磨前面，磨出背前角 12°～15°。

2. 精磨，选用细粒度的氧化铝砂轮

（1）精磨前面，使背前角达到要求。

（2）精磨前端后面，使背后角达到要求。

（3）精磨两侧后面，使刀尖角为 39°30′ 和两侧后角达到要求。

3. 研磨，用磨石研磨各刀面、刀尖和切削刃

4. 车刀的检验

（1）目测检验车刀各刀面表面粗糙度是否符合要求，主切削刃是否光滑、锋利、无裂痕。

（2）用对刀样板检验刀尖角是否符合要求。

三、工件质量标准

按图 3—27 所示梯形螺纹车刀需要达到的标准要求。

1. 前角 10°～15° 用角度尺进行测量。

2. 背后角 8° 用角度尺进行测量。

3. 左副后角 8°，右副后角 6° 用角度尺进行测量。

4. 刀尖角为 30°，用样板进行测量。

5. 切削刃平直，各刀面表面粗糙度（4 处 $Ra1.6\ \mu m$），用粗糙度样块对照。

四、注意事项

1. 粗磨时，应选用粗粒度的氧化铝砂轮；精磨时，应选用细粒度的氧化铝砂轮。

2. 刃磨中，应对车刀及时进行冷却，以防止车刀退火。

3. 刃磨螺纹车刀两侧后面时，应使两侧切削刃形成的刀尖角略大一些，以保证刃磨前面后刀尖角正确，并随时用样板校对。

4. 刃磨车刀两侧后面时，应考虑螺纹的左右旋向和螺纹升角的大小，然后确定两侧后角的增减。

5. 背前角不为零的螺纹车刀，两切削刃的夹角应修正，修正方法与三角形螺纹车刀的修正方法相同。

6. 梯形内螺纹车刀两侧切削刃对称线应垂直于刀柄。

 技能要求 2

梯形螺纹工件加工

加工如图 3—28 所示的梯形螺纹工件，工艺过程如下：

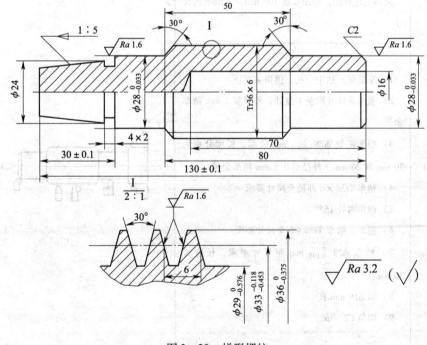

图 3—28　梯形螺纹

梯形螺纹的标识 Tr36×6，单头螺纹。

梯形螺纹牙形的尺寸精度和表面质量要求都较高。

一、操作准备

序号	名称		准备事项
1	材料		45 钢，ϕ40 mm×135 mm 的棒料 1 根
2	设备		CA6140（三爪自定心卡盘）
3	工艺装备	刃具	45°弯头车刀，90°外圆车刀，外圆车槽刀（切削刃宽为 4 mm），梯形螺纹车刀，麻花钻（ϕ16 mm），中心钻 A2.5/6.3 等
4		量具	游标卡尺 0.02 mm/（0～150 mm），千分尺 0.01 mm/（0～25 mm、25～50 mm），万能角度尺 2′/（0°～320°），钢直尺，齿形样板、公法线千分尺 0.01 mm/（25～50 mm）、量针（ϕ3.106 mm）等
5		工、附具	一字旋具，活扳手，顶尖及钻夹具，其他常用工具

二、操作步骤

序号	操作步骤	操作简图
步骤 1	夹持毛坯外圆，伸出长度 105 mm，车削下列尺寸 1）车端面，钻中心孔，供顶尖支顶 2）粗车螺纹外圆至卡盘处，外径留 1 mm 精车余量 3）粗车两处 $\phi28_{-0.033}^{0}$ mm 外圆、长度分别为 30 mm 和 20 mm，外径留 0.5 mm 精车余量 4）精车 Tr36×6 外径至尺寸要求 5）倒角两处 15° 6）粗车、精车 Tr36×6 至尺寸要求 7）精车 $\phi28_{-0.033}^{0}$ mm 至尺寸要求，长度为 30 mm 8）钻 ϕ16 mm 孔 9）倒角 C2 mm	

续表

序号	操作步骤	操作简图
步骤 2	夹持已车削 $\phi28_{-0.033}^{0}$ 外圆部分，找正夹紧，车削下列尺寸 1）车端面，截总长至尺寸要求。钻中心孔，供顶尖支顶 2）粗车、精车 $\phi24$ mm 外圆至尺寸要求、长度为 30 mm 3）车退刀槽 4×2 mm 4）粗车、精车 1:5 锥度至尺寸要求 5）精车 $\phi28_{-0.033}^{0}$ mm 至尺寸要求	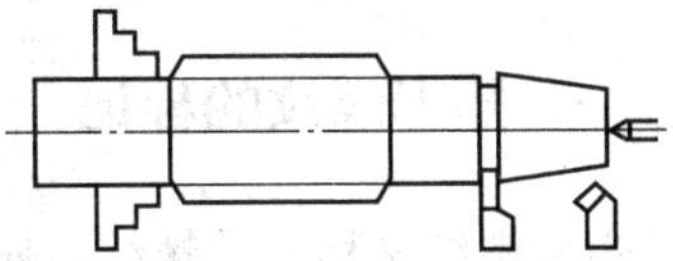 

三、工件质量标准

按图 3—28 所示梯形螺纹图样工件需要达到的标准要求。

1. 工件外圆要求

工件两处外圆表面尺寸给定公差 $2\times\phi28_{-0.033}^{0}$ mm，有 $Ra\leqslant1.6$ μm 表面粗糙度要求，这是此工件比较重要的加工内容。

2. 长度要求

工件两处长度尺寸给定公差（130 ± 0.1）mm、（30 ± 0.1）mm，超差不合格。

3. 螺纹要求

螺纹用样板或公法线千分尺检验，超差不合格。

4. 其他表面要求

其他表面及两端面的表面粗糙度要求 $Ra\leqslant6.3$ μm。$\phi24$ mm，80 mm，70 mm，4×2 mm，倒角 C2 mm 等都要按照未注公差值进行检验。未注尺寸公差等级：可查中等 m 级。

第 4 节　矩形螺纹加工

学习目标

➤ 矩形螺纹标记

➤ 矩形螺纹车刀的几何角度和刃磨要求

➤ 矩形螺纹切削用量的选择

➤ 矩形螺纹车削时的吃刀方法

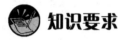 **知识要求**

一、矩形螺纹的标记

矩形螺纹又称方牙螺纹，属于非标准螺纹，无螺纹特征代号。

理论上矩形螺纹的轴向剖面形状为正方形，牙顶宽、牙槽宽和牙型高度都等于螺距的一半。但由于内外螺纹配合时必须有间隙，所以实际牙型不是正方形，而是矩形。

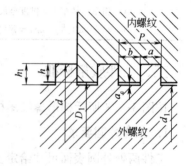

图 3—29　矩形螺纹的牙型

矩形螺纹的牙型如图 3—29 所示。矩形螺纹主要作传递动力之用。它的标记是由矩形公称直径 × 螺距来表示。如矩形 36 × 6、矩形 40 × 6 等。

二、矩形螺纹的尺寸计算

矩形螺纹的尺寸计算见表 3—15。

表 3—15　　　　　　　　　　矩形螺纹各部分尺寸计算　　　　　　　　　　mm

名称		代号	计算公式
外径		d	由设计决定
螺距		P	由设计决定
间隙		a_c	0.1 ~ 0.2
外螺纹	槽宽	b	0.5P + （0.02 ~ 0.04）
	牙宽	a	$P - b$
	小径	d_1	$d - 2h_1$
	牙型高度	h_1	0.5$P + a_c$
内螺纹小径		D_1	$d - P$

三、矩形螺纹车刀

矩形螺纹车刀和切断刀的形状相似，只是切断刀两侧后角相等，而矩形螺纹车刀受螺纹升角的影响，两侧后角刃磨得不相等。矩形螺纹车刀的几何形状如图 3—30 所示，矩形螺纹精车刀的几何形状如图 3—31 所示。

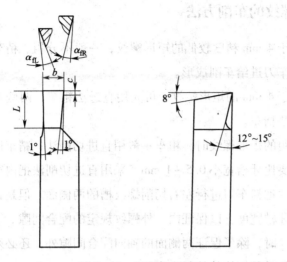

图 3—30　矩形螺纹车刀

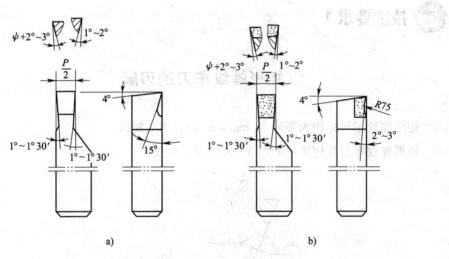

图 3—31　矩形螺纹精车刀

a）钢类工件精车刀　b）铸铁类工件精车刀

对矩形螺纹车刀刃磨时的要求主要有以下几点：

1. 精车刀的刀头宽度一定要等于牙槽宽度，即：$b = P/2 + (0.02 \sim 0.04)$ mm。

2. 刀头长度应比牙型高度大 $2 \sim 4$ mm，即：$L = P/2 + (2 \sim 4)$ mm。

3. 进给方向一侧的后角要大于另一侧的后角。车削右旋矩形螺纹时，$\alpha_{oL} = (3° \sim 5°) + \psi$，$\alpha_{oR} = (3° \sim 5°) - \psi$。

4. 为减小车削时工件的表面粗糙度，两侧刀刃应磨有长度为 $0.3 \sim 0.5$ mm 的修光刃。

四、矩形螺纹的车削方法

车削螺距小于4 mm精度较低的矩形螺纹，一般不分粗、精车，可采用直进法用一把矩形螺纹车刀进给车削成形。

车削螺距大于4 mm的矩形螺纹，可先用直进法粗车，两侧各留0.2～0.4 mm余量，再用直进法精车。

车削较大螺距的矩形螺纹时，粗车一般用直进切削法；精车用左右切削法。粗车时，刀头宽度要比牙槽宽小0.5～1 mm，采用直进切削法把内径车到尺寸。然后采用较大前角的两把精车刀进行左右切削螺纹槽的两侧面。但是在车削过程中，要严格控制和测量牙槽宽度，以保证内、外螺纹规定的配合间隙。

车削矩形螺纹时，除了保证两侧面的轴向配合间隙外，还必须注意径向定心精度。矩形螺纹一般采用螺纹的外径来定心。

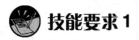 **技能要求1**

矩形螺纹车刀的刃磨

矩形螺纹型号标识为矩形38 mm×6 mm，单头螺纹。

矩形螺纹车刀几何形状如图3—32所示。

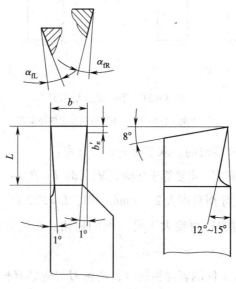

图3—32　矩形螺纹车刀

尺寸计算：

1. 精车刀的刀头宽度一定要等于牙槽宽度，即：$b = P/2 + (0.02 \sim 0.04)$ mm。

根据图样尺寸精车刀　　　　$b = 3.04$ mm

2. 粗车刀刀头宽度比牙底宽小 $0.5 \sim 1$ mm。

根据图样尺寸粗车刀　　　　$b = 2.5$ mm

3. 刀头长度应比牙型高度长 $2 \sim 4$ mm，即：$L = P/2 + (2 \sim 4)$ mm。

根据图样尺寸刀头长度　　　　$L = 8$ mm

一、操作准备

序号	名称		准备事项
1	材料		W18Cr4V 高速钢，8 mm×20 mm×200 mm
2	设备		落地砂轮机
3	工艺装备	刃具	粗、细粒度氧化铝砂轮
4		量具	角度样板
5		工、附具	防护眼镜，磨石，砂轮刀，一字旋具，活扳手，其他常用工具

二、操作步骤

1. 粗磨应选用粗粒度氧化铝砂轮

（1）粗磨前端后面，初步磨出背后角 8°。

（2）粗磨两侧后面，初步磨出左侧后角 8°～10°和左侧偏角 1°～2°，右侧后角 4°～6°和右侧偏角 1°～2°。

（3）粗磨前面，初步磨出前角 12°～15°。

2. 精磨应选用细粒度的氧化铝砂轮

（1）精磨前面，使前角达到要求。

（2）精磨前端后面，使背后角达到要求。

（3）精磨两侧后面，使两侧后角和两侧偏角达到图样要求。

3. 研磨

（1）用磨石研磨两侧后面，使刀头宽度达到图样要求。

（2）用磨石研磨其余各面及刀尖。

4. 车刀的检验

车刀刃磨好后，除了检查矩形螺纹车刀的各角度外，矩形螺纹因配合面为两侧面，所以重点应检查螺纹车刀的刀头宽度，用千分尺控制刀头宽度为 3.04 mm。

三、工件质量标准

按图3—32所示矩形螺纹车刀需要达到的标准要求。

1. 前角12°~15°。
2. 背后角8°。
3. 左副后角8°~10°，右副后角4°~6°。
4. 副偏角1°~2°。
5. 切削刃平直。
6. 刀头宽度为3.04 mm。
7. 刀头长度6 mm。
8. 各刀面表面粗糙度（4处 $Ra1.6\ \mu m$）

以上共12处按照要求的角度和尺寸刃磨，不符合要求则不合格。

四、注意事项

1. 矩形螺纹车刀精磨后，刀头应留有0.1~0.15 mm的研磨余量。研磨后，刀头宽度应为 $0.5P + (0.02~0.04)$ mm。

2. 在高速钢螺纹车刀刃磨中，应及时冷却，以防止车刀退火。

 **技能要求2**

矩形螺纹工件加工

加工图3—33所示的矩形螺纹工件，工艺过程如下：

"矩形38×6"为矩形螺纹的标识，单头螺纹。

矩形螺纹牙型的尺寸精度和表面质量要求都较高。

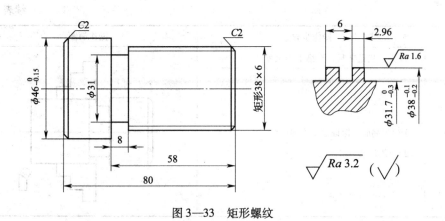

图3—33　矩形螺纹

一、操作准备

序号	名称		准备事项
1		材料	45钢，ϕ50 mm×100 mm的棒料1根
2		设备	CA6140（三爪自定心卡盘）
3	工艺装备	刃具	45°弯头车刀，90°外圆车刀，外圆车槽刀（刀刃宽为4 mm），矩形螺纹车刀，中心钻A2.5/6.3等
4		量具	游标卡尺0.02 mm/（0～150 mm），千分尺0.01 mm/（25～50 mm），钢直尺等
5		工、附具	一字旋具，活扳手，顶尖及钻夹具，其他常用工具

二、操作步骤

序号	操作步骤	操作简图
步骤1	用三爪自定心卡盘夹持毛坯外圆，伸出长度不小于85 mm，找正夹牢，车削下列尺寸 1）车端面，钻中心孔A2/4.25，用后顶尖顶住中心孔 2）粗车ϕ46$_{-0.15}^{0}$ mm外径至ϕ48 mm，长度接近卡盘 3）粗车、精车矩形螺纹外圆合格，长58 mm 4）车退刀槽ϕ31 mm，宽度8 mm 5）螺纹倒角C2 mm 6）粗车、精车矩形螺纹38 mm×6 mm 7）切断，长81 mm	

序号	操作步骤	操作简图
步骤2	掉头，找正夹紧，车削下列尺寸 1）车端面，保证总长为 80 mm 2）倒角 C2 mm	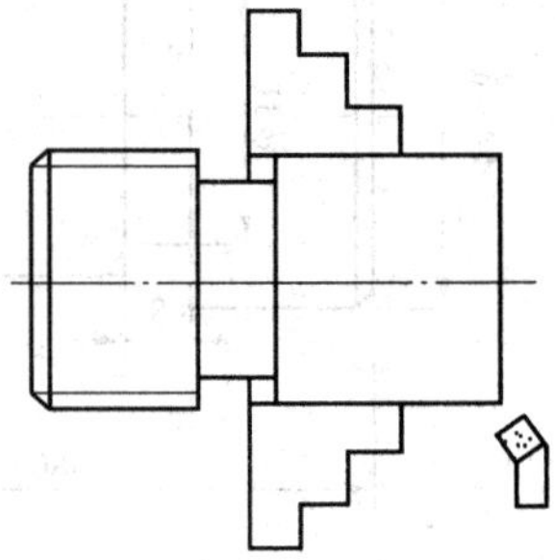

三、工件质量标准

按图 3—33 所示矩形螺纹工件需要达到的标准要求。

1. 工件外圆要求

工件 3 处外圆表面尺寸给定公差，$\phi 46_{-0.15}^{0}$ mm 与 $\phi 31.7_{-0.3}^{0}$ mm，有 $Ra \leqslant$ 3.2 μm 表面粗糙度要求，$\phi 38_{-0.20}^{-0.10}$ mm 处有 $Ra \leqslant 1.6$ μm 表面粗糙度要求，这是此工件比较重要的加工内容。

2. 螺纹要求

螺纹用塞规检验，不符合要求不合格。

3. 其他表面要求

其他表面及两端面的表面粗糙度要求 $Ra \leqslant 3.2$ μm。都要按照未注公差值进行检验。未注尺寸公差等级：可查中等 m 级。

第5节 米制锯齿形螺纹 B（3°/30°）的加工

 **学习目标**

➢ 米制锯齿形螺纹标记

➢ 锯齿形螺纹车刀几何参数的选择原则

➢ 锯齿形螺纹切削用量的选择

➢ 锯齿形螺纹车削时的吃刀方法

 **知识要求**

一、锯齿形螺纹的标记

锯齿形螺纹常用于单向压力的起重机械或压力机械。锯齿形螺纹的牙型角不对称，锯齿形螺纹的牙型角有33°和45°两种。

锯齿形螺纹的代号是由螺纹的特征代号"B"和公称直径×螺距表示。如 B40×6，B44×8 等。

锯齿形螺纹的牙型如图3—34所示。

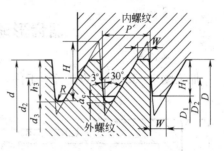

图3—34　锯齿形螺纹牙型

二、锯齿形螺纹的尺寸计算

锯齿形螺纹的尺寸计算公式见表3—16。

表3—16　　　　　　　　锯齿形螺纹尺寸计算　　　　　　　　mm

名称	代号	计算公式
牙型角	α	33°
螺距	P	由设计决定
内、外螺纹大径（公称直径）	d、D	由设计决定
原始三角形高度	H	$H=1.587\,8P$
牙顶间隙	a_c	$a_c=0.117\,8P$
牙顶（牙底）宽度	W	$W=0.263\,8P$
基本牙型高度	H_1	$H_1=0.75P$
外螺纹牙高	h_3	$h_3=H_1+a_c=0.867\,8P$
内螺纹小径	D_1	$D_1=d-2H_1=d-1.5P$
外螺纹小径	d_3	$d_3=d-2h_3=d-1.735\,5P$
内、外螺纹中径	d_2、D_2	$d_2=D_2=d-H_1=d-0.75P$
牙底圆角	R	$R=0.124\,3P$

三、锯齿形螺纹的车削方法

普通锯齿形螺纹的车削方法跟梯形螺纹的车削方法相似。所不同的是锯齿形螺纹的牙形不是等腰梯形，牙形的一侧面跟轴线相垂直面的夹角为30°，另一侧面的夹角为3°，在刃磨车刀和装夹车刀时，必须注意不能把车刀的两侧斜角位置搞反。

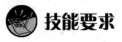 **技能要求**

锯齿形螺纹工件加工

加工图3—35所示的锯齿形工件，工艺过程如下：

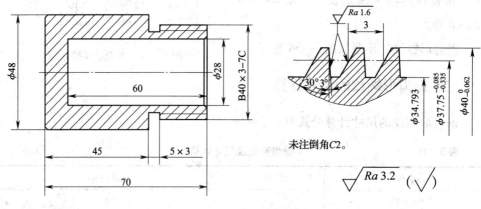

图3—35　锯齿形螺纹轴

B40×3为锯齿形螺纹的标识。

锯齿形螺纹牙形的尺寸精度和表面质量要求都较高。

一、操作准备

序号	名称		准备事项
1	材料		45钢，ϕ50 mm×90 mm的棒料1根
2	设备		CA6140（三爪自定心卡盘）
3		刃具	45°弯头车刀，90°外圆车刀，外圆车槽刀（刀刃宽为4 mm），锯齿形螺纹车刀，中心钻A2.5/6.3等
4	工艺装备	量具	游标卡尺0.02 mm/（0～150 mm），千分尺0.01 mm/（25～50 mm），B40锯齿形螺纹量规，锯齿形螺纹样板，钢直尺等
5		工、附具	扳手，活扳手，顶尖及钻夹具，其他常用工具

二、操作步骤

序号	操作步骤	操作简图
步骤1	用三爪自定心卡盘夹持毛坯外圆，伸出长度不小于75 mm，找正夹紧 1）车端面 2）钻中心孔 A2/4.25，用后顶尖顶住中心孔 3）粗车外径为 $\phi48$ mm，长度接近卡盘 4）粗车、精车锯齿形螺纹外圆 $\phi40_{-0.062}^{0}$ mm 合格，长58 mm 5）车退刀槽 $\phi34$ mm，宽度5 mm 6）螺纹两端倒角 C2 mm 7）粗车、精车锯齿形螺纹 40 mm×3 mm 成型 8）钻 $\phi28$ mm 孔 9）切断，长71 mm	
步骤2	掉头，找正夹紧 1）车端面，保证总长为70 mm 2）倒角 C2 mm	

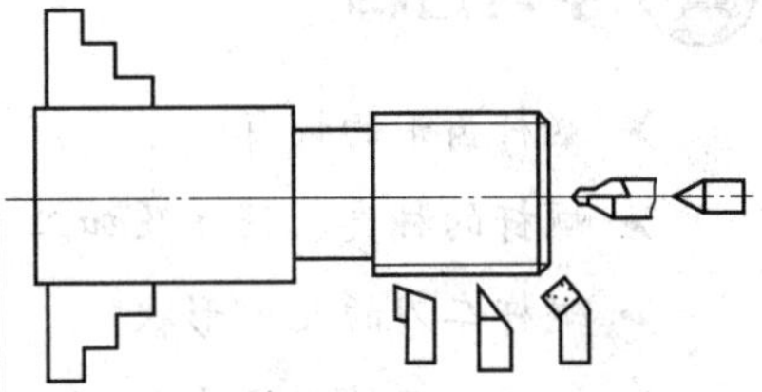

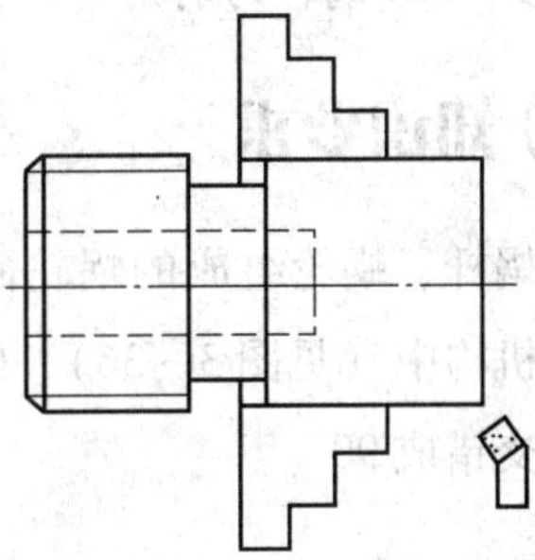

三、工件质量标准

按图3—35所示锯齿形螺纹轴工件需要达到的标准要求。

1. 工件外圆要求

工件外圆表面 $\phi40_{-0.062}^{0}$ mm 尺寸给定公差，这是此工件比较重要的加工内容，超差不合格。

2. 螺纹

螺纹33°，用样板检验，超差6′不合格。牙形侧面表面粗糙度 $Ra \leqslant 1.6$ μm，两处，降级不合格。

3. 其他表面要求

其他表面及两端面的表面粗糙度要求 $Ra \leqslant 3.2$ μm。按照未注公差值进行检验。未注尺寸公差等级：可查中等 m 级。

第6节 单线蜗杆加工

 学习目标

➢ 蜗杆齿形的计算

➢ 蜗杆的种类、用途及加工工艺

➢ 蜗杆车刀的几何形状

➢ 蜗杆车刀的刃磨要求

➢ 车刀的装夹方法

➢ 交换齿轮的选择

➢ 单线蜗杆切削用量的选择

 知识要求

蜗杆、蜗轮组成的蜗轮副常用在作减速运动的传动机构中（见图3—36），蜗杆和蜗轮啮合时两轴空间交错成90°。

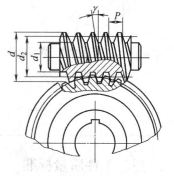

图3—36 蜗杆、蜗轮传动

一、蜗杆的种类

蜗杆有米制蜗杆和英制蜗杆两种。

1. 米制蜗杆

米制蜗杆的齿形角（压力角）为20°，牙型角为40°。蜗杆按齿形分又可分为轴向直齿廓蜗杆（ZA蜗杆）和法向直齿廓蜗杆（ZN蜗杆）。

（1）轴向直齿廓蜗杆（见图3—37）

在过蜗杆轴线的截面内齿形为直线，在垂直于轴线的截面内齿形为阿基米德螺旋线，所以轴向直齿廓蜗杆又叫阿基米德蜗杆。

（2）法向直齿廓蜗杆（见图3—38）

在蜗杆的法向截面（垂直于齿面的截面）内齿形为直线，在垂直于轴线的截面内齿形为延长渐开线，所以法向直齿廓蜗杆又称为延长渐开线蜗杆（简称渐开线蜗杆）。

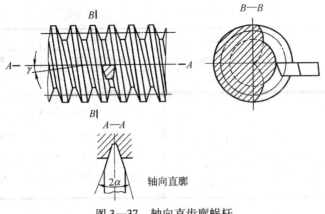

图 3—37　轴向直齿廓蜗杆

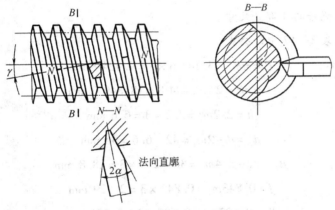

图 3—38　法向直齿廓蜗杆

2. 英制蜗杆

英制蜗杆在我国应用很少，一般在进口设备或旧机械的维修中才能遇到，英制蜗杆的齿形角（压力角）为 14°30′，牙型角为 29°。英制蜗杆又叫径节蜗杆，它的径节用 DP 表示。

二、蜗杆的尺寸计算

米制蜗杆各部分尺寸的计算公式见表 3—17。

表 3—17　　　　　　　米制蜗杆各部分尺寸的计算

名称	计算公式	名称	计算公式
轴向模数（m_s）	（基本参数）	小径（d_1）	$d_1 = d_2 - 2.4m_s$
齿形角（α）	$\alpha = 20°$		$d_1 = d - 4.4m_s$
周节（P）	$P = \pi m_s$	齿顶宽（f）	$f = 0.843m_s$

续表

名称	计算公式	名称	计算公式
导程（L）	$L = nP = n\pi m_s$	齿根槽宽（W）	$W = 0.697 m_s$
全齿高（h）	$h = 2.2 m_s$	轴向齿厚（S_s）	$S_s = P/2$
齿顶高（h_1）	$h_1 = m_s$		
齿根高（h_2）	$h_2 = 1.2 m_s$	导程角（γ）	$\tan\gamma = L/（\pi d_2）$
分度圆直径（d_2）	$d_2 = d - 2m_s$	法向齿厚（S_n）	$S_n = P\cos\gamma/2$
大径（d）	公称直径		

【例3—4】 车削齿顶圆直径为 42 mm、轴向模数 $m_s = 3$ mm、齿形角 $\alpha = 20°$ 的双线蜗杆，求蜗杆的各部分尺寸。

解： 根据表3—17中的公式

$$P = \pi m_s = 3.141\ 6 \times 3 = 9.424\ 8 \text{ mm}$$

$$L = nP = 2 \times 9.424\ 8 = 18.849\ 6 \text{ mm}$$

$$h = 2.2 m_s = 2.2 \times 3 = 6.6 \text{ mm}$$

$$d_2 = d - 2m_s = 42 - 6.6 = 36 \text{ mm}$$

$$d_1 = d_2 - 2.4 m_s = 36 - 2.4 \times 3 = 28.8 \text{ mm}$$

$$f = 0.843 m_s = 0.843 \times 3 = 2.529 \text{ mm}$$

$$W = 0.697 m_s = 0.697 \times 3 = 2.091 \text{ mm}$$

$$S_s = P/2 = 9.424\ 8 \div 2 = 4.712\ 7 \text{ mm}$$

$$\tan\gamma = L/（\pi d_2） = 18.849\ 6 \div （3.14 \times 36） = 0.166\ 6 \text{ mm}$$

$$\gamma = 9°27'44''$$

$$S_n = p\cos\gamma/2 = 4.714\ 2 \times \cos 9°27'44'' = 4.714\ 2 \times 0.986\ 4 = 4.648 \text{ mm}$$

三、车蜗杆时交换齿轮计算

在 CA6140 车床上车削蜗杆时，一般不需要进行交换齿轮计算，只要把 63/75 交换齿轮按铭牌的要求交换成 64/97 即可。

四、车削蜗杆的方法

1. 车刀的装夹

因为米制蜗杆按齿形分有两种，所以车削蜗杆的装刀方法也有两种。车削轴向直廓蜗杆时应采用水平装刀法。水平装刀法：即车刀装夹时两侧刃组成的平面要处于水平状态，并且要和工件的轴线等高。车削法向直廓蜗杆时应采用垂直装刀法。
垂直装刀法：即车刀装夹时车刀两侧刃组成的平面要和齿面垂直。

蜗杆的导程大，螺纹升角也大，车削时由于
受螺纹升角的影响，使车刀工作前角、工作后角
与车刀静止时的前角、后角比较，发生了很大的
变化。若装刀不合理，不仅影响牙形精度，而且
很容易引起振动和扎刀现象。若采用可回转刀排
（见图3—39）很容易满足垂直装刀的要求。车削
法向直廓蜗杆时，只需要将可回转的刀头体 1 相
对于刀杆 2 旋转一个蜗杆的导程角，然后压紧螺
钉 3 即完成了垂直装刀。

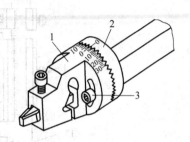

图 3—39　可回转刀排
1—刀头体　2—刀杆　3—螺钉

应当注意：车削轴向直廓蜗杆时，本来应采用水平装刀法，但在粗车时，为切
削顺利也可以采用垂直装刀法，不过精车时一定要采用水平装刀法。

2. 蜗杆的车削方法

蜗杆的导程大、牙槽深、车削困难，一般都应采取低速车削的方法。

粗车蜗杆和粗车梯形螺纹的方法完全一样，视其螺距的大小可选用左、右切削
法、车直槽法、车阶梯槽法和分层切削法的任何一种进刀方法。粗车后用车槽刀车
蜗杆牙底（小径）至尺寸，然后用带有卷屑槽的精车刀精车成形。

五、齿厚的测量

对于精度要求不高的梯形螺纹或蜗杆，可用齿轮卡尺（见图3—40）以测量齿
厚的方法来检验螺纹中径是否合格。齿轮卡尺是由相互垂直的齿高尺和齿厚尺组成
的，其刻线原理与读数方法和游标卡尺完全一样。

1. 梯形螺纹齿厚的测量

标准梯形螺纹在中径处的齿顶高等于 $\frac{1}{4}P$，而齿厚正好等于螺距的一半，若在

中径处测出螺纹的齿厚等于 $\frac{1}{2}P$，就说明中径正确，否则不正确。

齿厚的测量步骤是先将齿高尺调整一个齿顶高，然后用齿厚尺沿工件轴线方向
测出齿厚。测量时一定要注意螺纹大径对齿顶高的影响。例如测量 Tr30×6 螺纹齿
厚，当大径为 30 mm 时，齿顶高为 1.5 mm，若大径为 29.6 mm，齿高尺就不能调
整到 1.5 mm，而应调整为 $1.5-(30-29.6)\times\frac{1}{2}=1.3$ mm，此时齿厚尺测得的

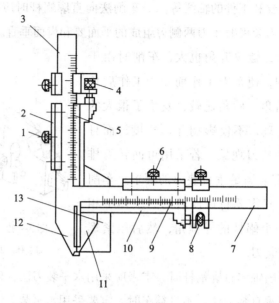

图 3—40　齿轮卡尺

1、6—紧固螺钉　2—垂直尺框　3—齿高尺（垂直主尺）　4、8—调节螺钉　5、9—游标

7—齿厚尺（水平主尺）　10—水平尺框　11、12—量爪　13—齿高标尺

读数才是中径处齿厚尺寸。如疏忽了螺纹大径对齿顶高的影响，测量误差太大将直接影响到螺纹中径的尺寸精度。

2. 蜗杆齿厚的测量

齿厚是检验蜗杆质量的一个重要参数，在齿形角正确的情况下，**蜗杆分度圆处**（即中径处）的轴向齿厚和蜗杆齿槽宽度相等，即等于周节的一半。因蜗杆的导程角大，轴向齿厚无法直接测量出来，通常采用测出法向齿厚再计算出轴向齿厚的方法来检验轴向齿厚的正确与否。法向齿厚与轴向齿厚的关系是：

$$S_n = S_s \cos\gamma = \frac{\pi m_s}{2}\cos\gamma \tag{3—5}$$

式中　S_n——法向齿厚，mm；

S_s——轴向齿厚，mm；

γ——导程角；

m_s——轴向模数，mm。

蜗杆法向齿厚测量方法是先把齿高尺调整到一个齿顶高（一定要注意齿顶圆直径对齿顶高的影响），然后将齿厚尺旋转一个蜗杆的导程角，使齿厚尺两侧和蜗杆齿侧面平行（见图 3—41），这时齿厚尺的读数就是法向齿厚的实际尺寸。

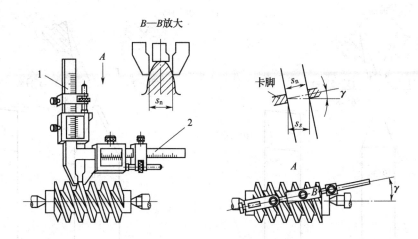

图 3—41　用齿轮卡尺测量法向齿厚
1—齿高尺　2—齿厚尺

【例3—5】　已知双线蜗杆的轴向模数 $m_s = 5$ mm，大径为 60 mm，试求该蜗杆的法向齿厚。

解：
$$d_2 = d - 2m_s = 60 - 2 \times 5 = 50 \text{ mm}$$
$$nP = 2 \times \pi m_s = 2 \times 3.1416 \times 5 = 31.416 \text{ mm}$$

$$\tan\gamma = \frac{nP}{\pi D_2} = \frac{31.416}{3.1416 \times 50} = 0.2$$

查表得　$\gamma = 11°18'36''$

根据公式 $S_n = S_s\cos\gamma = \dfrac{\pi m_s}{2}\cos\gamma$

$$= 7.702 \text{ mm}$$

测量时，将齿高尺调整为一个齿顶高 5 mm，齿厚尺旋转一个导程角 $11°18'36''$（实际上凭手的感觉只要齿厚尺两侧测量面和齿侧面平行即可），如在此位置上测得法向齿厚尺寸为 7.702 mm，说明中径尺寸正确。

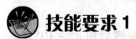 **技能要求 1**

蜗杆车刀的刃磨

刃磨蜗杆车刀，以 $m = 5$ 蜗杆车刀为例。

蜗杆车刀几何形状如图 3—42 所示。

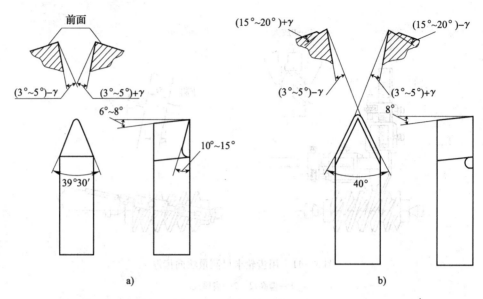

图 3—42　蜗杆车刀的刃磨

a) 粗车刀　b) 精车刀

一、操作准备

序号	名称		准备事项
1	材料		高速钢方刀条 16 mm×16 mm×200 mm
2	设备		落地砂轮机
3	工艺装备	刃具	粗、细粒度氧化铝砂轮
4		量具	游标卡尺 0.02 mm/（0～150 mm），蜗杆车刀角度样板
5		工、附具	一字旋具，活扳手，防护眼镜，其他常用工具

二、操作步骤

1. 粗磨应选用粗粒度氧化铝砂轮

（1）粗磨主后面，磨出蜗杆车刀的背后角 8°。

（2）粗磨两侧后面，磨出蜗杆车刀的刀尖角 40°，磨出左侧后角 8°～10°和右侧后角 4°～6°。

（3）粗磨前面，磨出背前角 12°～15°。

2. 精磨应选用细粒度的氧化铝砂轮

（1）精磨前面，使背前角达到要求。

（2）精磨前端后面，便背后角达到要求。

（3）精磨两侧后面，使刀尖角为 39°30′和两侧后角达到要求。

3. 研磨

用磨石研磨各刀面、刀尖和切削刃。

4. 车刀的检验

（1）目测检验车刀各刀面表面粗糙度是否符合要求，主切削刃是否光滑、锋利无裂痕。

（2）用对刀样板检验刀尖角是否符合要求。

三、工件质量标准

按图 3—42 所示蜗杆粗、精车刀需要达到的标准要求。

1. 前角 10°~15°。

2. 粗车刀尖角为 39°30′，精车刀尖角为 40°。

3. 刀具上刀面要平直。

4. 刀具两侧刀面的后角视导程角和旋向增加或减少 3°~5°。

5. 刀面切削刃表面粗糙度 $Ra \leqslant 0.8$ μm。

6. 刀具刀尖宽要小于牙型槽底宽尺寸。

以上按照要求刃磨，一处不合格，可以视为刀具不合格。

四、注意事项

1. 刃磨前应检查包裹刀杆的棉纱是否裹紧，以防止棉纱卷入砂轮机。

2. 工作服袖口应扎紧，并佩戴防护眼镜。

3. 刃磨刀面时，双手应稍作左右移动。

4. 刃磨中，应对刀具及时进行冷却，以防止刀具退火。

5. 蜗杆车刀的刀尖角必须刃磨正确，对于具有背前角的蜗杆车刀，可用一种厚度较厚的对刀样板来测量刀尖角，测量时样板水平放置，用透光法检验，这样测量出的角度，即近似等于牙型角。

6. 精磨时，应保证两切削刃对称、平直光洁，刀头不歪斜。

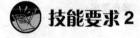 **技能要求 2**

蜗杆的车削加工

加工如图 3—43 所示的单线蜗杆，工艺过程如下。

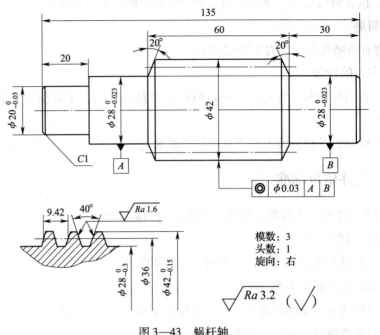

图3—43 蜗杆轴

模数：3
头数：1
旋向：右

一、操作准备

序号	名称		准备事项
1	材料		45钢，φ45 mm×145 mm的棒料1根
2	设备		CA6140（三爪自定心卡盘）
3	工艺装备	刃具	45°弯头车刀，90°外圆车刀，蜗杆车刀，中心钻A2.5/6.3等
4		量具	游标卡尺0.02 mm/（0～150 mm），千分尺0.01 mm/（0～25 mm，25～50 mm），万能角度尺2′（0°～320°），齿厚卡尺0.02 mm/m_x（0～125 mm），钢直尺，牙型样板等
5		工、附具	一字旋具，活扳手，顶尖及钻夹具，其他常用工具

二、操作步骤

序号	操作步骤	操作简图
步骤1	三爪自定心卡盘夹持毛坯外圆，伸出长度95 mm左右，找正夹紧 1）车端面，钻中心孔，顶尖支顶 2）粗车蜗杆外圆φ42 mm为φ43 mm，长度接近卡盘	

176

国家职业资格培训教程

序号	操作步骤	操作简图
	3）粗车 $\phi 28_{-0.023}^{0}$ mm 外圆为 $\phi 29$ mm，长度为 30 mm	
	掉头，夹持已车削蜗杆外圆部分，找正夹紧	
步骤 1	1）车端面，总长至尺寸要求，钻中心孔，顶尖支顶 2）粗车 $\phi 28_{-0.023}^{0}$ mm 外圆为 $\phi 29$ mm，长度为 45 mm 3）粗车 $\phi 20_{-0.03}^{0}$ mm 外圆为 $\phi 21$ mm，长度为 20 mm	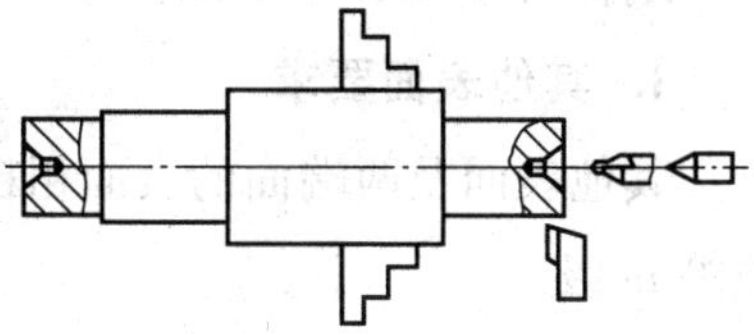
步骤 2	双顶尖装夹车削下列尺寸 1）半精车蜗杆外圆，留 0.5 mm 精车余量 2）车蜗杆两端倒角 20° 成型 3）粗车蜗杆齿形，每面留 0.5 mm 余量 4）精车蜗杆至尺寸要求 5）车蜗杆两端倒角 20° 成型 6）半精车、精车 $\phi 28_{-0.023}^{0}$ mm 外圆至尺寸要求，长度为 30 mm 7）倒角 $C1$ mm	
	掉头，双顶尖装夹车削下列尺寸 1）半精车、精车 $\phi 28_{-0.023}^{0}$ mm 外圆至尺寸要求，长度为 25 mm 2）半精车、精车 $\phi 20_{-0.03}^{0}$ mm 外圆至尺寸要求，长度为 20 mm 3）倒角 $C1$ mm	

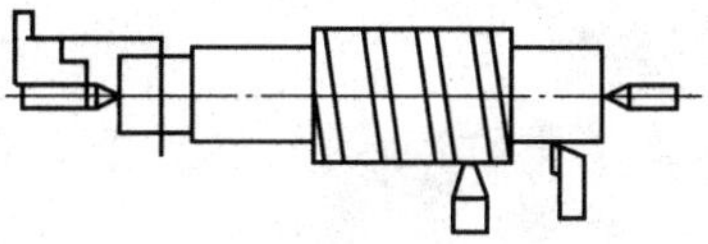

三、工件质量标准

按图 3—43 所示蜗杆轴工件需要达到的标准要求。

1. 工件外圆要求

工件 3 处外圆表面尺寸给定公差 $\phi 20_{-0.03}^{0}$ mm、$2 \times \phi 28_{-0.025}^{0}$ mm，有 $Ra \leqslant$ 3.2 μm 表面粗糙度要求，这是此工件比较重要的加工内容。

2. 几何公差要求

工件外圆表面有位置公差的同轴度要求 $\phi0.03$ mm，要求在加工中用两顶尖装夹的方法进行车削，保证要求。

3. 蜗杆牙形要求

蜗杆齿厚 4.65 mm 用齿厚卡尺检验，超差不合格。

4. 其他表面要求

其他表面及两端面的表面粗糙度要求 $Ra \leqslant 3.2$ μm。未注尺寸公差等级：可查中等 m 级。

思 考 题

1. 精车三角螺纹时切削用量如何选择？
2. 三角螺纹精车刀刃磨时的注意事项有哪些？
3. 低速车梯形螺纹时的进刀方法有几种，如何应用？
4. 加工多线螺纹用小托板刻度分线时的注意事项有哪些？
5. 蜗杆的法向齿厚如何测量？

第4章

偏心件及曲轴加工

第1节 偏心轴、套加工

 学习目标

➤ 偏心轴、套零件图样表达方法

➤ 偏心轴、套件的加工特点

➤ 在平台、V形架及方箱上进行划线的方法

➤ 偏心垫片厚度计算

➤ 在三爪自定心卡盘上车削偏心轴、套的方法

➤ 在四爪单动卡盘上车削偏心轴、套的找正方法

➤ 在两顶尖间车削偏心轴、套的方法

➤ 在双重卡盘上装夹、车削偏心轴、套的方法

➤ 在V形架、两顶尖间检测偏心距的方法及有关计算

➤ 轴心线平行度的检测方法

➤ 车削偏心轴、套时产生质量问题的原因及预防方法

 知识要求

一、偏心轴、套零件图样表达方法

在机械传动中，回转运动变为往复直线运动或直线运动变为回转运动，一般都

179

国家职业资格培训教程

用偏心轴或曲轴来完成，如车床主轴箱中的偏心轴、汽车发动机中的曲轴等。外圆
与外圆、内孔与外圆的轴线平行但不重合的工件，称为偏心工件。其中，外圆与外
圆偏心的工件称为偏心轴；内孔与外圆偏心的工件称为偏心套，两轴线之间的距离
称为偏心距，如图4—1所示。

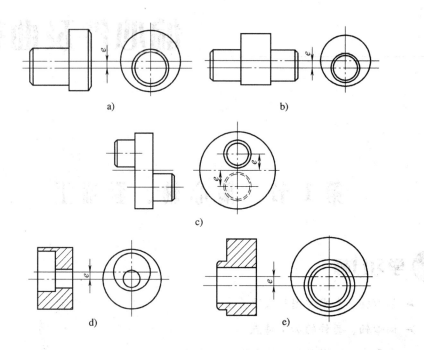

图4—1　偏心轴、套

a）偏心轴　b）同向偏心轴　c）反向偏心轴　d）偏心孔　e）同向偏心孔台

二、偏心轴、套的加工方法

1. 偏心轴、套件的加工特点

车削偏心的基本原理是：把所要加工偏心部分的轴线找正到与车床主轴轴线重
合，但应根据工件的数量、形状、偏心距的大小和精度要求相应地采用不同的装夹
方法。

2. 在平台、V形架及方箱上进行划线的方法

加工偏心工件，有时需在工件上划线，其划线方法和划线步骤如下：

（1）先将工件毛坯车成一根光轴，直径为 D，长为 L，如图4—2所示，使两
端面与轴线垂直（其误差过大会影响找正精度），表面粗糙度值为 $Ra1.6\ \mu m$。然
后在轴的两端面和四周外圆涂上一层紫色，待紫色干燥后放在平板上的V形块槽
中，如图4—3所示。

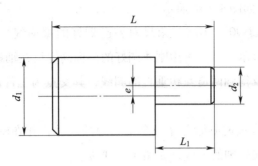

图 4—2　偏心轴

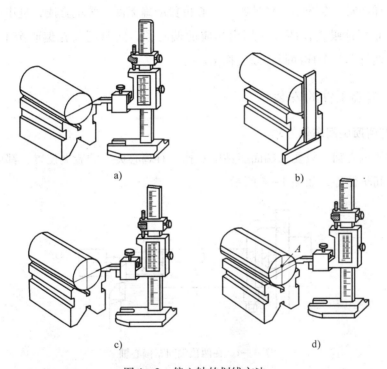

图 4—3　偏心轴的划线方法

a）划轴线　b）用直角尺找正轴线　c）划十字线　d）划偏心轴线

（2）用游标高度尺量出光轴最高一点到平板之间的距离，记录尺寸。再把高度划线尺下移工件实际测量直径尺寸的一半，并在工件的 A 端面轻轻地画出一条水平线。然后将工件转过 180°，仍用刚才调整的高度，再在 A 端面轻轻划另一条水平线。检查前后两条水平线是否重合：若重合，即为此工件的水平轴线；若不重合，则须将高度游标划线尺进行调整，游标移动量为两平行线间距离的一半，如此反复，直至使两线重合为止。

（3）找出工件的轴线后，即可在工件的端面和四周划圈线（过轴线的水平面与工件的截交线），如图 4—3a 所示。

（4）将工件转过 90°，用 90°角尺对齐已划好的端面线（检测工件是否转过 90°），如图 4—3b 所示。然后再用刚才调好的游标高度尺在轴端面和四周划一道圈线，这样在工件上就得到两道互相垂直的圈线，其交点为工件的轴线，如图 4—3c 所示。

（5）将游标高度尺的游标上移一个偏心距的尺寸，并在轴端面和四周划上一道圈线，交点即是偏心轴的轴线，如图 4—3d 所示。

（6）偏心距中心线划出后，为防止线条擦掉而失去根据，在偏心距中心处两端分别打样冲眼，要求敲打样冲眼的中心位置准确无误，眼坑宜浅，且小而圆。

（7）依样冲眼先在两端面划出相应的偏心圆，同时还须在偏心圆上均匀地、准确无误地打上几个样冲眼，以便找正。

三、偏心工件的安装

1. 在两顶尖间车偏心轴

一般的偏心轴，只要两端面能钻中心孔，有鸡心夹头的装夹位置，都可以装夹在两顶尖间车偏心，如图 4—4 所示。

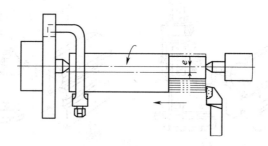

图 4—4   在两顶尖间车偏心轴

在两顶尖间装夹、车削偏心工件，与两顶尖间装夹、车削一般轴类零件没有很大区别，仅仅是两顶尖顶在偏心中心孔中加工偏心部位而已。开始车偏心时，由于两边的切削余量相差很大，且是断续切削，因而会产生较大的冲击和振动。

这种方法的优点是偏心中心孔已钻好，不需要再费时间去找正偏心，定位精度较高。

（1）操作方法

用两顶尖装夹车偏心轴类工件，当偏心距较大，首先必须确定工件的总长。在工件的两端面上根据偏心距的要求，共钻出 $2n+2$ 个中心孔（其中只有两个不是偏心中心孔，为基准轴中心孔，n 为工件偏心轴线的个数）。然后，先用两顶尖顶住工件基准轴中心孔，车削基准外圆至图样尺寸精度要求，再分别顶住相应偏心圆中心孔，车削偏心外圆，并控制其台阶长度、外圆直径尺寸。

单件、小批量、精度要求不高的偏心轴，其偏心中心孔可经划线后在钻床上钻出。偏心距精度要求较高时，偏心中心孔可以在坐标镗床上钻出。成批生产时，可在专用中心孔钻床上钻出。

偏心距较小的偏心轴，在钻偏心圆中心孔时，可能会与基准圆中心孔相互干涉，此时可按图 4—5 所示的方法，将工件的长度加长两个中心孔的深度，即

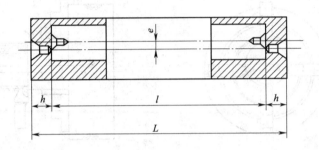

图 4—5　毛坯加长的偏心轴

$$L > l + 2h \qquad (4—1)$$

式中　L——偏心轴毛坯长度，mm；

　　　l——偏心轴图样要求长度，mm；

　　　h——中心孔深度，mm。

车削时，可先将两端基准圆中心孔毛坯车成光轴，然后车去两端中心孔至工件长度 L，再划线，钻偏心孔，车削偏心圆。

（2）注意事项

1）用两顶尖装夹车轴类零件的注意事项也适用于两顶尖装夹车削偏心工件。

2）用两顶尖安装、车偏心工件，关键是要保证基准圆中心孔和偏心圆中心孔的位置精度。否则偏心距精度则无法保证。钻中心孔时须注意：精度要求不高的偏心轴，可划线后在钻床上钻出；偏心距精度要求高时，则须在坐标镗床上钻出。

3）顶尖与中心孔的接触松紧程度要适当，且应经常在其间加注润滑油，以减少磨损。

4）断续车削偏心圆时，应选用较小的切削用量，初次进刀时一定要从离偏心最远处切入。

5）装夹工件时，选择中心孔应注意，不要张冠李戴。

2. 在四爪单动卡盘上车偏心工件

一般精度要求不高、数量少、偏心距小、工件长度较短不便于两顶尖装夹或形状比较复杂的偏心工件可装夹在四爪单动卡盘上（见图4—6）车削。其加工原理是：采用适当的装夹方法，将需要加工偏心圆部分的轴线找正到与车床主轴轴线重合的位置后，再进行车削。为了保证偏心零件的工作精度，在车削偏心工件时，要特别注意控制轴线的平行度和偏心距的精度。

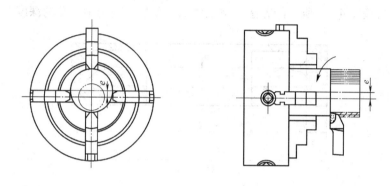

图4—6　在四爪单动卡盘上车偏心工件

（1）按线找正偏心、在四爪单动卡盘上安装加工工件的方法

根据已划好的偏心圆来找正。由于存在划线误差和找正误差，故此法仅适用于加工精度要求不高的偏心工件，具体操作方法如下：

1）装夹工件前，应先调整好卡盘爪，使其中一对卡爪呈相应的对称位置，而另外一对卡爪呈不对称位置，其偏离主轴中心的距离大致等于工件的偏心距，各对卡爪之间张开的距离稍大于工件装夹处的直径，使工件偏心圆的轴线基本处于机床主轴轴线上。

2）工件外圆夹持处垫1 mm左右厚的铜皮，夹持长15～20 mm，夹紧工件（见图4—7a）。

3）在床面上放一适当的小平板，划线盘置于小平板上，针尖高调整到机床中心高处。然后把针尖对准偏心圆的侧素线，由床头向床尾移动小平板。检查侧素线是否水平（见图4—7b），若不水平，可用铜棒轻轻敲击进行调整。再将工件转过90°，检查并找正另一条侧素线。调平后将划针尖对准工件端面的偏心圆，并找正偏心圆（见图4—7c），如此反复找正和调整，直至使两条侧素线均呈水平（此时偏心圆的轴线与基准圆轴线平行），又使偏心圆轴线与车床主轴轴线重合为止。

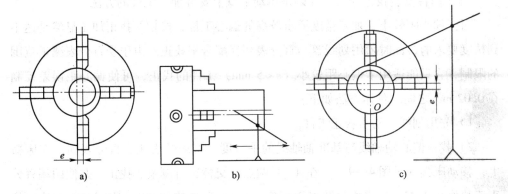

图 4—7　偏心工件的装夹与找正

a) 用四爪单动卡盘装夹偏心工件　b) 找正侧素线　c) 找正偏心圆

4) 工件找正后，将四个卡爪对称均匀地紧一遍，经检查确认侧素线和偏心圆轴线在紧固卡爪时没有位移，即可开始车削。

(2) 偏心工件的车削

1) 开始车削前，应在车刀远离工件时起动车床。然后，车刀刀尖必须从偏心的最远点开始切入工件进行车削，以免由于背吃刀量忽然增加而打坏刀具或损坏机床。

2) 由于粗车偏心圆是在光轴的基础上进行切削的，切削余量不均匀，且是断续切削，会产生一定的冲击和振动。所以，此时应选择较小的背吃刀量和进给量，待工件车圆后，再适当增加。否则容易损坏车刀或使工件发生位移。

3) 检查偏心距，当还有 1 mm 左右的半精车余量时，可采用如图 4—8 所示方法检查偏心距，测量时，用游标深度尺测量两外圆间最大距离和最小距离。则偏心距就等于最大距离与最小距离之差的一半，即：$e = (a-b)/2$。

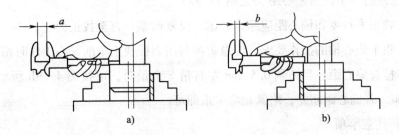

图 4—8　用深度游标卡尺检测偏心距

a) 两外圆间最大距离的测量　b) 两外圆间最小距离的测量

4) 若偏心距不符合图样要求时，可调整不对称的两个卡爪。试切后，使其偏心距在图样允许的公差范围之内，即可精车偏心圆。

（3）用百分表找正偏心、在四爪单动卡盘上安装加工工件的方法

对于偏心距较小、加工精度要求较高的偏心工件，按划线找正加工显然是达不到精度要求的，此时须用划线盘与百分表相互配合来找正。由于受百分表测量范围的限制，它只能适用于偏心距较小（$e < 5$ mm）工件的找正，可使偏心距误差控制在 0.02 mm 之内。具体方法如下：

1）先用划线盘初步找正工件。

2）找正偏心轴轴线与基准轴轴线的平行度。将磁性表座、百分表固定在床鞍上，移动床鞍（见图4—9a），在 A、B 两点处交替进行测量、找正。并使两端百分表读数值在 0.02 mm 之内（B 点用铜棒轻敲），工件旋转 90°，用同样的方法，找正另一侧的平行度。

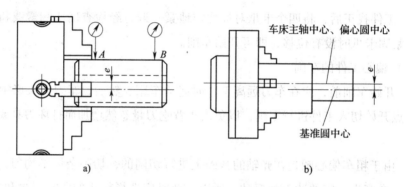

图 4—9　用百分表校正、复检偏心距

a）偏心轴找正　b）复检偏心距

3）找正偏心距。使百分表测杆触头垂直接触偏心工件的基准轴外圆最低点，并使百分表压缩量为 0.5 mm 左右，用手缓慢转动卡盘，百分表指示值的最大值和最小值之差的一半即为偏心距（见图4—9a）。

4）找正平行度和偏心距应综合考虑，反复调整，直至找正为止。

5）粗车偏心轴的操作要求、注意事项与用划针找正车削偏心工件时相同。

6）检查偏心距，当还剩 0.5 mm 左右精车余量时，可按图 4—9b 所示方法复检偏心距。若偏心距超差，略紧相应卡爪即可。

（4）注意事项

1）划线用的涂剂应有较好的附着性，一般用酒精、蓝色颜料加入虫胶片混合浸泡而成。应均匀地在工件上涂上薄薄一层，不宜涂厚，以免影响划线清晰度。

2）划线时，左手轻扶工件，不让其移动或转动，右手握住高度游标划线尺底座，在平台上沿着划线方向缓慢、均匀地移动，防止因游标高度尺底座与平台间摩

擦阻力过大而使尺身或游标在划线时颤抖。为此应使平台和底座下面光洁、无毛刺，可在平台上涂上薄薄一层全损耗系统用油。

3）样冲尖应仔细刃磨，要求圆且尖。

4）敲样冲时，应使样冲与所标示的线条垂直，必须打在线上或交点上，一般打四个即可。操作时要认真、仔细、准确，否则容易造成偏心距误差。

5）工件不宜夹得过长，一般为 10～15 mm，且在夹持部垫入 1 mm 左右厚度的铜皮，以免夹伤工件表面。

6）找正阶段，夹紧力不宜过紧，四个卡爪夹紧力均匀一致。

7）找正时，不能同时松开两只卡爪，以防工件落下。

8）灯光、针尖、视线角度要配合好。

9）划线盘针尖不要在工件线条上划动，以防把线条划乱，影响找正精度。

10）找正时，偏心轴与基准轴轴线的平行度与偏心距必须同时兼顾，否则会影响工件的偏心精度。

11）找正时要耐心、仔细，不要急躁，注意安全。

12）工件找正后，四个爪的夹紧力要基本一致，否则车削时工件容易走动。

13）车削时应注意进刀方法，背吃刀量不宜选得过大。

14）半精车之前，应检查、测量偏心距是否正确。

3. 在三爪自定心卡盘上车偏心工件

在四爪单动卡盘上安装、车削偏心工件，装夹、找正都比较麻烦，需要工人具有一定的操作技能，劳动强度大，工作效率较低。对于长度较短，形状比较简单，偏心精度要求不很高，且加工数量较多的偏心工件，也可以装夹在三爪自定心卡盘上进行车削，其方法是在夹爪中的任意一个卡爪与工件接触面之间，垫入一块通过计算预先调整好厚度的垫片，使工件轴线相对车床主轴轴线产生一位移，并使这一位移距离等于工件的偏心距。在此卡爪上做好记号，如图 4—10 所示。

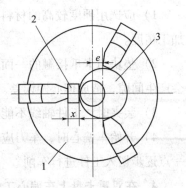

图 4—10　在三爪自定心卡盘
上车偏心工件
1—三爪自定心卡盘　2—垫片
3—偏心工件

（1）垫片厚度的计算

如图 4—10 所示，垫片厚度可用下面近似公式计算：

$$x = 1.5e + k \quad (4—2)$$

$$k \approx 1.5\Delta e \quad (4—3)$$

$$\Delta e = e - e_{测} \tag{4—4}$$

式中　x——垫片厚度，mm；

　　　e——工件偏心距，mm；

　　　k——偏心距修正值，其正负值按实测结果确定，mm；

　　　Δe——试切后的实测偏心距误差，mm；

　　　$e_{测}$——试切后的实测偏心距，mm。

【例4—1】　车削偏心距 $e = 2$ mm 的工件，试用近似公式计算垫片厚度 x。

解：先不考虑修正值，按近似公式4—2计算垫片厚度：

$$x = 1.5e = 1.5 \times 2 \text{ mm} = 3 \text{ mm}$$

先垫入 3 mm 厚的垫片进行检测，检测其实际偏心距。如实测偏心距为 2.04 mm，则偏心距误差为：

$$\Delta e = e - e_{测} = 2 \text{ mm} - 2.04 \text{ mm} = -0.04 \text{ mm}$$

$$k = 1.5\Delta e = 1.5 \times (-0.04) \text{ mm} = -0.06 \text{ mm}$$

则垫片厚度的正确值为：

$$x = 1.5e + k = 1.5 \times 2 \text{ mm} + (-0.06) \text{ mm} = 2.94 \text{ mm}$$

（2）工件的装夹、找正

把通过计算得到的垫片垫入做有记号的卡爪间，在装夹工件时，还应该找正偏心部分轴线与基准部分轴线的平行度。其方法与四爪单动卡盘上车削偏心工件的找正平行度的方法基本相同，精度要求低的可用划线盘调整，精度要求高的可用百分表调整。

（3）注意事项

1）应选用硬度较高的材料做垫块，以防止在装夹时因挤压变形而影响工件的加工精度。

2）垫块与卡爪接触的一面应做成与卡爪圆弧相同的圆弧面。否则，接触面将会产生间隙，造成偏心距误差。

3）装夹时，工件轴线不能歪斜，否则会影响加工质量。

4）开始车偏心时，车刀应先远离工件后再启动主轴，车刀刀尖从偏心的最外一点逐步切入工件进行车削。

4. 在双重卡盘上车偏心工件

将三爪自定心卡盘装夹在四爪单动卡盘上，并移动一个偏心距。加工偏心工件时，只需把工件装夹在三爪自定心卡盘上就可以车削，如图4—11所示。这种方法第一次在四爪单动卡盘上找正比较困难，但是，在加工一批工件的其余工件时，则

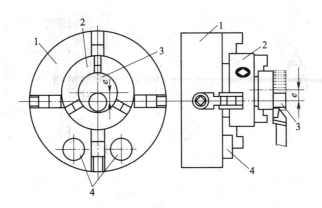

图 4—11　在双重卡盘上车偏心工件

1—四爪单动卡盘　2—三爪自定心卡盘　3—偏心工件　4—平衡铁

不须找正偏心距，因此适用于加工成批工件。由于两只卡盘重叠在一起，刚度不足且离心力较大，切削用量只能选得较低。此外，车削时尽量用后顶尖支顶，工件找正后尚需加平衡铁，以防发生意外事故。

这种方法只适宜车削偏心距不大（$e \leqslant 5$ mm）且精度要求不高，批量较小的偏心工件。

5. 在偏心卡盘上车偏心工件

车削精度较高、批量较大的偏心工件时，可以在偏心卡盘（见图 4—12）上安装、车削。偏心卡盘分两层，底盘用螺钉固定在车床主轴的连接盘上，偏心体与底盘燕尾槽相互配合。偏心体上装有三爪自定心卡盘。利用丝杠来调整卡盘的中心距，偏心距 e 的大小可在两个测量头之间测得。当偏心距为零时，两测量头正好相碰。转动丝杠时，测量头逐渐离开，离开的尺寸即为偏心距。两测量头之间的距离可用百分表或量块测量。当偏心距调整好后，用 4 只方头螺栓紧固，把工件装夹在三爪自定心卡盘上，即可进行车削。

由于偏心卡盘的偏心距可用量块或百分表测得，所以可以获得很高的精度。其次，偏心卡盘调整方便，通用性强，是一种较理想的车偏心夹具。

6. 在花盘上车偏心工件

加工长度较短、偏心距较大（$e \geqslant 6$ mm）的偏心套时，可以装夹在花盘上车削。在加工偏心孔前，先将工件外圆和两端面加工至要求后，在一端面上划好偏心孔的位置，然后用三块压板均匀地把工件装夹在花盘上，并在花盘靠近工件外圆处，装上两块成 90° 位置分布的定位块，以保证偏心套的定位要求，如图 4—13 所示。

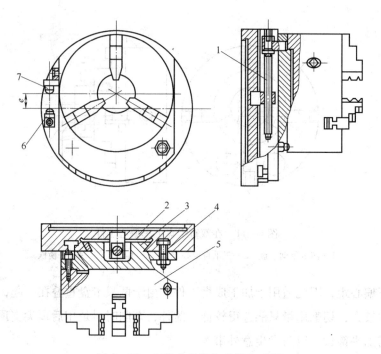

图4—12　在偏心卡盘上车偏心工件

1—丝杠　2—底盘　3—偏心体　4—螺钉　5—三爪自定心卡盘　6、7—测量头

7. 在专用偏心夹具上车偏心工件

（1）用偏心夹具车偏心工件

加工数量较多，偏心距精度要求较高的工件时，可以制造专用偏心夹具来装夹。如图4—14所示，偏心夹具2或6分别装夹在三爪自定心卡盘1或5上。夹具中预先加工一个偏心孔，其偏心距等于偏心工件4或7的偏心距，工件就插在夹具的偏心孔中。可以用铜头螺钉紧固，如图4—14a所示；也可以将偏心夹具的较薄处铣开一条狭槽，依靠夹具变形来夹紧工件，如图4—14b所示。

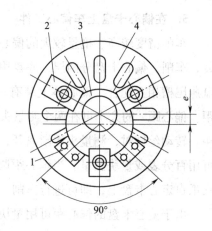

图4—13　在花盘上车偏心套

1—定位块　2—压板　3—偏心套　4—花盘

（2）用偏心夹具钻偏心中心孔

当加工数量较多的偏心轴时，用划线的方法找正中心来钻中心孔，生产率低，偏心距精度不易保证。这时可将偏心轴用紧定螺钉装夹在偏心夹具中，用中心钻钻中心孔，如图4—15所示。工件掉头钻偏心中心孔时，只把夹具掉头，工件不能卸下，再装夹在软卡爪上。偏心中心孔钻好后，再在两顶尖间车偏心轴。

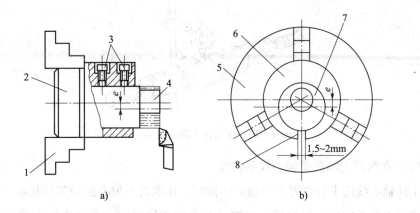

a)   b)

图 4—14　用专用偏心夹具车偏心工件

a) 用螺钉紧固工件　b) 用夹具变形紧固工件

1、5—三爪自定心卡盘　2、6—偏心夹具　3—铜头螺钉　4、7—偏心工件　8—狭槽

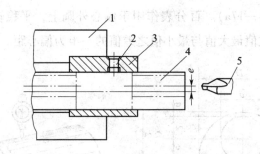

图 4—15　用偏心夹具钻偏心中心孔

1—软卡爪　2—紧定螺钉　3—偏心夹具　4—偏心轴　5—中心钻

四、偏心距的测量

1. 在两顶尖间用百分表测量

（1）在两顶尖间测量偏心距

对于两端有中心孔、偏心距较小（$e < 5$ mm）、不易放在 V 形架上测量的偏心工件，可放在两顶尖间测量偏心距，如图 4—16 所示。测量时，使百分表的测量头接触在偏心部位，用手均匀、缓慢地转动偏心轴，百分表上指示出的最大值与最小值之差的一半即为偏心距。

偏心套的偏心距也可以用上述方法来测量，但必须先将偏心套套在心轴上，再在两顶尖间测量。

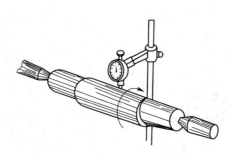

图 4—16　在两顶尖间测量偏心距

（2）在两顶尖间测量轴心线平行度

工件轴心线的平行度可在两顶尖间检测。检测时与偏心距的测量基本一致，只不过需检测两端的偏心距数值，两端偏心距的数值差的一半即为轴心线平行度误差。

2. 在 V 形架上用百分表间接测量

当工件无中心孔或工件较短，偏心距 e 小于 5 mm 时，可将工件基准外圆放置在 V 形架上（见图 4—17a）。百分表作用于偏心外圆上，平稳转动 V 形架上的基准外圆，百分表读数值最大值与最小值之差值的一半为偏心距。

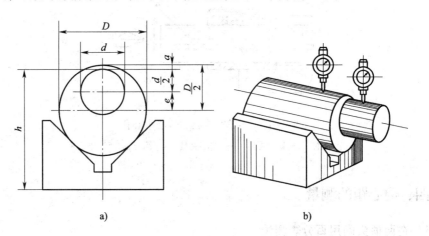

图 4—17　在 V 形架上间接测量偏心距

a）偏心距间接测量（e 小于 5 mm）　　b）偏心距间接测量（e 大于 5 mm）

偏心距较大的工件（e 大于 5 mm），因受到百分表测量范围的限制，就不能用上述方法测量。测量时，将 V 形架置于测量平板上，工件放在 V 形架中，转动工件，用百分表测量出偏心轴的最高点，把工件固定不动。再把百分表水平移动（见图 4—17b），测出偏心轴外圆到基准轴外圆之间的最小距离，然后用下式计算出偏心距 e。

$$e = \frac{D}{2} - \frac{d}{2} - a \qquad\qquad (4\text{—}5)$$

式中　D——基准轴直径，mm；

　　　d——偏心轴直径，mm；

　　　a——基准轴外圆到偏心轴外圆之间的最小距离，mm。

用上述方法，必须用千分尺准确测量出基准轴直径 D 和偏心轴直径 d 的实际值，否则计算时会产生误差。

3．在机床上测量偏心距

上述两种测量偏心距的方法，同样适用于装夹在机床上偏心工件偏心距的测量。

五、车削偏心轴、套时产生质量问题的原因及预防方法

表 4—1　　　　车削偏心轴、套时产生质量问题的原因及预防方法

工作缺陷	产生的原因及处理办法
偏心距超差	1．在两顶尖间车削偏心时中心距不对 2．在三爪自定心卡盘上车削偏心时偏心垫不正确 3．在四爪单动卡盘上车削偏心时偏心距不正确 4．在双重卡盘上装夹、车削偏心时偏心距不正确
偏心中心线与基准中心线不平行	1．在两顶尖间车削偏心时中心线不平行 2．在三爪自定心卡盘上车削偏心时偏心中心线与基准中心线不平行 3．在四爪单动卡盘上车削偏心时偏心中心线与基准中心线不平行 4．在双重卡盘上装夹、车削偏心时偏心中心线与基准中心线不平行
表面粗糙度超差	1．振动 2．车削时切削用量选择不当 3．刀具几何参数选择不当

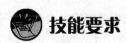 **技能要求**

偏心轴、套的加工

加工如图 4—18 所示的工件。

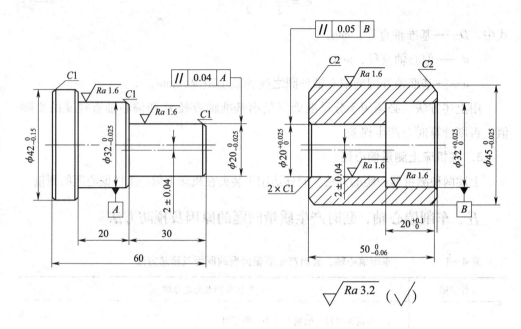

图4—18 偏心轴、套

偏心轴和偏心套的偏心距都为（2±0.04）mm。

为保证偏心轴、套的偏心距一样，偏心轴、套安排一次装夹同时加工。

一、操作准备

序号	名称		准备事项
1	材料		45 钢，毛坯 φ50 mm × 120 mm
2	设备		CA6140（四爪单动卡盘）
3	工艺装备	刃具	45°弯头车刀，90°外圆车刀，通孔车刀（加工 φ20 mm 的孔），平底孔车刀（加工 φ32 mm 的孔），麻花钻（φ18 mm），中心钻 A2.5/6.3 等
4		量具	游标卡尺 0.02 mm/（0~150 mm），千分尺 0.01 mm/（0~25 mm、25~50 mm），内径百分表 0.01 mm/（18~35 mm），磁座百分表 0.01 mm/（0~10 mm），杠杆式磁座百分表 0.01 mm/（0~0.8 mm），钢直尺等
5		工、附具	一字旋具，活扳手，其他常用工具

二、操作步骤

序号	操作步骤	操作简图
步骤 1	四爪单动卡盘装夹，夹持毛坯外圆（伸出长度 90 mm），找正夹紧 1）车端面 2）把工件外圆粗车至 $\phi42$ mm，长 70 mm 近卡盘端面 3）粗车 $\phi32_{-0.025}^{\ 0}$ mm 外圆至 $\phi34$ mm×50 mm 4）粗车 $\phi20_{-0.025}^{\ 0}$ mm 至 $\phi25$ mm×30 mm 5）精车 $\phi32_{-0.025}^{\ 0}$ mm×20 mm 台阶外圆 6）两处 $C1$ mm 倒角	
步骤 2	工件掉头，四爪单动卡盘装夹，百分表找正后夹紧 1）车平外端面 2）精车 $\phi45_{-0.025}^{\ 0}$ mm 外圆	
步骤 3	工件掉头，四爪单动卡盘装夹，百分表找正偏心后夹紧 1）半精车、精车偏心外圆 $\phi20_{-0.025}^{\ 0}$ mm×30 mm 2）倒角 $C1$ mm	
	3）按 60 mm 长切断工件	
	4）钻孔 $\phi18$ mm 5）粗车、精车内孔 $\phi20_{\ 0}^{+0.025}$ mm 至尺寸要求 6）孔口倒角 $C1$ mm 7）端面倒角 $C2$ mm	

续表

序号	操作步骤	操作简图
步骤4	掉头，在四爪单动卡盘上垫铜皮夹 $\phi45_{-0.025}^{0}$ mm 外圆，找正夹紧	
	1）粗车、精车内孔 $\phi32_{0}^{+0.025}$ mm 至尺寸要求，长 20 mm 2）孔口倒角 $C1$ mm 成型 3）端面倒角 $C2$ mm	

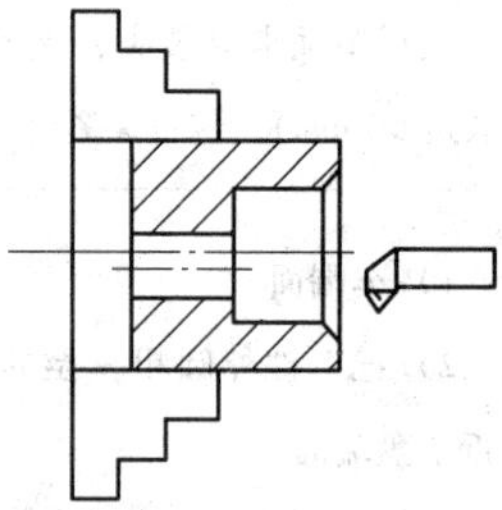

三、工件质量标准

按图4—18所示工件需要达到的标准要求。

1. 工件外圆、内孔要求

偏心轴外圆表面尺寸给定公差 $\phi42_{-0.015}^{0}$ mm、$\phi20_{-0.025}^{0}$ mm、$\phi32_{-0.025}^{0}$ mm，$\phi20_{-0.025}^{0}$ mm 和 $\phi32_{-0.025}^{0}$ mm 表面有 $Ra1.6$ μm 表面粗糙度要求，这是此工件较严的尺寸加工内容。

偏心孔工件表面尺寸给定公差 $\phi45_{-0.025}^{0}$ mm、$\phi32_{0}^{+0.025}$ mm、$\phi20_{0}^{+0.025}$ mm，3处表面都有 $Ra1.6$ μm 表面粗糙度要求，这是此工件较严的尺寸加工内容。

2. 长度尺寸要求

偏心轴工件两处长度尺寸 20 mm 及 50 mm 为未注公差。

偏心孔工件两处长度尺寸给定公差 $20_{0}^{+0.1}$ mm、$50_{-0.06}^{0}$ mm，这是此工件比较重要的加工内容。

3. 几何公差要求

偏心轴及偏心孔尺寸 $\phi20$ mm 部位有偏心外圆对轴线的平行度要求 0.04 mm，有偏心内孔对轴线的平行度要求 0.05 mm，要求在加工中保证要求。

4. 偏心距要求

偏心距（2±0.04）mm 要求在加工中用四爪找正的方法保证。

5. 其他表面要求

偏心孔长度尺寸 $50_{-0.06}^{0}$ mm 及 $20_{0}^{+0.1}$ mm 按照要求加工。

其他表面及两端面的表面粗糙度要求为 $Ra3.2$ μm。$\phi42$ mm、60 mm、30 mm、

20 mm 以及倒角 C2 mm、C1 mm 等都要按照未注公差值进行检验。未注尺寸公差等级：可查中等 m 级。

四、注意事项

1. 工件不宜夹得过长，一般为 10~15 mm，且在夹持部垫入 1 mm 左右厚度的铜皮，以免夹伤工件表面。

2. 找正阶段，夹紧力不宜过紧，四个卡爪夹紧力均匀一致。

3. 找正时，不能同时松开两只卡爪，以防工件落下。

4. 找正时，偏心轴与基准轴轴线的平行度与偏心距必须同时兼顾，否则会影响工件的偏心精度。

5. 找正时要耐心、仔细，不要急躁，注意安全。

6. 工件找正后，四个爪的夹紧力要基本一致，否则车削时工件容易走动。

7. 车削时应注意进刀方法，背吃刀量不宜选得过大。

8. 半精车之前，应检查、测量偏心距是否正确。

第 2 节　曲轴的车削加工

学习目标

➤ 图样上曲轴的表达方法

➤ 单拐曲轴的结构特点

➤ 在平台、V 形架及方箱上进行划线的技术

➤ 曲轴的装夹和配重方法

➤ 曲轴所用车刀的结构特点和装夹要求

➤ 预防曲轴产生变形的措施

➤ 使用专用夹具车削曲轴工件的方法

➤ 在两顶尖间车削曲轴工件的方法

➤ 单拐曲轴切削用量的选择

➤ 单拐曲轴检测偏心距的方法及有关计算

➤ 主轴颈、曲柄颈平行度的检测方法

➤ 车削曲轴时产生质量问题的原因及预防方法

**知识要求**

曲轴加工零件如图 4—19 所示。

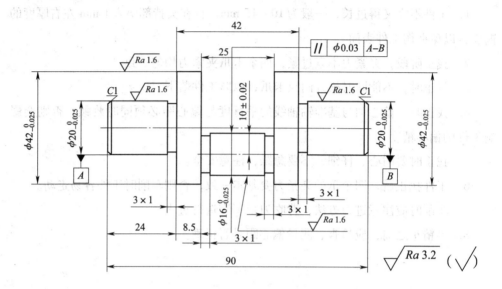

图 4—19 单拐曲轴加工

一、图样上曲轴的表达方法

曲轴实际上是一种偏心工件，但曲轴的偏心距比一般偏心工件的偏心距大。

根据机器的性能和用途不同，曲轴分为单拐、双拐、三拐、四拐、六拐和八拐等几种。根据曲柄颈拐数不同，曲柄颈之间可互相成 90°、120° 和 180° 等角度。曲轴毛坯一般用锻造或球墨铸铁浇注成形。车削时主要加工主轴颈和曲柄颈。

加工如图 4—19 所示的单拐曲轴，材料为 45 钢，图样分析如下：

1. 单拐曲柄颈 $\phi16_{-0.025}^{0}$ 轴相对 $\phi20_{-0.025}^{0}$ 主轴颈偏心，偏心距为 (10 ± 0.02) mm。

2. 加工时曲柄颈中心线与主轴颈中心线要求平行，平行度为 0.02 mm。

二、曲轴车削加工相关知识

1. 车曲轴的方法

曲轴就是多拐偏心轴，其加工原理与偏心轴基本相同，都是将偏心部分的轴线找正到和主轴轴线重合来加工偏心部分。

下面以两拐曲轴为例介绍用两顶尖车削曲轴的工艺措施：

（1）划线

车削加工曲轴工件时需在工件上划中心孔线，其划线方法与偏心工件划中心孔线一样。

（2）钻中心孔

钻中心孔时一般将工件放在镗床上或专用夹具上。然后分别钻两端面中心孔 A 和偏心中心孔 B_1、B_2，如图 4—20 所示。

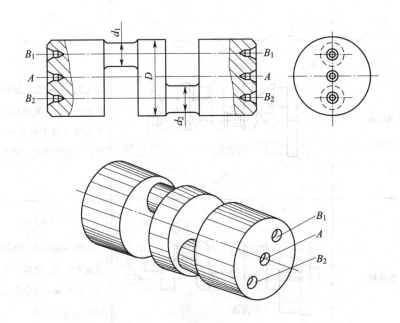

图 4—20　两拐曲轴的加工原理

（3）曲轴的加工过程

车削时采用两顶尖装夹，先用两顶尖支顶在中心孔 A 上，粗车基准轴外圆 D；再用两顶尖分别顶在偏心中心孔 B_1 和 B_2 上，便可车削曲柄颈 d_1 和 d_2；最后两顶尖支顶在中心孔 A 中，精车基准轴轴径 D 和主轴颈。若工件两端不允许保留偏心中心孔，可将中心孔 B_1 和 B_2 车去。

2. 曲轴的安装

车削曲轴最常用的方法是两顶尖车削。但由于有的曲轴两端主轴颈较小，一般不能直接在轴端钻偏心部分（及曲轴颈）中心孔，所以大多数曲轴一般都在两端留工艺轴颈，或装上偏心夹板。在工艺轴颈上（或偏心夹板上）钻出主轴颈和曲轴颈的中心孔。常见的装夹方法见表 4—2。

222

表 4—2　　　　　　　　　　车削曲轴的装夹方法

曲轴形式	装夹方法简图	说明
单拐曲轴	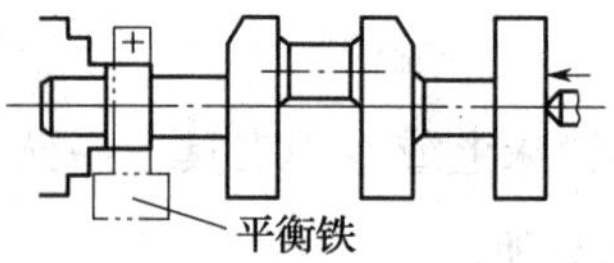 平衡铁	主轴一端用卡盘夹拐颈，尾座一端用顶尖顶夹法兰盘，加工轴颈，并配有配重
双拐曲轴	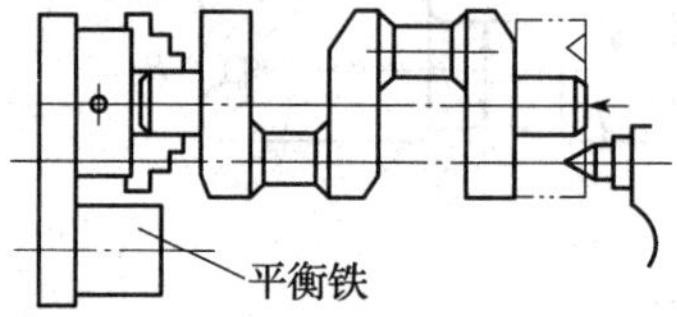 平衡铁	主轴一端花盘上安装卡盘，调整偏心距、夹其轴颈。尾座一端专用法兰盘上配有偏心的中心孔，用顶尖顶夹，加工拐颈
三拐曲轴	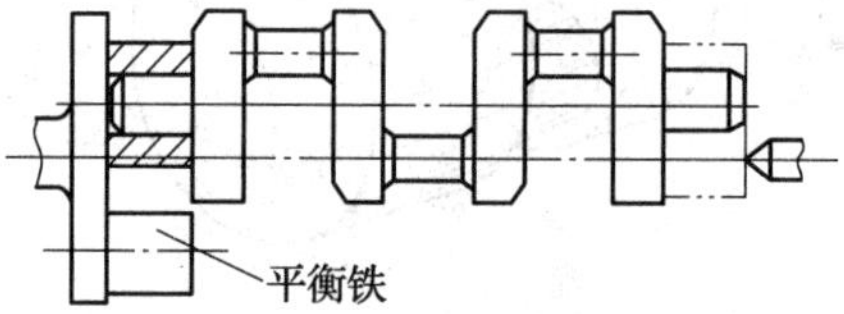 平衡铁	主轴一端按偏心距配做专用夹具装夹轴颈，尾座一端专用法兰盘上配有偏心的中心孔，用顶尖顶夹，加工拐颈
多拐曲轴	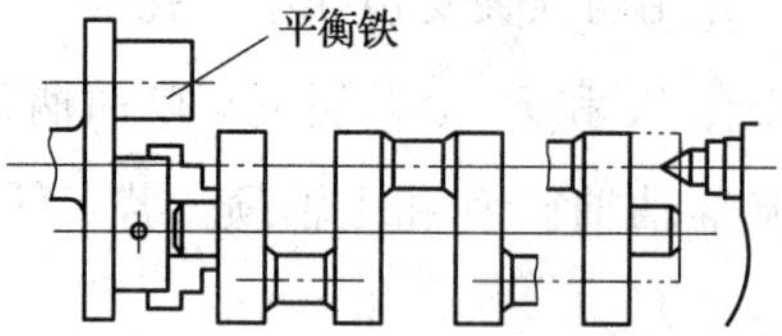 平衡铁	主轴一端花盘上安装卡盘，调整偏心距，夹其轴颈。尾座一端专用法兰盘上配有偏心的中心孔，用顶尖顶夹，加工拐颈

3. 车曲轴的注意事项

（1）粗、精分开

车曲轴时，仍要先粗车、后精车，以避免由于工件刚度不足，偏心曲轴粗加工余量大，断续切削产生的冲击、振动等造成工件变形。

（2）防止偏重

由于曲轴属于偏心工件，质量偏向一侧，主轴转动不均匀，会损坏主轴部件，工件尺寸和几何精度都要受到影响。此时在花盘上（或工件的夹头上）在偏轻的一面配上一块重铁，主轴带动工件加工时工件转动平衡，工艺系统无振动、偏摆。配重后都要求安全可靠，并做静平衡试验，在停车情况下，扳动花盘，使花盘自由旋转在任何角度的位置可以停下，没有局部超重总是下坠的现象产生。

（3）防止变形

车削时，为了增加曲轴刚度，防止曲轴变形，可采取以下措施：如果两曲柄臂间的距离较小，应在曲柄颈对面的空当处用支撑螺杆支撑，如图 4—21a 所示；如果两曲柄臂间的距离较大，在曲柄颈对面的空当处可用材质较硬的木块或木棒来支撑，如图 4—21b 所示。

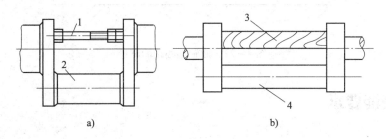

图 4—21　曲柄臂间增加支撑的方法
a）增加支撑螺杆支撑　b）增加木块支撑
1—支撑螺杆　2、4—曲柄颈　3—硬木块

（4）刀具安装

安装刀具时一定要注意刀具的伸出长度，防止工件与刀架发生碰撞事故。

（5）切削用量选择

由于曲轴属于偏心工件，粗加工余量大，并且断续切削易产生冲击、振动等造成工件变形。因此选择切削用量时注意以下几点：

1）粗车时为保证加工安全，选择切削用量时应适当降低工件转速，减少背吃刀量和进给量。

2）精车时考虑的是工件质量，选择切削用量与轴类工件基本相同。

4. 曲轴偏心距的测量

把曲轴装夹在两顶尖之间，用百分表和游标高度尺测出主轴颈表面最高点至平

板表面间的距离 h、曲柄颈表面至平板表面间的距离 H，同时用千分尺测量出主轴颈的半径 r 以及曲柄颈的半径 r_1，然后用下式：

$$e = H - r_1 - h + r \qquad (4—6)$$

式中　e——偏心距，mm；

　　　H——曲柄颈表面至平板表面间的距离，mm；

　　　r_1——曲柄颈的半径，mm；

　　　h——主轴颈表面最高点至平板表面间的距离，mm；

　　　r——主轴颈的半径，mm。

即可计算出曲柄颈的偏心距 e，如图4—22所示。

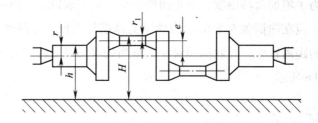

图4—22　曲轴偏心距的测量

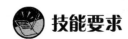 技能要求

单拐曲轴加工

加工图4—19所示的单拐曲轴工件，工艺过程如下：

一、操作准备

序号	名称		准备事项
1	材料		45钢，$\phi 45$ mm×95 mm
2	设备		CA6140（四爪单动卡盘）
3	工艺装备	刃具	45°弯头车刀，90°外圆车刀，外圆车槽刀（刀刃宽为3 mm），中心钻 B3.15/11.2
4		量具	游标卡尺0.02 mm/（0～150 mm），千分尺0.01 mm/（0～25 mm，25～50 mm）
5		工、附具	顶尖及钻夹具，其他常用工具

二、操作步骤

序号	操作步骤	操作简图
步骤 1	在四爪单动卡盘上装夹，夹持毛坯外圆（伸出 90 mm 长），找正夹紧 1）车端面，钻中心孔 B3.15/10 2）用后顶尖顶住，车外圆 $\phi42_{-0.025}^{\ 0}$ mm 至 $\phi43$ mm 尺寸，长接近卡盘处 3）车外圆 $\phi20_{-0.025}^{\ 0}$ mm 至 $\phi22$ mm 尺寸，长为 24 mm	
步骤 2	掉头在四爪单动卡盘上装夹，找正 $\phi43$ 外圆，夹紧 1）车端面截总长 90 mm 至尺寸，钻中心孔 B3.15/10 2）用后顶尖顶住，车外圆 $\phi20_{-0.025}^{\ 0}$ mm 至 $\phi22$ mm 尺寸，长为 24 mm	
步骤 3	两顶尖装夹 1）精车 $\phi42_{-0.025}^{\ 0}$ mm 外圆 2）精车 $\phi20_{-0.025}^{\ 0}$ mm 外圆，长度为 24 mm 3）切槽 3 mm×1 mm 4）倒角 C1 mm 5）掉头精车 $\phi20_{-0.025}^{\ 0}$ mm 外圆，长度为 24 mm 6）切槽 3 mm×1 mm 7）倒角 C1 mm	
步骤 4	掉头在四爪单动卡盘上装夹，一夹一顶找正 $\phi16_{-0.025}^{\ 0}$ 偏心外圆，夹紧 1）粗车、精车 $\phi16_{-0.025}^{\ 0}$ mm 外圆，长度为 25 mm 2）切槽 3 mm×1 mm	

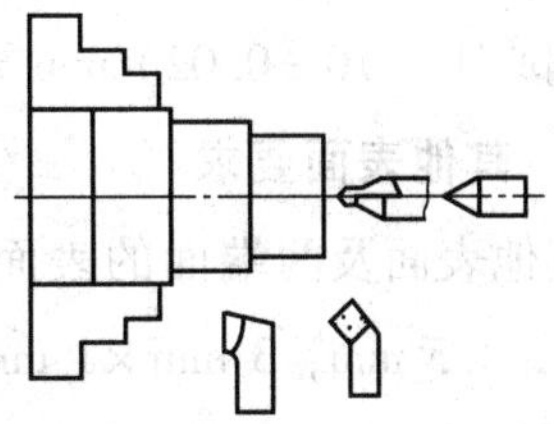

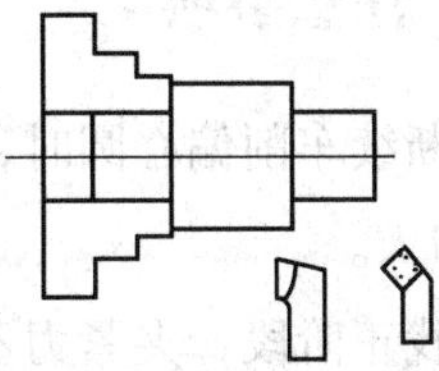

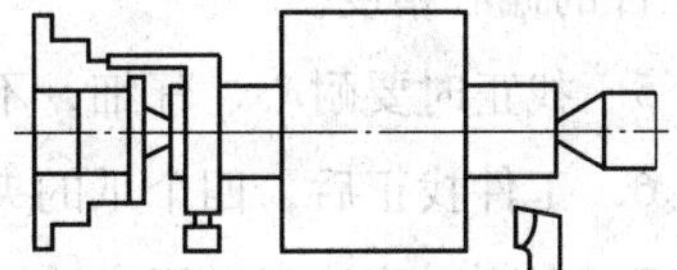

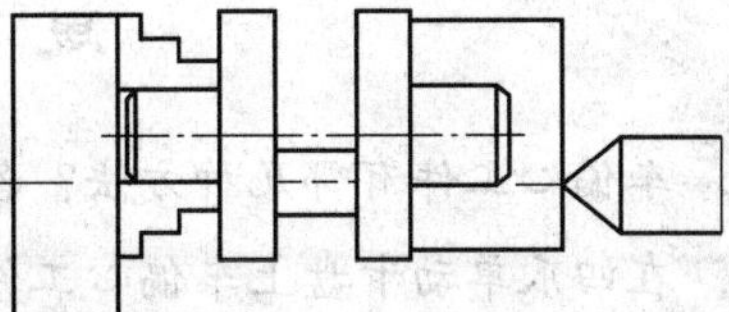

三、工件质量标准

按图 4—19 所示单拐曲轴工件需要达到的标准要求。

1. 工件外圆要求

工件 5 处外圆表面尺寸给定公差 $\phi42_{-0.025}^{\ 0}$ mm、$\phi20_{-0.025}^{\ 0}$ mm、$\phi16_{-0.025}^{\ 0}$ mm，3

处表面有 $Ra \leqslant 1.6~\mu m$ 表面粗糙度要求，这是此工件比较重要的加工内容。

2. 几何公差要求

工件外圆与外圆有平行度要求 0.03 mm，要求在加工中保证要求。

3. 偏心距要求

偏心距（10±0.02）mm 要求在加工中用四爪找正的方法保证。

4. 其他表面要求

其他表面及两端面的表面粗糙度要求 $Ra \leqslant 3.2~\mu m$。90 mm，42 mm，25 mm，24 mm，8.5 mm，3 mm×1 mm，倒角 C1 mm 等都要按照未注公差值进行检验。未注尺寸公差等级：可查中等 m 级。

四、注意事项

1. 断续车削偏心圆时，应选用较小的切削用量，初次进刀时一定要从离偏心最远处切入。

2. 找正阶段，夹紧力不宜过紧，四个卡爪夹紧力均匀一致。

3. 找正时，不能同时松开两只卡爪，以防工件落下。

4. 找正时，偏心轴与基准轴轴线的平行度与偏心距必须同时兼顾，否则会影响工件的偏心精度。

5. 找正时要耐心、仔细，不要急躁，注意安全。

6. 工件找正后，四个爪的夹紧力要基本一致，否则车削时工件容易走动。

7. 车削时应注意进刀方法，背吃刀量不宜选得过大。

8. 半精车之前，应检查、测量偏心距是否正确。

思 考 题

1. 车偏心工件有哪几种方法？各适用于什么情况？

2. 在四爪单动卡盘上车偏心工件的方法、步骤和注意事项是什么？

3. 在三爪自定心卡盘上车偏心工件的方法、步骤和注意事项是什么？

4. 车削单拐曲轴的方法、步骤和注意事项有哪些？

5. 在三爪自定心卡盘上车削偏心距 $e = 3$ mm 的工件，用近似法计算出垫片厚度 x。试车削后，其实际偏心距为 2.97 mm，求垫片厚度的正确值。

第5章

矩形、非整圆孔加工

第1节　矩形零件加工

学习目标

➤ 用百分表检测端面全跳动的操作方法

➤ 利用卡盘平面、正、反爪台阶面定位装夹工件的方法

➤ 利用卡尺、塞规、内卡钳等量具找正工件平面与卡盘平面平行的方法

➤ 四爪卡盘装夹板类工件时，悬空部位支承的方法

➤ 在四爪卡盘上找正矩形各面平行或垂直的方法

➤ 在四爪卡盘、花盘上使用穿通螺栓、压板、定位挡铁的方法

知识要求

一、矩形零件图样含义

矩形零件的加工多数情况类似于轴类工件的端面加工，只不过加工时存在断续切削情况。为了加工方便，将矩形工件的每个加工表面分别标号，如图5—1所示的矩形工件，材料为45钢。

二、矩形零件的特点

相对于圆形工件而言，矩形零件的加工存在许多困难。矩形零件的特点是：

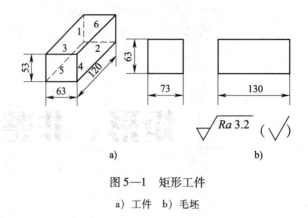

图 5—1　矩形工件

a）工件　b）毛坯

1. 装夹方面

矩形零件外形不规范，一般用四爪单动卡盘和花盘装夹。

2. 刀具方面

矩形零件加工属于间断切削，对车刀刀杆的强度及刀具的锋利程度影响很大。

3. 机床方面

矩形零件加工属于间断切削，容易引起机床、工件的振动。

4. 工艺方面

矩形零件工件加工属于间断切削，适当降低切削用量。

5. 检测方面

矩形零件检测几何精度较难，须认真检测。

三、矩形零件的加工需注意要点

1. 矩形零件划线

矩形零件的加工为了找正方便，一般需在零件的平面上划十字腰线并按线找正，作为第一个面的加工基准。

2. 保证各平行面的平行度的方法

（1）利用卡盘平面、正、反爪台阶面定位装夹工件的方法

矩形零件的加工，多数为两平行面的加工。根据工件的厚度尺寸不同，充分利用卡盘平面、正、反爪台阶面定位来装夹工件（见图5—2），可以为安装、找正提供方便，节省时间。加工时让工件平面与卡盘平面或反爪台阶面等贴合即可。

（2）利用卡尺、塞规、内卡钳等量具找正工件平面与卡盘平面平行的方法

对于厚度尺寸较小的工件，可利用卡尺、塞规、内卡钳等量具找正工件平面与卡盘平面平行，然后装夹工件。可以为安装、找正提供方便，保证质量。

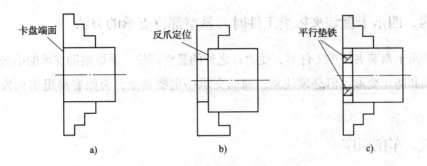

图 5—2　矩形零件的定位方法

a) 卡盘平面定位　b) 正、反爪定位　c) 平行垫铁定位

对于厚度尺寸较大的工件，可利用塞尺检测工件平面与卡盘平面之间的间隙，然后装夹工件。可以为安装、找正提供方便，保证质量。

3. 保证各垂直面的垂直度的方法

矩形零件加工时，为了保证相邻表面之间的垂直度要求，一般先加工一个表面，等到加工相垂直的第二面时要求用直角尺校正已加工表面与卡盘平面之间的垂直度（见图 5—3b），如合格即可加工。如不合格需调整到合格才可加工。

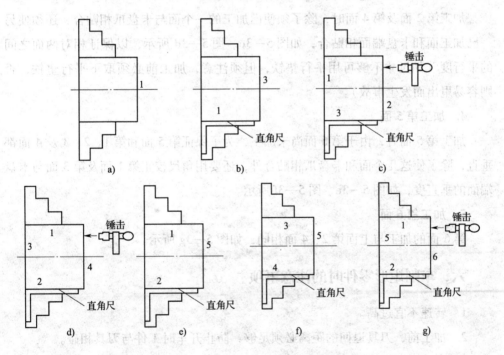

图 5—3　矩形零件六面的车削加工顺序

a) 加工第 1 面　b) 加工第 3 面　c) 加工第 2 面

d) 加工第 4 面　e)、f) 加工第 5 面　g) 加工第 6 面

四、四爪卡盘装夹板类工件时，悬空部位支承的方法

四爪卡盘装夹板类工件时，受力点之外的悬空部位可采取辅助支承的措施，减小震动和防止变形。但必须注意，辅助支承一定要安全，否则容易甩出而发生事故。

五、车削顺序

根据工件外形特点，可采用四爪卡盘安装，为了保证各表面之间的平行度及垂直度，工件六面的车削加工顺序如下：

1．加工第1面

第1面要选择毛坯上面积最大、表面最不平整的一面，如图5—3a所示。

2．加工第3面

第3面加工时，要让已加工面1与卡盘爪相贴合，并保证已加工面1和卡盘端面垂直，如图5—3b所示。

3．加工第2面及第4面

加工第2面及第4面时，除了须使已加工的一个面与卡盘爪相贴合，还须使另一已加工面和卡盘端面相贴合，如图5—3c、图5—3d所示，以保证相对两面之间的平行度（如尺寸不够可用平行垫铁，但须注意，加工前必须取下平行垫铁，否则容易甩出而发生事故）。

4．加工第5面

加工第5面时，由于第6面尚未加工，为了保证第5面和第1、2、3及4面都垂直，除了使这几个面和卡盘爪相贴合外，还要用角尺校正第1面及第3面与卡盘端面的垂直度，如图5—3e、图5—3f所示。

5．加工第6面

第6面的加工与上面第2、4面相同，如图5—3g所示。

六、车削矩形零件时的注意事项

1．转速不宜过高。

2．加工前，刀具退回的距离必须足够，防止开车时工件与刀具相碰。

3．车第2面及以后各面时，要检验垂直度，若发现有误差，应及时调整。

4．车精度较高的矩形时，一定要分粗、精车，精车时切削用量要小，防止因断续车削使工件的几何精度超差。

 **技能要求**

矩形工件加工

加工图 5—1 所示的矩形工件，工艺过程如下：

一、操作准备

序号	名称		准备事项
1	材料		铸铁，63 mm×73 mm×130 mm
2	设备		CA6140（四爪单动卡盘）
3	工艺装备	刃具	45°弯头车刀
4		量具	游标卡尺 0.02 mm/（0～150 mm），万能角度尺 2′/（0°～320°），钢直尺等
5		工、附具	一字旋具，活扳手，其他常用工具

二、操作步骤

序号	操作步骤	操作简图
步骤1	加工第 1 面 选择毛坯上面积最大，表面最不平整的表面为面1	
步骤2	加工第 2 面，要让已加工面 1 与卡盘平面相贴合，并保证已加工面 2 与卡盘端面平行 1. 用手锤轻轻敲击 2 面，使 1 面与卡盘平面相贴合 2. 车削平面 2	

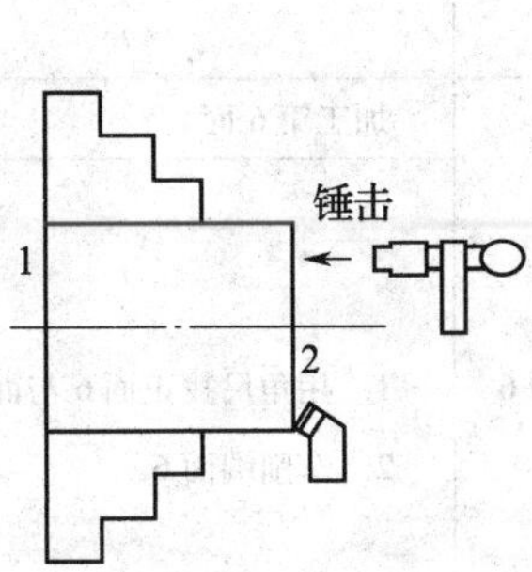

序号	操作步骤	操作简图
步骤3	加工第3面，需找正面1或面2对主轴轴线的平行度 1. 用百分表压表找正面1或面2的平行度误差值（加工中配合用角尺检测平面1或平面2对车削平面3的垂直度误差） 2. 边车边用百分表和角尺进行测量	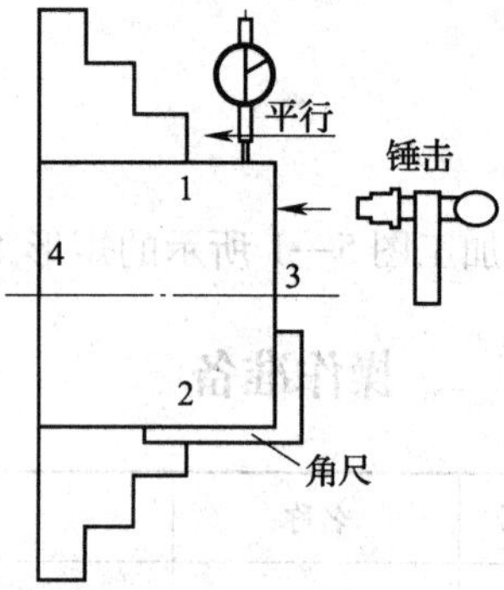
步骤4	加工第4面，需找正面1或面2对主轴轴线的平行度，找正面4对面3的平行度 1. 当找正面4对面3的平行度时，如果长度不够，探出较短时，也可以在卡盘平面与面3之间垫平行垫铁，边敲击边紧固工件，装夹好工件后，抽出平行垫铁 2. 车削端面4	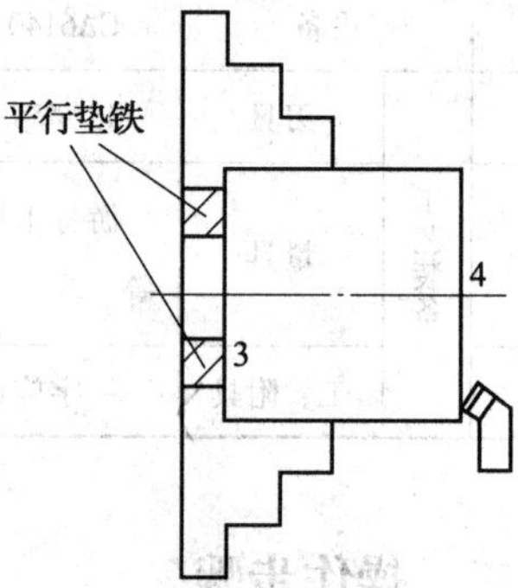
步骤5	加工第5面 1. 用角尺找正面5与面1、2、3、4的垂直度 2. 车削端面5	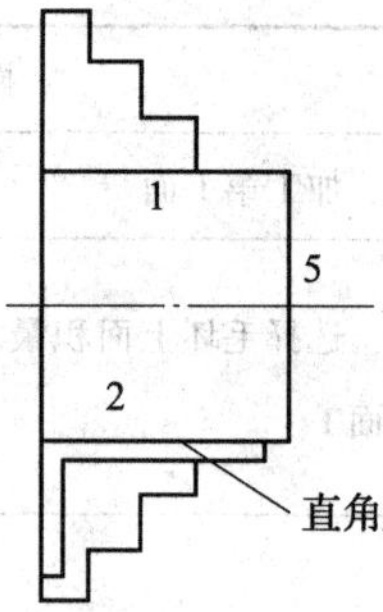
步骤6	加工第6面 1. 用角尺找正面6与面1、2、3、4的垂直度 2. 车削端面6	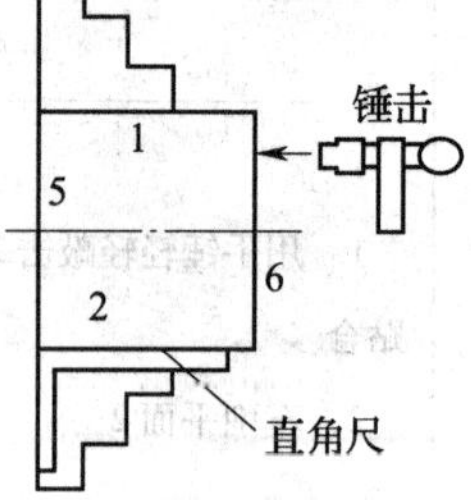

三、工件质量标准

按图 5—1 所示矩形工件需要达到的标准要求。

1. 工件长度要求

工件 3 处长度尺寸 120 mm，63 mm，53 mm 是此工件主要的加工内容，超过未注公差不合格。

2. 几何公差要求

矩形工件都有几何公差的平行度、垂直度要求。要求在加工中用百分表、划线盘、卡尺、千分尺、直角尺、卡钳、平行垫铁等，保证几何精度。平行度、垂直度公差每超差 0.01 mm 不合格。

3. $Ra \leqslant 3.2$ μm（6 处），低于此要求不合格。

四、注意事项

1. 转速不宜过高。
2. 加工前，刀具退回的距离必须足够，防止开车时工件与刀具相碰。
3. 车第 2 面及以后各面时，要检验垂直度，若发现有误差，应及时调整。

第 2 节　非整圆孔零件加工

学习单元 1　在花盘上加工工件的方法

学习目标

➢ 了解在花盘上加工工件的特点
➢ 掌握花盘的安装、花盘盘面精度的检查和修整方法
➢ 掌握在花盘上装夹工件、调整中心距的步骤和方法
➢ 懂得花盘使用时的安全操作规程和注意事项

知识要求

被加工表面与基准要求垂直的外形复杂零件，可以安装在花盘上进行加工。其主要目的是用花盘来控制零件的位置精度。

一、花盘的安装、盘面精度的检查和修整

花盘一般用铸铁浇铸而成，盘面上有呈辐射状分布的U形通孔，用于安装螺钉，以紧固工件。花盘可以直接安装在车床主轴上，花盘盘面不仅要平整光洁，而且要与车床主轴的轴线垂直。花盘安装类似卡盘安装，首先应拆下主轴上的卡盘，妥善保管，其次擦干净主轴连接盘及定位基准面，并加少量润滑油，然后擦净花盘配合面、定位面、将花盘安装在主轴上，并注意装好保险装置。

在装夹工件之前，必须对花盘的端面跳动、盘面的平面度等进行检测，确保其端面跳动等符合要求。否则，会使工件相互位置精度出现偏差，影响工件的加工质量。

花盘盘面对车床主轴轴线的端面跳动，其误差应小于0.02 mm。检测如图5—4a所示，用百分表测头接触在花盘外端面上，压表量为0.2 mm左右，用手轻轻转动花盘，观察百分表指针的摆动量，然后再移动百分表到花盘中心部平面上。按上述方法，观察百分表摆动量应小于0.02 mm。

图5—4　全跳动、垂直度检测

a）花盘端面跳动检测　b）花盘盘面平面度检测

花盘盘面平面度误差应小于0.02 mm，允许中间凹。检测时（见图5—4b），将百分表固定在刀架上，使其测头接触花盘外端，花盘不转动，移动中滑板，从花盘的一端，通过花盘中心，移动到另一端。观察百分表的摆动量，其值小于0.02 mm。

若花盘的端面圆跳动、平面度误差不符合要求，可将花盘面精车一刀。车削

时，应紧固床鞍。若精车后仍不能达到要求，则应调整车床主轴间隙或修刮中滑板。

二、工件在花盘上装夹的步骤和方法

以在花盘上装夹、车削双孔连杆为例（见图5—5），双孔连杆两个平面已经过铣削加工和平面磨床精加工。车削的主要内容是两个孔，技术要求是：要求两孔轴线平行，并垂直于定位基准，两孔中心距有一定的公差，两孔径本身有一定的尺寸精度要求。要达到以上三项技术要求，必须注意花盘本身的几何公差值（端面圆跳动、垂直度）是工件相关公差值的1/3～1/2，两孔中心距公差需要有一定的测量手段才能得以保证。

1. 第一孔车削时工件的安装，如图5—6所示。

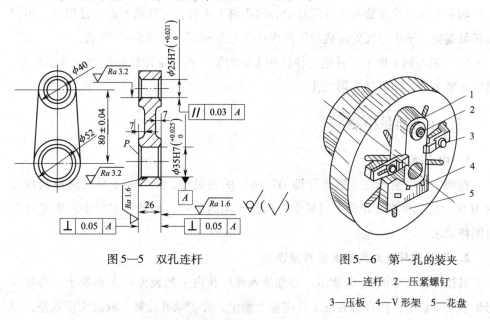

图5—5 双孔连杆

图5—6 第一孔的装夹

1—连杆 2—压紧螺钉
3—压板 4—V形架 5—花盘

（1）选择一个合适平面作为定位基准，将其贴平在花盘上。

（2）按预先划好的线找正连杆第一孔，并初步固定在花盘上，用压板压紧工件。

（3）用V形架轻轻靠在连杆下端圆弧表面并锁紧，V形架为第一孔的定位基准。

（4）用螺钉压紧另一端粗加工过的孔。

（5）须在花盘偏重的对面装上适当的平衡铁，把主轴箱手柄放在空挡位置，用手转动花盘，使之能在任何位置都处于平衡状态，否则需重新调整平衡铁的位置或增、减平衡铁的重量。

（6）用手转动花盘，观察有无碰撞现象，即可开始车削第一孔。

2. 车削第二孔时工件的装夹

车削第二孔时，关键问题在于保证两孔中心距公差，应采取适当的装夹和测量方法。

（1）在车床主轴孔中插入心轴，并找正。

（2）在花盘上安装一个定位柱，它的直径与第一孔为间隙配合（H7/h6）。

（3）用外径千分尺测量出心轴和定位柱之间的距离 M，再用公式计算两孔中心距 L，即

$$L = M - (D + d)/2$$

式中　M——千分尺测量的距离，mm；

　　　D——心轴直径，mm；

　　　d——定位柱的直径，mm。

如果千分尺的读数与工件两孔中心的距离 L 不符，可微松开定位柱螺母，用铜棒轻敲调整，至千分尺的读数与工件两孔中心距相符，如图5—7所示。

（4）把心轴1取下，并把连杆已加工好的第一孔与定位柱相配合，找正外形，然后夹紧工件，即可加工第二孔。

三、工件质量检测

1. 中心距的检测

在两个孔中插入尺寸适当（即H7/h6）的测量棒，用外径千分尺测量两棒之间 M 值，然后根据在花盘上测量中心距时所用的公式，可计算实际中心距是否满足图样要求。

2. 测量连杆孔对两端面垂直度误差

其操作方法如图5—8所示，心轴插入连杆孔内一起装夹在V形架上，并将V形架置于平板上，用百分表在工件端面上测量，并记录其读数，取最大读数差，即为垂直度误差。

3. 测量两孔轴线的平行度误差

其操作方法如图5—9a所示。测量时，将测量心轴分别插入双孔之中，用百分表在两轴上测量距离为 L_2 的 A、B 两个位置上测量读数分别为 M_1、M_2。则平行度误差为：

$$f = L_1/L_2 \times (M_1 - M_2)$$

式中　f——平行度误差，mm；

　　　L_1——被测轴线长度，mm。

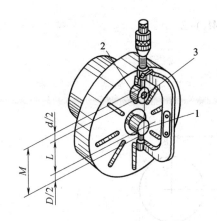

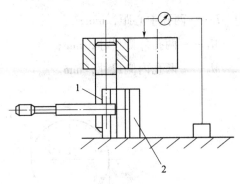

图 5—7 在花盘上测量中心距的方法

1—心轴 2—定位柱 3—螺母

图 5—8 垂直度误差的测量

1—心轴 2—V 形架

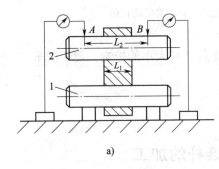

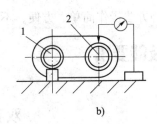

a)

b)

图 5—9 平行度误差的检测

1、2—测量心轴

然后连同工件与测量心轴一起转过 90°，如图 5—9b 所示。按上述测量方法再测量一次，取 f 值中最大者，即为平行度误差。

四、注意事项

1. 机床启动之前，严格检查所有压板、螺钉的紧固情况，然后将床鞍移动到车削工件的最终位置，用手转动花盘，检查工件、附件是否有碰撞现象。

2. 注意正确使用平衡铁。

3. 压紧螺钉应靠近工件安装，垫铁的高低应与工件等高，夹紧力的方向垂直于工件的定位基准面。

4. 车削时，切削用量不宜选择过大，主轴转速不宜过高。否则车床容易产生振动，既影响车孔精度，又会因转速高、离心力过大，导致事故发生。

5. 对两孔距精度要求不太高的工件，可以用游标卡尺直接进行测量，其方法如图 5—10 所示。用游标卡尺测量两孔距，两孔距 L 可用下式计算：

$$L = (M_1 + M_2)/2$$

式中　L——两孔中心距，mm；

M_1——两孔外侧尺寸，mm；

M_2——两孔内侧尺寸，mm。

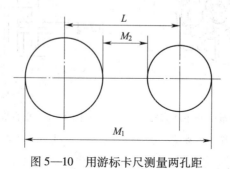

图 5—10　用游标卡尺测量两孔距

这种方法操作简单、方便，不受工件孔径大小的影响，便于试车。

 **技能要求**

双孔连杆的加工

加工如图 5—5 所示的双孔连杆工件，双孔连杆两个平面已经过铣削加工，车削的主要内容是两个孔，这里重点练习工件的装夹。

一、操作准备

序号	名称		准备事项
1	材料		45 钢，外形、两端面尺寸精度、形位精度、表面粗糙度经铣削、磨削都已成形
2	设备		CA6140（四爪单动卡盘）
3	工艺装备	刃具	45°弯头车刀，钻头（ϕ33 mm，ϕ23 mm 各 1 个），车孔刀
4		量具	游标卡尺 0.02 mm/（0~150 mm），外径千分尺（25~50 mm，75~100 mm），内径百分表（18~36 mm）
5		工、附具	V 形架，平衡铁，压板，压紧螺纹，测量中心距所用的心轴，一字旋具，活扳手，其他常用工具

二、操作步骤

1. 划线

2. 第一孔车削时工件的安装

（1）选择一个合适平面作为定位基准，将其贴平在花盘上。

（2）按预先划好的线找正连杆第一孔，并初步固定在花盘上，用压板压紧工件。

（3）用 V 形架轻轻靠在连杆下端圆弧表面并锁紧，V 形架为第一孔的定位基准。

（4）用螺钉压紧另一端粗加工过的孔。

（5）须在花盘偏重的对面装上适当的平衡铁，把主轴箱手柄放在空挡位置，用手转动花盘，使之能在任何位置都处于平衡状态，否则需重新调整平衡铁的位置或增、减平衡铁的重量。

（6）用手转动花盘，观察有无碰撞现象，即可开始车削第一孔。

3. 车削第二孔时工件的装夹

车削第二孔时，关键问题在于保证两孔中心距公差，应采取适当的装夹和测量方法。

（1）在车床主轴孔中插入心轴，并找正。

（2）在花盘上安装一个定位柱，它的直径与第一孔为间隙配合（H7/h6）。

（3）用外径千分尺测量出心轴和定位柱之间的距离 M，再用公式计算两孔中心距 L，即

$$L = M - (D + d)/2$$

如果千分尺的读数与工件两孔中心的距离 L 不符，可微松开定位柱螺母，用铜棒轻敲调整。至千分尺的读数与工件两孔中心距相符。

（4）把心轴取下，并把连杆已加工好的第一孔与定位柱相配合，找正外形，然后夹紧工件，即可加工第二孔。

三、操作质量标准

1. 双孔连杆工件的安装工艺安排是否合理。

2. 操作过程中动作的规范性。

3. 安全生产、文明生产的要求，工具运用是否合理。

四、注意事项

1. 机床启动之前，严格检查所有压板、螺钉的紧固情况，然后将床鞍移动到车削工件的最终位置，用手转动花盘，检查工件、附件是否有碰撞现象。

2．注意正确使用平衡铁。

3．压紧螺钉应靠近工件安装，垫铁的高低应与工件等高，夹紧力的方向垂直于工件的定位基准面。

4．车削时，切削用量不宜选择过大，主轴转速不宜过高。否则车床容易产生振动，既影响车孔精度，又会因转速高、离心力过大，导致事故发生。

学习单元 2　非整圆孔零件的加工方法

学习目标

➤ 保证各平行孔的平行度和孔对端面垂直度的方法
➤ 非整圆孔零件两平行孔距的检测方法

知识要求

一、图样含义

加工如图 5—11 所示的齿轮泵壳体，材料为铸铁。

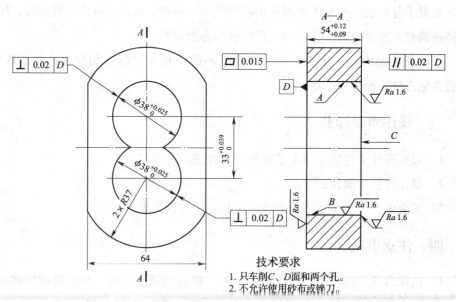

技术要求
1．只车削 C、D 面和两个孔。
2．不允许使用砂布或锉刀。

图 5—11　齿轮泵壳体

非整圆孔零件在车削加工中是比较常见的，加工的难点在于安装和测量。

1. 图中 $2 \times \phi 38^{+0.025}_{0}$ 的孔为两个非整圆孔。

2. 工件的几何精度要求较严格。

二、非整圆孔工件的特点

相对于整圆孔工件而言，非整圆孔工件的加工存在许多困难。非整圆孔工件的特点：

1. 装夹方面

加工非整圆孔工件易产生装夹变形，一般用四爪单动卡盘和花盘装夹。

2. 刀具方面

加工非整圆孔工件注意车刀刀杆的强度及刀具的锋利程度。

3. 机床方面

加工非整圆孔工件防止工件的振动。

4. 工艺方面

加工非整圆孔工件应当降低切削用量。

5. 检测方面

检测非整圆孔工件应开动脑筋，保证质量。

三、非整圆孔工件的加工需注意要点

1. 非整圆孔划线

非整圆孔工件的加工一般需在零件的平面上划十字线、圆线，并按线找正，作为第一个孔的加工基准，同时又是其他孔粗加工的找正基准。必要时可在零件上划田字检测线，并按线找正。

2. 保证各平行孔的平行度和孔对端面垂直度的方法

非整圆孔工件的加工一般用花盘与压板装夹，这样便于保证非整圆孔零件两孔的平行度。

对花盘的要求：花盘的端面必须与机床主轴的旋转轴线垂直，解决问题的办法一般为自车一刀。

非整圆孔工件的加工保证各孔对端面垂直度的方法：非整圆孔工件的两个平面一般用四爪卡盘安装加工，注意保证两平面的平行度即可。必要时可用磨床保证。

3. 非整圆孔零件两平行孔距的检测方法

非整圆孔工件的加工，一般先将第一个孔加工合格。第二个孔按线找正，先加工一个整圆小孔，用量棒检测中心距。再进行调整，直至合格，才能加工第二个孔。

4. 车削非整圆孔工件时的注意事项

（1）按要求找正中心距，确保中心距正确。

（2）在花盘上加工时，工件、定位件、平衡块等要装夹牢固。

（3）转速不宜过高。

（4）防止压紧螺钉和刀架、刀具相碰。

（5）车第二孔的过程中，要检验中心距，若发现有误差，应及时调整。

（6）车非完整的第二孔时，一定要分粗、精车，精车时切削用量要小，防止断续车削时孔的形状精度超差。

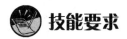 **技能要求**

齿轮泵壳体加工

加工如图 5—11 所示的齿轮泵壳体，工艺过程如下：

该工件的两平面采用四爪单动卡盘安装加工，孔安装在花盘上加工。

花盘校正必须控制在公差以内。

一、操作准备

序号	名称		准备事项
1	材料		铸铁料
2	设备		CA6140（四爪单动卡盘）
3	工艺装备	刃具	45°弯头车刀，90°外圆车刀，通孔车刀（加工 ϕ38 mm 孔），麻花钻 ϕ24 mm 及 ϕ34 mm
4		量具	游标卡尺 0.02 mm/（0～150 mm），游标深度尺 0.02 mm/（0～200 mm），千分尺 0.01 mm/（25～50 mm、50～75 mm），内孔百分表 0.01 mm（35～50 mm）
5		工、附具	一字旋具，活扳手，其他常用工具

二、操作步骤

序号	操作步骤	操作简图
步骤 1	用四爪单动卡盘夹持坯料,其中夹两侧平面的卡爪应垫铜皮,以两侧平面为基准找正 1. 粗车 D 端面 2. 精车端面 D 达到表面粗糙度要求	
步骤 2	掉头,以 D 面为基准找正夹牢 粗车、精车另一端面 C,保证 $54^{+0.12}_{+0.09}$ mm 尺寸及与 D 面平行度的要求	
步骤 3	划线 根据图样要求,在 D 面上划两 $\phi38^{+0.025}_{0}$ mm 孔的十字中心线、圆周线,打上样冲孔	
步骤 4	在花盘上装夹,先把花盘盘面找正,把 V 形架轻轻固定在花盘上,把工件圆弧面靠在 V 形架上用压板轻压。然后按划好的线找正第一孔,找正后将 V 形架及工件压紧。装上平衡块 1. 用 $\phi34$ mm 麻花钻钻孔 2. 粗车 $\phi38^{+0.025}_{0}$ mm 至 $\phi37.8$ mm 3. 精车 $\phi38^{+0.025}_{0}$ mm 至尺寸要求	工件 压板 花盘
步骤 5	按划好的第二孔线装上工件找正,确定两孔中心距后压紧 1. 钻 $\phi24$ mm 孔 2. 车 $\phi26$ mm 孔,供检查中心距用 3. 粗车 $\phi38^{+0.025}_{0}$ mm 至 $\phi37.8$ mm 4. 精车第二个孔 $\phi38^{+0.025}_{0}$ mm 至尺寸要求	工件 压板 花盘

221

三、工件质量标准

按如图 5—11 所示的齿轮泵壳体需要达到的标准要求。

1. 工件内孔要求

工件两处内孔表面尺寸给定公差 $\phi 38^{+0.025}_{0}$ mm，内孔有 $Ra \leqslant 1.6$ μm 表面粗糙度要求，两侧平面有 $Ra \leqslant 1.6$ μm 表面粗糙度要求，需要精磨刀具加工。

2. 几何公差要求

工件两端面有平行度要求 0.02 mm，孔与端面有垂直度要求 0.02 mm，要求在加工中认真用百分表校正端面的全跳动，保证此要求。

3. 孔距要求

（1）测量孔距 $33^{+0.039}_{0}$ mm，利用公式：外缘尺寸 = 中心距 + D。

（2）利用两个削边心轴插进孔内，检测中心距，如图 5—12 所示。

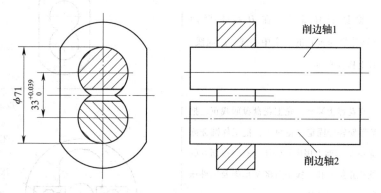

图 5—12　两个削边心轴插进孔内，检测中心距

思 考 题

1. 矩形零件车削时如何选择切削用量？

2. 矩形零件车削时的注意事项有哪些？

3. 矩形零件加工时的加工顺序如何安排？

4. 车削非整圆孔零件时如何选择切削用量？

5. 加工非整圆孔零件时如何检测两平行孔的孔距尺寸？

第6章

大型回转表面加工

第1节　大型传动轴类零件表面加工

 学习目标

➤ 识读带有沟槽、螺纹、锥面、球面及其他曲面的大型轴类零件加工技术要求

➤ 车削大型轴类零件进行吊装定位的知识

➤ 装夹大型轴类零件的注意事项

➤ 车削大型轴类零件切削用量的选择

➤ 产生质量问题的原因及预防方法

 知识要求

一、大型轴类零件图样含义

大型轴类零件的加工，与前面讲述的带锥度的多台阶轴类零件加工基本相似。

加工如图6—1所示的大型传动轴类零件，加工前必须认真看图。分析图中的尺寸精度、几何精度与表面粗糙度的标注，分析热处理要求，确定加工工艺。

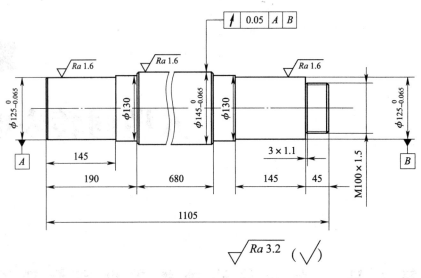

图 6—1　传动轴

1. 尺寸精度

主要包括直径和长度尺寸等，如图 6—1 中的 $\phi145_{-0.065}^{0}$ mm、$\phi125_{-0.065}^{0}$ mm、145 mm 等。

2. 几何精度

如图 $\phi145_{-0.065}^{0}$ mm 的外圆对 $\phi125_{-0.065}^{0}$ mm 轴线的跳动度公差为 0.05 mm。

3. 表面粗糙度

在普通车床上精车削金属材料时，表面粗糙度可达到设计要求 $Ra1.6$ μm。

4. 热处理要求

根据工件的材料和实际需要，轴类工件常进行退火或正火、调质、淬火、氮化等热处理。

二、车削大型轴类零件进行吊装定位的知识

大型轴类零件由于重量较重，体积较大，吊装过程中需注意以下几点：

1. 大型轴类零件的吊装尽可能使用专业的吊装工具，如没有也可用强度足够的钢丝绳吊装。吊装时必须打死结，防止工件滑动。

2. 大型轴类零件的吊装必须平稳，并严格遵守吊装操作的相关规定。

三、装夹大型轴类零件的注意事项

1. 大型轴类零件的装夹，必须设轴向定位。

2. 大型轴类零件的装夹，粗加工尽可能采用一夹一顶的方式，并且多数选用四爪单动卡盘安装工件。

3. 大型轴类零件安装时一定要在车床导轨上放好木板，以防碰伤导轨。

四、车削大型轴类零件切削用量的选择

车削大型轴类零件切削用量的选择原则，与前面讲述的多台阶轴类零件基本一样，只是大型轴类零件余量较大，粗车不能一次车去，考虑分几次车去。对于精度要求较高的工件，可以按粗车、半精车和精车的工序来加工。

除此以外，车削大型轴类零件选择切削用量时，还应考虑机床刚性、刀具强度等因素适当减小切削用量，防止加工过程中振动。

五、产生质量问题的原因及预防方法

车削大型轴类工件时，常常会产生废品。各种废品的产生原因及预防方法见表 6—1。

表 6—1　　　　车削大型轴类工件时产生废品的原因及预防方法

废品种类	产生原因	预防方法
尺寸精度达不到要求	1. 看错图样或刻度盘使用不当 2. 没有进行试车削 3. 量具有误差或测量不正确 4. 由于切削热的影响，使工件尺寸发生变化 5. 机动进给没有及时关闭，使车刀进给长度超过台阶长度 6. 车槽时，车槽刀主切削刃太宽或太窄，使槽宽不正确 7. 尺寸计算错误，使槽的深度不正确	1. 必须看清图样的尺寸要求，正确使用刻度盘，看清刻度值 2. 根据加工余量算出背吃刀量，进行试车削，然后修正背吃刀量 3. 量具使用前，必须检查和调整零位，正确掌握测量方法 4. 不能在工件温度较高时测量；如测量，应掌握工件的收缩情况，或浇注切削液，降低工件温度 5. 注意及时关闭机动进给；或提前关闭机动进给，再用手动进给到长度尺寸 6. 根据槽宽刃磨车槽刀主切削刃宽度 7. 对留有磨削余量的工件，车槽时应考虑磨削余量

废品种类	产生原因	预防方法
产生锥度	1. 用一夹一顶或两顶尖装夹工件时，后顶尖轴线不在主轴轴线上 2. 用小滑板车外圆，小滑板的位置不正，即小滑板的基准刻线跟中滑板的"0"刻线没有对准 3. 用卡盘装夹纵向进给车削时，床身导轨与车床主轴轴线不平行 4. 工件装夹时悬伸较长，车削时因切削力的影响使前端让开，产生锥度 5. 车刀中途逐渐磨损	1. 车削前必须通过调整尾座找正锥度 2. 必须事先检查小滑板基准刻线与中滑板的"0"刻线是否对准 3. 调整车床主轴与床身导轨的平行度 4. 尽量减少工件的伸出长度，或另一端用后顶尖支顶，以增加装夹刚度 5. 选用合适的刀具材料，或适当降低切削速度
圆度超差	1. 车床主轴间隙太大 2. 毛坯余量不均匀，切削过程中背吃刀量变化太大 3. 工件用两顶尖装夹时，中心孔接触不良，或后顶尖顶得不紧，或前后顶尖产生径向圆跳动	1. 车削前检查主轴间隙，并调整合适。如主轴轴承磨损严重，则需更换轴承 2. 半精车后再精车 3. 工件用两顶尖装夹时，必须松紧适当，若回转顶尖产生径向圆跳动，需及时修理或更换
表面粗糙度达不到要求	1. 车床刚度低，如滑板镶条太松，传动零件（如带轮）不平衡或主轴太松引起振动 2. 车刀刚度低或伸出太长引起振动 3. 工件刚度低引起振动 4. 车刀几何参数不合理，如选用过小的前角、后角和主偏角 5. 切削用量选用不当	1. 消除或防止由于车床刚度不足而引起的振动（如调整车床各部分的间隙） 2. 增加车刀刚度和正确装夹车刀 3. 增加工件的装夹刚度 4. 选用合理的车刀几何参数（如适当增加前角、选择合理的后角和主偏角等） 5. 进给量不宜太大，精车余量和切削速度应选择恰当

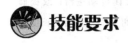 技能要求

传动轴加工

加工图 6—1 所示传动轴工件，工艺安排如下：

备料→锻造→正火（退火）→钻中心孔→粗车→调质→半精车、精车。

为了提高零件的机械性能，粗车之后安排调质处理。

一、操作准备

序号	名称		准备事项
1	材料		45 钢，ϕ155 mm×1 110 mm 的棒料 1 根
2	设备		CA6150（四爪单动卡盘）
3	工艺装备	刃具	45°弯头车刀，90°外圆车刀，外圆车槽刀（刀刃宽为 4 mm），外螺纹车刀，中心钻 B4/14 等
4		量具	游标卡尺 0.02 mm/（0～300 mm），千分尺 0.01 mm/（125～150 mm），钢直尺，M100×1.5－6g 的螺纹环规、60°牙型样板等
5		工、附具	一字旋具，活扳手，顶尖及钻夹具，中心架，其他常用工具

二、操作步骤

序号	操作步骤	操作简图
步骤1	划中心孔的位置线，在镗床上，在工件一端粗钻一中心孔或小孔，采用一夹一顶装夹	
步骤2	1）车左端面，接近顶尖即可 2）车 ϕ145$_{-0.065}^{\ 0}$外圆至 ϕ147 mm 接近卡盘处 3）车 ϕ130 mm 外圆至 ϕ132 mm×189 mm 4）车 ϕ125$_{-0.065}^{\ 0}$外圆至 ϕ127 mm×144 mm 5）倒角 C2	
步骤3	掉头，夹持已加工过的外圆（用四爪卡盘夹持 ϕ127 mm 外圆并找正），另一端架中心架 1）车端面截总长至尺寸要求 2）车端面，钻中心孔 B4/14	
步骤4	用顶尖支顶，加工右端下列尺寸（外径各留 2 mm 余量） 1）车 ϕ130 mm 外圆至 ϕ132 mm×234 mm 2）车 ϕ125$_{-0.065}^{\ 0}$ mm 外圆至 ϕ127 mm×189 mm 3）车 M100×1.5 mm 外圆至 ϕ102 mm×44 mm 4）倒角 C2	

序号	操作步骤	操作简图
步骤 5	调质	
步骤 6	用双顶尖装夹，车左端尺寸 1）半精车 $\phi 145_{-0.065}^{0}$ mm 至 $\phi 145_{+0.4}^{+0.6}$ mm 2）半精车 $\phi 130$ mm 至尺寸 3）半精车 $\phi 125_{-0.065}^{0}$ mm 至 $\phi 125_{+0.4}^{+0.6}$ mm 4）精车 $\phi 145_{-0.065}^{0}$ mm 至尺寸 5）精车 $\phi 125_{-0.065}^{0}$ mm 至尺寸 6）倒角 $C2$	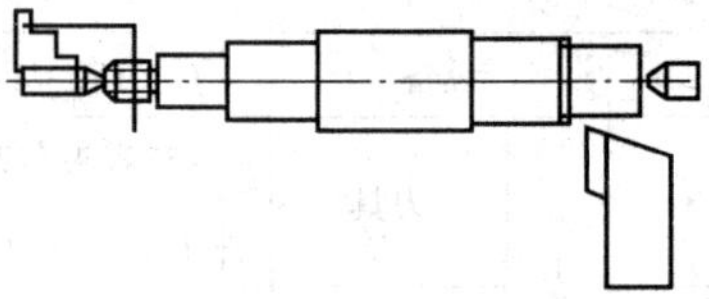
步骤 7	掉头，用双顶尖装夹，车右端尺寸 1）半精车 $\phi 130$ mm 至尺寸 2）半精车 $\phi 125_{-0.065}^{0}$ mm 至 $\phi 125_{+0.4}^{+0.6}$ mm 3）半精车 M100×1.5 螺纹外圆至尺寸 4）车槽 4 mm×2 mm 5）车 M100×1.5 螺纹至尺寸 6）精车 $\phi 125_{-0.065}^{0}$ mm 至尺寸 7）倒角 $C2$	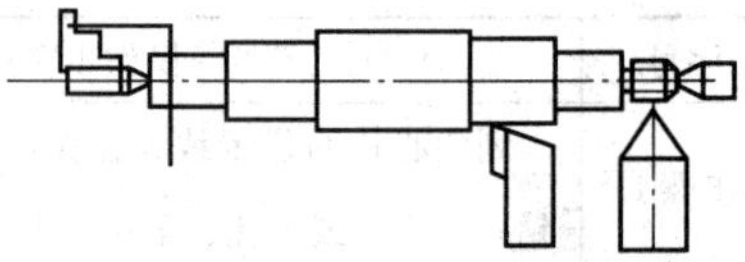

三、工件质量标准

按图 6—1 所示传动轴工件需要达到的标准要求。

1．工件外圆要求

工件 3 处外圆表面尺寸给定公差 $\phi 145_{-0.065}^{0}$ mm、$2 \times \phi 125_{-0.065}^{0}$ mm，3 处有 $Ra \leqslant 1.6$ μm 表面粗糙度要求，可以通过低速精车或砂带磨削完成。

2．几何公差要求

工件外圆表面有几何公差的跳动要求 0.05 mm，要求在加工中用两顶尖装夹的方法进行车削，保证要求。

3．螺纹要求

螺纹用环规检验，超差不得分。

4. 其他表面要求

其他表面及两端面的表面粗糙度要求 $Ra \leqslant 6.3$ μm。$\phi 130$ mm，1 105 mm，680 mm，190 mm，145 mm，45 mm，3×1.1 mm，倒角等都要按照未注公差值进行检验。未注尺寸公差等级：可查中等 m 级。

第2节 大型套类、轮盘类零件加工

 学习单元1 大型套类、轮盘类零件加工

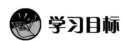 学习目标

➢ 识读带有沟槽、螺纹、锥面、球面及其他曲面的大型套类、轮盘类零件的加工技术要求。

➢ 车削大型套类、轮盘类零件时进行吊装定位的知识。

➢ 装夹大型套类、轮盘类零件的注意事项。

➢ 车削大型套类、轮盘类零件切削用量的选择。

➢ 产生质量问题的原因及预防方法。

 知识要求

一、大型套类、轮盘类零件图样含义

大型套类、轮盘类零件的加工，与前面讲述的套类零件加工基本相似。

如图6—2所示工件，加工前必须认真看图。分析图中的尺寸精度、形位精度与表面粗糙度的标注。分析热处理要求，确定加工工艺。

1. 尺寸精度

主要包括直径和长度尺寸等，如图6—2中的 $\phi 130^{+0.04}_{0}$ mm、$\phi 1\,140^{\,0}_{-0.105}$ mm 等。

2. 几何精度

包括圆度、圆柱度、直线度、平面度等。

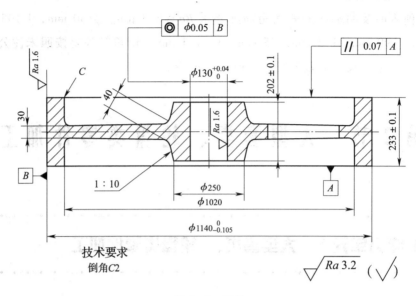

图 6—2　飞轮

3．位置精度及跳动精度

包括同轴度、平行度、垂直度、径向圆跳动和端面圆跳动等，图 6—2 中的同轴度公差为 $\phi0.05$ mm。

4．表面粗糙度

在普通车床上车削金属材料时，表面粗糙度可达 $Ra1.6$ μm。

5．热处理要求

根据工件的材料和实际需要，大型套类、轮盘类零件常进行退火或正火、调质、淬火、氮化等热处理。

二、车削大型套类、轮盘类零件进行吊装定位的知识

大型套类、轮盘类零件由于重量较重，体积较大，为吊装定位带来许多不便，操作过程中需注意以下几点：

1．大型套类、轮盘类零件的吊装尽可能使用专业的吊装工具，如没有也可用强度足够的钢丝绳吊装。吊装时必须打死结，防止工件滑动。

2．大型套类、轮盘类零件的吊装必须平稳，并严格遵守吊装操作的相关规定。

三、装夹大型套类、轮盘类零件的注意事项

1．大型套类、轮盘类零件的装夹，必须设置定位基准。

2．大型套类、轮盘类零件的装夹，粗加工尽可能采用四爪卡盘安装工件。

3．大型套类、轮盘类零件安装时一定要在车床导轨上放好木板，以防碰伤导轨。

四、车削大型套类零件切削用量的选择

车削大型套类零件切削用量的选择原则，与前面讲述的套类零件基本一样，只是大型套类零件余量较大，粗车不能一次车去，考虑分几次车去。对于精度要求较高的工件，可以按粗车、半精车和精车的工序来加工。

除此以外，车削大型套类零件选择切削用量时，还应考虑机床刚度，刀具强度等因素适当减小切削用量，防止加工过程中振动。

五、产生质量问题的原因及预防方法

车削大型套类、轮盘类工件时，常常会产生废品。各种废品的产生原因及预防方法见表6—2。

表6—2　　车削大型套类、轮盘类工件时产生废品的原因及预防方法

废品种类	产生原因	预防方法
尺寸精度达不到要求	1．看错图样或刻度盘使用不当 2．没有进行试车削 3．量具有误差或测量不正确 4．由于切削热的影响，使工件尺寸发生变化 5．机动进给没有及时关闭，使车刀进给长度超过台阶长度 6．车槽时，车槽刀主切削刃宽或太窄，使槽宽不正确 7．尺寸计算错误，使槽的深度不正确	1．必须看清图样的尺寸要求，正确使用刻度盘，看清刻度值 2．根据加工余量算出背吃刀量，进行试车削，然后修正背吃刀量 3．量具使用前，必须检查和调整零位，正确掌握测量方法 4．不能在工件温度较高时测量；如测量，应掌握工件的收缩情况，或浇注切削液，降低工件温度 5．注意及时关闭机动进给；或提前关闭机动进给，再用手动进给到长度尺寸 6．根据槽宽刃磨车槽刀主切削刃宽度 7．对留有磨削余量的工件，车槽时应考虑磨削余量

续表

废品种类	产生原因	预防方法
产生锥度	1. 立式车床加工，滑板导轨与车床主轴轴线不平行 2. 用小滑板车外圆，小滑板的位置不正，即小滑板的基准刻线跟中滑板的"0"刻线没有对准 3. 卧式车床加工，用卡盘装夹纵向进给车削时，床身导轨与车床主轴轴线不平行 4. 工件装夹时悬伸较长，车削时因切削力的影响使前端让开，产生锥度 5. 车刀中途逐渐磨损	1. 车削前必须通过调整滑板找正锥度 2. 必须事先检查小滑板基准刻线与中滑板的"0"刻线是否对准 3. 调整车床主轴与床身导轨的平行度 4. 尽量减少工件的伸出长度，或另一端用后顶尖支顶，以增加装夹刚度 5. 选用合适的刀具材料，或适当降低切削速度
圆度超差	1. 车床主轴间隙太大 2. 毛坯余量不均匀，切削过程中背吃刀量变化太大 3. 工件装夹时，夹紧变形	1. 车削前检查主轴间隙，并调整合适。如主轴承磨损严重，则需更换轴承 2. 半精车后再精车 3. 注意夹紧变形
表面粗糙度达不到要求	1. 车床刚度低，如滑板镶条太松，传动零件（如带轮）不平衡或主轴太松引起振动 2. 车刀刚度低或伸出太长引起振动 3. 工件刚度低引起振动 4. 车刀几何参数不合理，如选用过小的前角、后角和主偏角 5. 切削用量选用不当	1. 消除或防止由于车床刚度不足而引起的振动（如调整车床各部分的间隙） 2. 增加车刀刚度和正确装夹车刀 3. 增加工件的装夹刚度 4. 选用合理的车刀几何参数（如适当增加前角、选择合理的后角和主偏角等） 5. 进给量不宜太大，精车余量和切削速度应选择恰当

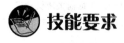 技能要求

飞 轮 加 工

加工图6—2所示飞轮工件，工艺安排如下：

设备选用：根据工件的特点选用 C512 立式车床。

确定加工方案

（1）首先夹住毛坯一端外圆、车端面，车内圆面。

（2）找正后反向内圆面夹，车上面各部尺寸。

（3）掉头夹住已加工外圆，车另一面各部尺寸。

一、操作准备

序号	名称		准备事项
1	材料		铸铁
2	设备		C512 车床（四爪单动卡盘）
3	工艺装备	刃具	YG45°弯头车刀，YG90°外圆车刀，YG 通孔车刀（加工 φ130 mm），
4		量具	游标卡尺 0.02 mm／（0～200 mm），大型游标卡尺 0.02 mm／（0～2 000 mm），千分尺 0.01 mm／（125～150 mm），内径百分表 0.01 mm／（50～160 mm），磁座百分表（0～10mm），钢直尺等
5		工、附具	一字旋具，活扳手，钻夹具，其他常用工具

二、操作步骤

序号	操作步骤	操作简图
步骤 1	将工件支顶在工作台面上，找正夹紧 1）粗、精车 A 基准端面 2）车内圆面 φ1 020 mm 为 φ1 015 mm，深度为 99 mm	 工件 卡盘爪 工作台

序号	操作步骤	操作简图
	翻面，以 A 面为基准，用正卡爪支顶 A 面，夹持 $\phi1\,015$ mm 处，找正后反向夹紧，车削以下尺寸	
步骤2	1）粗车、精车端面 C，飞轮厚度留 2 mm 余量 2）粗车、精车外圆 $\phi1\,140_{-0.105}^{0}$ mm 至尺寸要求 3）粗车、精车内圆面 $\phi1\,020$ mm 至尺寸要求，深度为 99 mm 4）粗车、精车中心圆端面，保证 C 面距中心圆端面的距离为 15.5 mm 5）车 1:10 圆锥面成型，保证 $\phi250$ mm 至尺寸要求 6）粗车内孔 $\phi130$ mm，留余量单边 2 mm 7）车各部分倒角 $C1.5$ mm	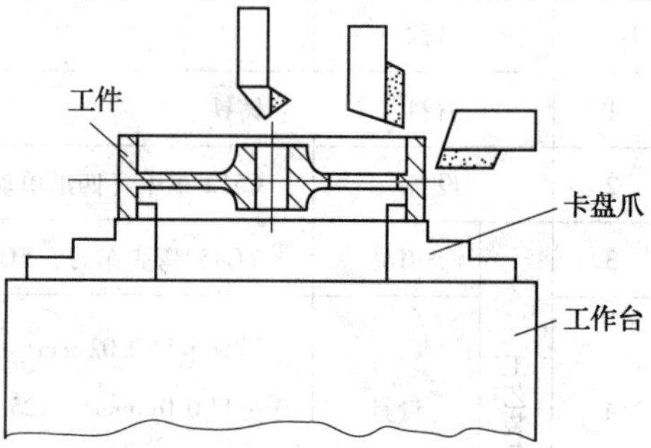 工件 卡盘爪 工作台
	翻面，垫铜皮用反卡爪夹持外圆 $\phi1\,140$ mm 处，找正夹紧	
步骤3	1）精车 A 端面，保证总长（233 ± 0.1）mm 至尺寸要求 2）粗车、精车中心圆端面，保证（202 ± 0.1）mm 至尺寸要求 3）精车内圆面 $\phi1\,020$ mm 至尺寸要求，深度为 99 mm 4）粗车、精车内孔 $\phi130_{0}^{+0.04}$ mm 至尺寸要求 5）车 1:10 圆锥面至尺寸要求，保证端面 $\phi250$ mm 至尺寸要求 6）车各部分倒角 $C1.5$ mm	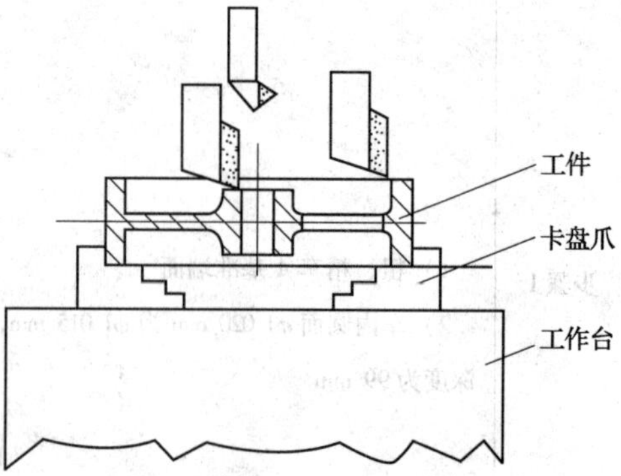 工件 卡盘爪 工作台

三、工件质量标准

按图 6—2 所示飞轮工件需要达到的标准要求：

1. 工件外圆、内孔要求

工件外圆、内孔表面尺寸给定公差 $\phi 1\,140_{-0.105}^{0}$ mm、$\phi 130_{0}^{+0.04}$ mm，有 $Ra \leqslant 1.6$ μm 表面粗糙度要求，这是工件重要的加工内容。

2. 几何公差要求

工件外圆、内孔表面有几何公差的同轴度要求 0.05 mm，要求在加工中用百分表找正保证要求。上下平面有平行度要求 0.07 mm，有尺寸精度（233±0.1）mm 及（202±0.1）mm，因此在加工中要校验尺寸公差。

3. 其他表面要求

其他表面及两端面的表面粗糙度要求 $Ra \leqslant 3.2$ μm。1 020 mm，250 mm，倒角 $C1.5$ mm 等都要按照未注公差值进行检验。未注尺寸公差等级：可查中等 m 级。

 学习单元 2　立式车床操作

 **学习目标**

➢ 了解立式车床的操作方法。
➢ 掌握在立式车床上测量圆锥面的方法。

 **知识要求**

一、立式车床的功用

立式车床用于加工径向尺寸较大，轴向尺寸相对较小，且形状比较复杂的大型和重型零件，如各种盘、轮和壳体类零件。

1. 立式车床的种类

立式车床分单柱式（见图 6—3a）和双柱式（见图 6—3b）两种。单柱立式车床加工直径较小，一般不超过 1 600 mm，双柱立式车床加工直径较大，最大的已超过 25 000 mm。

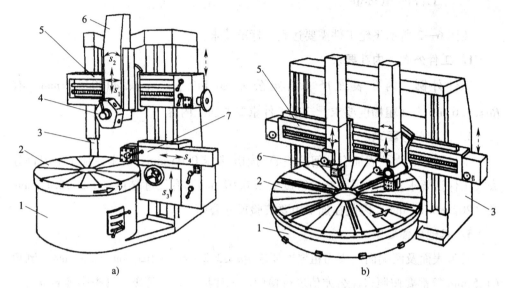

图6—3 立式车床

a）单柱式 b）双柱式

1—底座 2—工作台 3—立柱 4—五角形刀架 5—横梁 6—立刀架 7—侧刀架

2. 立式车床的结构特点

立式车床在结构布局上的主要特点是主轴竖直布置，一个直径较大的圆形工作台呈水平布置，供装夹工件用，此外，由于工件及工作台的重力由机床导轨或推力轴承承担，大大减轻了立柱及主轴轴承的负载，因而能长期保证机床精度。立式车床在结构布局上的另一个特点是不仅在立柱3上装有侧刀架7，而且在横梁5上还装有立刀架6，中小型立式车床的立刀架上，通常还带有五角形刀架4，其上可装夹几组刀具。两个刀架可分别车削或同时车削，工作效率高。

3. 操作立式车床应注意的事项

（1）每次启动机床前，应检查工件是否紧固，并清除工作台上浮动的物件，防止工作台旋转时将其甩出。

（2）必须在工作台停止转动时变速。

（3）不能在机床工作时擦拭机床。

（4）只能在主传动机构停止运转后测量工件。

（5）在接通工件进给或快速移动之前，应检查刀架或滑枕是否处于放松状态，以免刀架未放松，使传动机构承担不应有的过载荷。

（6）在高速状态时，应加有防护罩。

（7）不能过急启动或制动，否则有发生事故的危险。

（8）每次下降或上升横梁时，应先将横梁上升或下降 20 ~ 30 mm，这是为了消除间隙，以保持其位置精度。

二、在立式车床上车削工件时定位与装夹方法

1. 工件的定位

在立式车床上对工件的定位，就是确定工件的定位基准面。所选定位基准必须能保证定位精度和定位稳定性，减小由于定位引起的误差，减小工件变形和保证操作安全。定位方式一般以端面定位，或以外圆、内孔中心轴线定位。

在立式车床上车削工件时，定位基准的选取原则：

（1）基准统一

工件的定位基准应尽量与设计基准、测量基准统一，以免由于基准不重合而产生误差。如果无法使基准统一，则应采取必要的工艺措施。

（2）定位基准具有稳定性

工件的定位基准面积要足够大，以减小装夹变形，保证操作安全，提供保证制造精度的良好条件。

但是，定位面积的增大，将给定位表面的加工带来困难，因此，尽可能选择具有空刀的表面作定位基准，既增大了定位面积，又减小了不必要的全面积接触，并提高了定位精度。

（3）选择精加工面作定位基准

一般在精车时，要求定位基准的表面粗糙度值在 $Ra1.6 ~ 0.8\ \mu m$，并要求表面形状误差小。

工件在机床回转工作台上定位时还应注意以下两点：

1）应将工件表面毛刺打光。

2）工件装上工作台后，应将工件在工作台上来回移动并反复研合，以免灰尘、切屑等夹入其间影响定位精度。

2. 工件的夹紧

在立式车床上夹紧工件必须牢固可靠，有足够的夹紧力，但应防止因夹紧力过大或装夹方法不当而使工件变形，影响工件的加工精度。在立式车床上加工工件时常用以下几种夹紧方法：

（1）使用车床工作台的卡盘爪夹紧工件。这种卡盘爪是机床固定附件，每台

机床有四个。卡盘爪的夹紧力大，适用于装夹粗车工件的毛坯。有时也装夹部位刚性好的精车工件。

（2）用普通压板顶紧工件外圆。这种装夹方法，一般用于车削环类工件端面、多边形工件平面、盘形工件的内外圆和端面。装夹时压板的分布要均匀、对称，装夹高低合适；夹紧力要求在同一平面内。

（3）用普通压板压紧工件端面。这种方法适用于车削环类工件的内外圆、台阶工件和组合件的内外圆和端面，装夹前应具备精加工的定位基准面。装夹时压板的支承面要高出工件被压紧面0.5~1 mm；并要求压板分布均匀对称、夹紧力大小一致。

（4）用"夹、顶、压"同时夹紧工件。这种方法是采用两个或三个卡盘爪夹紧工件，同时又用若干普通压板夹紧工件，适用于加工大型的、无定位基准面的直角座（见图6—4a），或用于斜角座上（见图6—4b）。

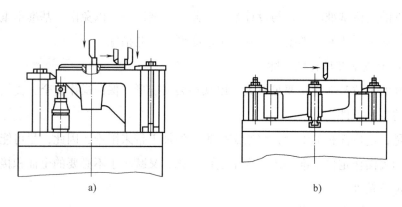

a)   b)

图6—4　用"夹、顶、压"同时装夹工件

a）直角座的装夹　b）斜角座的装夹

三、在立式车床上加工大型回转表面的基本要点

1. 精车削端面的基本要点

（1）车刀应由工件平面的中心处向外缘方向进给。用这种方法进给使刀具磨损所造成端面的平面度误差，呈凹形状，不影响工件的使用。因为中心处比外缘处切削速度低，刀具不易磨损，外缘处切削速度高，刀具磨损较快。

（2）背吃刀量不宜过大或过小。一般取0.1~0.15 mm。

（3）薄壁工件的端面的平面度和平行度要求较高时，应反复多次装夹精车削两端平面。

装夹时，一般使用普通压板顶紧工件的内孔或外圆，顶紧力不宜过大，以免增加工件变形而造成加工误差。

2．车削内、外圆的要点

（1）立刀架或侧刀架行程应由上往下切削

使切削力始终压向工件与工作台贴合；反之，易使工件抬起而发生事故。同时车刀由上往下进给，还可以减小压板的夹紧力，减小工件的装夹变形。

（2）依次精车内孔或外圆

对精度要求较高的内孔及外圆，当车削余量多时，不能一次车削，应先将内外圆加工成具有一定的精车余量，然后再依次精车内孔或外圆，可以保证工件的技术要求。

3．加工实例

加工如图6—5所示套类零件，毛坯材料为铸铁，经过退火处理，小批量生产。

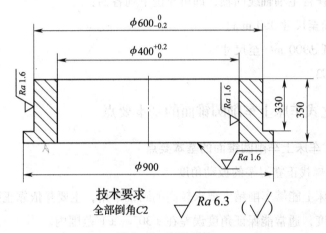

技术要求

全部倒角C2　　$\sqrt{Ra\ 6.3}$　$(\sqrt{})$

图6—5　套类零件

该零件的结构、刚度和强度都比较好，精度要求也不高，又因毛坯是铸铁件，其余量较大，因此，使用立式车床上的卡盘爪夹紧并找正后加工。其车削方法如下：

（1）工件上半部分的加工

用卡盘爪夹紧（见图6—6），工件以毛坯底平面为粗基准，在车床工作台面上按毛坯外圆 $\phi900$ mm实测尺寸作出标记，并按标记的位置装上卡盘爪，然后固定卡座并装上工件，用划针找正，并用卡爪丝杠调整卡爪，使工件轴

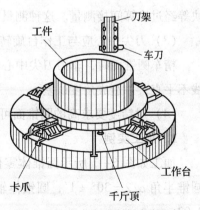

图6—6　用卡盘爪夹紧套类工件

线与工作台轴线基本同轴，将各卡爪拧紧，紧固工件。为了找正工件的方便，在装夹工件时，应以千斤顶支撑工件底平面。

工件上半部分加工工艺步骤：

1）车 $\phi 600_{-0.2}^{\ 0}$ mm 端面。

2）车外圆 $\phi 600_{-0.2}^{\ 0}$ mm 及长度尺寸 330 mm。

3）倒角 C5。

4）车内孔 $\phi 400_{\ 0}^{+0.2}$ mm 至尺寸。

5）孔口倒角 C2

（2）工件下半部分加工

掉头，工件以外圆 $\phi 600_{-0.2}^{\ 0}$ mm 肩平面为基准，装等高块，卡盘爪夹住外圆 $\phi 600_{-0.2}^{\ 0}$ mm（卡盘爪与工件接触面之间垫铜片），用百分表找正 $\phi 400_{\ 0}^{+0.2}$ mm 内孔，使其轴线与工作台主轴轴线同轴，即可车削下列各面：

1）车端面至尺寸 350 mm。

2）车外圆 $\phi 900$ mm 至尺寸。

3）倒角 C2。

四、在立式车床上车削圆锥面的基本要点

1. 在立式车床上车削圆锥面的基本要点

（1）正弦规找正立刀架的扳动角度

在立式车床上能够车削精度要求较高的圆锥半角，主要是依靠正弦规来找正立刀架的扳动角度，通常能保证角度误差在 $\pm 30'' \sim \pm 1'$ 范围内。

（2）间接测量圆锥大小端直径

精度要求较高的圆锥大小端直径，可用圆柱量棒（或钢球）、外径千分尺和量块等经过换算间接测量。这种测量精度可在 0.02 ~ 0.05 mm 范围内。

（3）刀尖中心应与工作台旋转轴线重合

精车圆锥面时，车刀刀尖中心应与工作台旋转轴线重合，否则所车得的圆锥母线不平直，并造成角度误差。

（4）对精度要求高的圆锥面可用磨头磨削。

2. 加工实例

加工如图 6—7 所示圆锥体零件，材料为 45 钢，热处理硬度为 35 ~ 38HRC。圆锥半角 $\alpha/2 = 30° \pm 1'$，圆锥体轴线对外圆 $\phi 820$ mm 轴线的径向圆跳动公差为 0.03 mm。

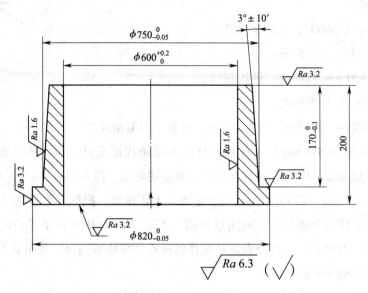

图 6—7　圆锥体零件

圆锥体零件的车削方法如下：

（1）粗加工工件外形

将工件按工艺图（图 6—8）车削至要求。

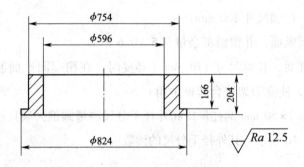

图 6—8　圆锥体零件的工艺图

（2）热处理。

（3）卡盘爪夹紧工件，加工工件下半部分

工件以外圆 $\phi 754$ mm 的端面为支承面，置于车床工作台面上，并用支承块或千斤顶支承，找正工件轴线，用卡盘爪夹紧外圆 $\phi 754$ mm 后即可车削：

1）车端面。

2）半精车、精车外圆 $\phi 820 _{-0.05}^{0}$ mm 至尺寸，并与端面垂直度误差不大于 0.02 mm。

3）倒角 $C1$。

4）精车孔 $\phi 600^{+0.2}_{0}$ mm 至尺寸。

5）孔口倒角 $C0.5$ mm。

6）车 120 mm 台阶面，供找正用。

（4）调整立刀架角度

车削圆锥面，按图 6—9 所示方法，调整立刀架角度。

用中心距 $L = 200$ mm 的正弦规和标准测量块找正垂直刀架。其方法首先根据工件圆锥半角 $\alpha/2 = 3° \pm 10'$ 计算垫入正弦规量块厚度，即 $h = \sin(\alpha/2) L = \sin 3° \times 200$ mm $= 10.47$ mm。将 10.47 mm 组合量块垫入正弦规，把标准测量块（方箱）装于正弦规上，用百分表找正标准测量块前（后）侧面与机床横梁平行。然后把百分表装夹于立刀架上，使百分表测量头接触标准测量块右侧面，找正立刀架行程与标准测量块右侧面平行。

（5）掉头，用卡盘爪夹紧工件，加工工件上半部分。

（6）工件掉头车削

将工件掉头，并用卡盘爪夹紧工件外圆 $\phi 820^{0}_{-0.05}$ mm 找正 $\phi 600^{+0.2}_{0}$ mm 内孔轴线与工作台主轴轴线同轴，并保证 120 台阶面与工作台主轴轴线垂直，夹紧工件后即可车削：

1）车端面，控制尺寸 200 mm。

2）半精车圆锥面，并留精车余量 0.5 ~ 0.6 mm。

3）精车圆锥面，长度尺寸 170 mm（必要时，在精车圆锥面前，重新按上面方法找正立刀架，使立刀架符合圆锥半角）。

4）用 $\phi 10$ mm $\times 50$ mm 圆柱量棒和外径千分尺测量圆锥大端直径 $\phi 750^{0}_{-0.05}$ mm，测量方法如图 6—10 所示。其外径千分尺的读数应为：

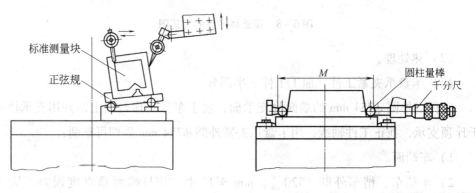

图 6—9　找正立刀架倾斜角度　　　　图 6—10　圆锥体的测量

$$M = 750 \text{ mm} + 2 \times 5(1 + \tan 43.5°)$$
$$= 769.49 \text{ mm}$$

测量 M 值时应按 $\phi 769.49$ mm 尺寸测量。

5）内外倒角 $C0.5$ mm。

思 考 题

1. 车削大型轴类零件时如何选择切削用量？

2. 车削大型轴类零件时的吊装定位知识有哪些？

3. 装夹大型轴类零件的注意事项有哪些？

4. 车削大型盘类零件时如何选择切削用量？

5. 大型盘类零件测量圆锥面的方法如何？

第7章
车床设备维护、保养与调整

第1节 车床设备拆装清洗、保养与间隙调整

 学习单元 1 滑动面拆装清洗

 学习目标

➤ 掌握零件的拆装清洗方法
➤ 了解床鞍前后导轨压板及防尘垫，中小滑板、转盘、尾座等拆装知识

 知识要求

一、零件的拆卸原则和要求

在对车床进行一级保养时，有时需对滑动面进行拆装、清洗。拆卸时不得粗心大意，特别要注意拆卸的顺序和正确的方法，否则将损坏机件，甚至使机械设备不能恢复原有的精度和性能。拆卸前应有周密的计划，对有可能遇到的问题和困难做充分的准备。拆卸时的规则和要求如下。

1. 拆卸前必须熟悉机械设备的各部分构造和工作原理

为搞清机械设备的构造、原理和性能，可以查阅有关的说明书和资料，若资料已经遗失，就必须结合自己的知识推断其构造和相互的关系、配合性质和紧固件位置。

2. 从实际出发，可不拆卸的尽量不拆，需要拆的一定拆

拆装不仅增加了修理的工作量，而且对零件的寿命也有很大的影响。但对于不拆卸的部分必须经过整体检验，确保质量，否则隐患缺陷在使用中会引发故障和事故，这是绝对不允许的。如果不能肯定内部零件的技术状态，就必须拆卸检查，以保证修理的质量。

3. 使用正确的拆卸方法，高度注意安全

（1）机械设备解体前，应先切断电源，擦洗外部并放出切削液和润滑油。

（2）分解的顺序一般是先附件后主体，先外后内，先上部后下部。拆卸时应记住各零件的顺序，拆卸的顺序大体上和装配的顺序相反，先装的后拆。

（3）使用合理的工具和设备，避免猛敲狠打，严禁直接锤打机件的工作面。必须敲打时，应使用木锤、铜锤、铅锤或垫以软性材料（铜皮或铜棒）。

（4）对不可拆卸的连接或拆卸后降低精度的组合件，不得已要拆卸时，应尽量保护它的精度，特别是应保护材料贵、结构复杂、生产周期长的零件。

4. 拆卸时应为装配创造条件

（1）精密而又复杂的部件，应画出装配草图或传动系统图，拆卸时还要作好标记（顺序和方位），以利于装配的找正和减少调整的时间（一般采用误差消除法装配）。

（2）对于高精度、低表面粗糙度的零件，清洗后要涂防锈油并用油纸包装。对于细长零件要悬挂，如平放，要用多个支承点，以免腐蚀和变形。

（3）对液压元件、润滑油孔应加以堵塞保护，以免掉进污物或尘屑。

（4）各部件应分箱放置，避免丢失和混杂。

二、零件的清洗

从机械设备上拆卸下来的零件，由于其表面上粘满油污、锈垢等脏物，看不清其磨损的痕迹、裂纹和砸伤等缺陷，因此必须对这些零件进行清洗，彻底清除其表面上的脏物，以便进行检查。

一般是把零件放入盛有洗涤液（如洗油）的盆中，用毛刷仔细清洗零件的表面，直至洗净为止。对于较大的零件如机床床身、主轴箱等，应先用刮刀或钢丝刷将附着在零件上的厚油污刮掉，再用棉纱、棉布沾洗涤液反复擦洗干净。清洗时不准使用汽油，防止火灾。

在洗涤及运送过程中，注意不要碰伤零件的已加工表面。洗涤后要注意使所有油孔、油路畅通无阻。

三、零件的检查

被拆下的零件经清洗后，应该逐个加以检查，以鉴定其磨损程度。然后根据磨损情况确定哪些零件能继续使用，哪些需要修理，哪些需要报废。

凡是磨损极轻微的零件，如继续使用仍能保证机械设备的精度和性能，并能正常工作一个周期，则这类零件可继续使用。凡是磨损比较重的零件，但通过各种修理工艺可以修复，并能达到所要求的精度，则属于修理这一类。如果零件的磨损极为严重，并且不值得修理，则属于报废这一类。

具体地确定零件的修、换，是一项比较细致、复杂的工作，应根据"以修为主，以换为辅"的原则，并与修前情况有机地联系起来，把真正影响机械设备性能和精度的零件找出来，根据其磨损情况有目的地进行修、换。

对导轨面上的凹坑、掉块、碰伤等，亦应详细检查，并标注记号，以备修理。

四、零部件的装配

装配的顺序与拆装的顺序正好相反，并注意做好以下几点：

1. 对固定连接的要求固定连接的零件，除要求具有足够的连接强度外，还应保证其结合处的紧密度，不允许有间隙、松弛和渗漏现象。

2. 对滑动配合零件的要求滑动配合的零件应具有最小的允许间隙，并且滑动要灵活自如。经过刮、磨精加工的导轨与其相配合零件的表面，应能全部贴紧。沿着滑动导轨移动的部位插入 0.05 mm 塞尺时，不得插进。图 7—1 中小滑板镶条与导轨之间的间隙要小于 0.05 mm。

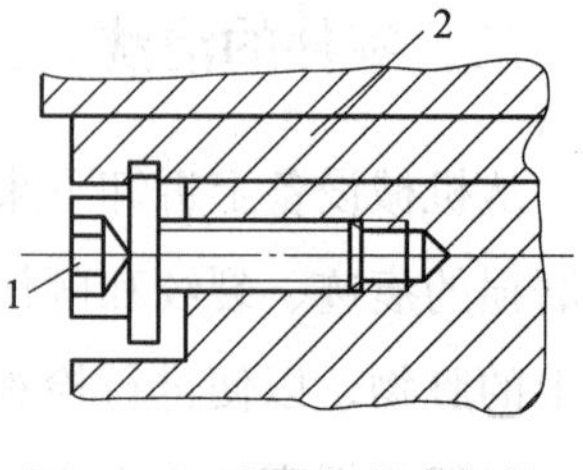

五、机床典型零部件的结构知识

床鞍和中、小滑板部分的结构和维护保养：

1. 床鞍和中、小滑板部分结构

床鞍和中、小滑板部分结构如图 7—2a 的示意图及图 7—2b 的剖面图所示。

图 7—1　小滑板镶条结构

1—调整螺钉　2—小滑板镶条

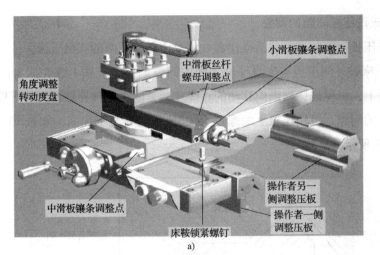

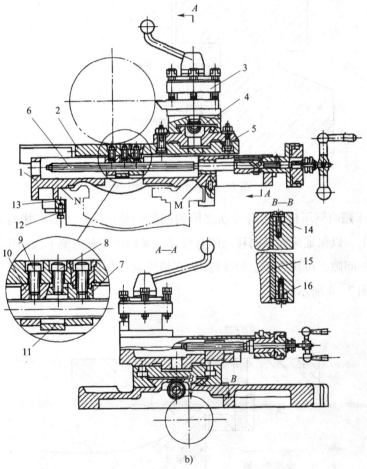

图 7—2　床鞍、滑板部分的结构

1—床鞍　2—中滑板　3—方刀架　4—小滑板　5—转盘　6—丝杠

7、10—后、前螺母　8、9、12、14、16—螺钉　11、13—塞铁　15—镶条

2. 床鞍压板间隙的调整

床鞍压板间隙的调整包括操作者一侧及床鞍另一侧的双侧压板。

（1）床鞍外侧压板与床身导轨之间的间隙调整。床鞍 1 装在床身的山形导轨和平导轨上，以保证床鞍纵向移动的直线度，紧固在床鞍外侧下面的压板与床身导轨下平面的间隙，可用压板上的螺钉 12 和压板与导轨下面间的塞铁 13 进行调整，如图 7—3 所示。

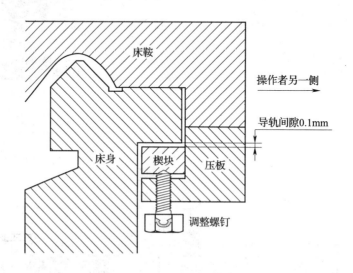

图 7—3　操作者另一侧压板

（2）床鞍内侧压板与床身导轨之间的间隙调整。床鞍 1 装在床身的山形导轨和平导轨上，以保证床鞍纵向移动的直线度，紧固在床鞍内侧下面的压板与床身导轨下平面的间隙，可用压板上的螺钉 12 直接带动压板调整与导轨下面的间隙进行调整，如图 7—4 所示。

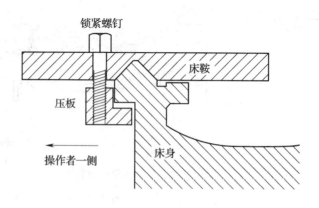

图 7—4　操作者一侧压板

调整后的床鞍，纵向左右移动自如，镶条与导轨下平面间隙用厚度为 0.04 mm 的塞尺检查，塞尺插入深度应小于 20 mm。

3．中滑板间隙的调整

（1）中滑板燕尾导轨副间隙的调整。中滑板 2 沿床鞍上的燕尾导轨作横向移动，与燕尾导轨之间的间隙靠斜镶条来调整。调整时，调节斜镶条两端的螺钉 14 和 16，斜镶条前、后移动，使斜镶条与燕尾导轨面间的间隙合适，然后拧紧螺钉 14 和 16。调整后的中滑板横向前进、后退自如，手感平稳、均匀、轻便、无阻滞。

（2）中滑板丝杠、螺母间隙的调整。中滑板结构如图 7—2 中局部放大图所示，由前螺母 10 和后螺母 7 两部分组成，分别由螺钉 8、9 紧固在中滑板 2 的顶部，中间有楔块 11 隔开。因磨损使丝杠 6 与螺母牙侧之间的间隙过大时，可将前螺母上的紧固螺钉松开，拧紧螺钉 8，将楔块向上拉，依靠斜楔作用使螺母向左右边推移，减小了丝杠与螺母牙侧之间的间隙。调整后，要求中滑板手柄摇动灵活，正反转时的空行程在 1/20 转以内。调整好后，应将螺钉 9 拧紧。

4．小滑板燕尾导轨副间隙的调整

其与中滑板燕尾导轨副间隙的调整方法相同。小滑板 4 和下面的转盘 5 可在中滑板的 T 形槽中回转，并用螺钉固定在所需要的位置上。

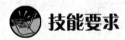 **技能要求**

大、中、小滑板滑动面及丝杆和螺母拆装清洗

一、操作准备

序号	名称		准备事项
1	材料		洗油
2	设备		CA6140 车床
3	工艺装备	刃具	
4		量具	
5		工、附具	一字旋具，活扳手，内六角扳手，其他常用工具

二、操作步骤

序号	操作步骤	操作简图
步骤1	**拆卸小滑板** 用旋具拆卸小滑板两端镶条，用扳手拧开小丝杠固定螺钉，用扳手拧开小刻度盘调节螺母，摇动小滑板手把，摇出小丝杠 松开度盘，沉下小丝杠的丝母，抽出小滑板以上部分（包括方刀架）	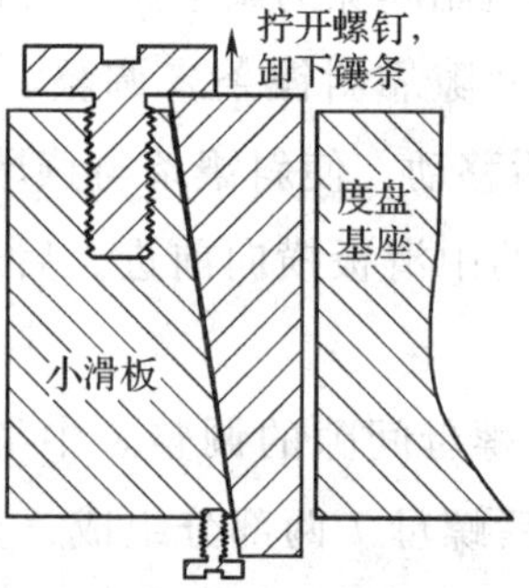  拆卸小滑板各处位置和名称
步骤2	**拆卸中滑板** 用旋具拆卸中滑板两端镶条，用内六角扳手松开中丝杠调节螺母的 3 个螺钉，用扳手拧开中刻度盘固定座螺钉，摇动中滑板手把，摇出中丝杠 将中滑板向上抬起，向一侧滑动卸下中滑板	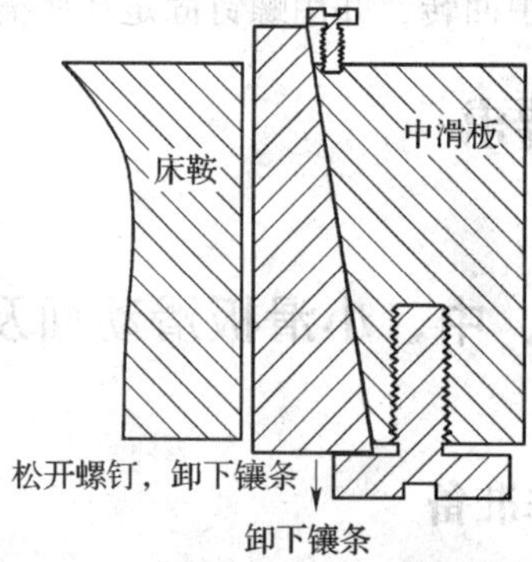  卸下镶条位置

续表

序号	操作步骤	操作简图
步骤 2		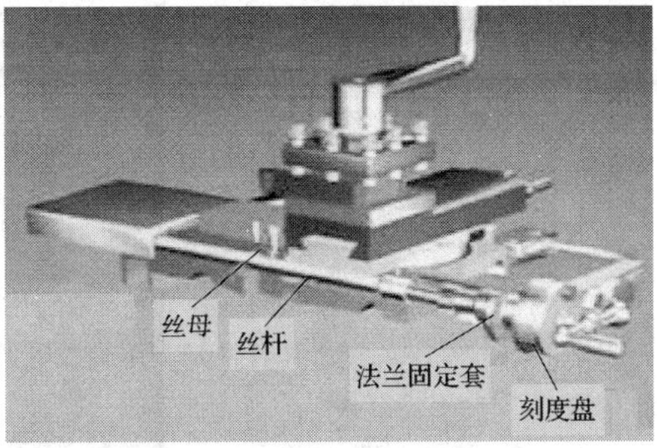 拧开中刻度盘固定座螺钉，摇动中滑板手把，摇出中丝杠位置
步骤 3	拆卸床鞍压板 用活扳手拧开床鞍后两块压板，用内六角扳手拧开床鞍前三块压板，进行清洗	 前侧压板 后侧压板
	用旋具拧开床鞍左右四片导轨油毡，进行清洗和安装	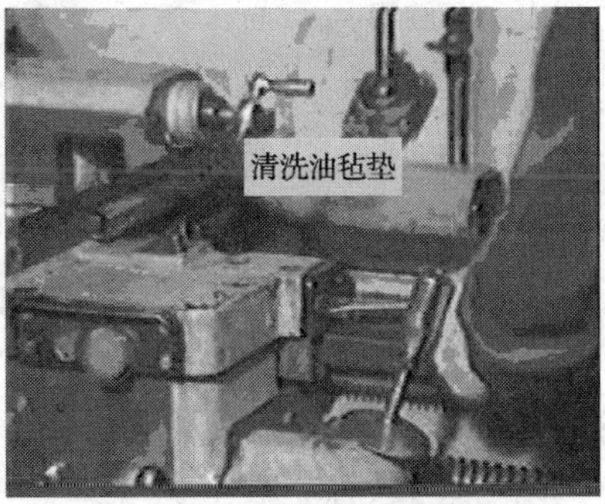 用旋具拧开床鞍油毡压盖

续表

序号	操作步骤	操作简图
步骤3		 卸下并清洗油毡用旋具拧紧床鞍油毡压盖 
步骤4	中滑板丝杠、螺母间隙的调整： 中滑板结构由2个螺母和2个螺钉紧固在中滑板的顶部，中间有楔块隔开。因磨损使丝杠6与螺母牙侧之间的间隙过大时，可先将定位螺母调整好，使丝杠定位在中心旋转，然后拧紧楔块螺钉并调整调节螺母松紧，将楔块向上拉，依靠斜楔作用使两侧螺母向左及向右边推移，减小了丝杠与螺母牙侧之间的间隙	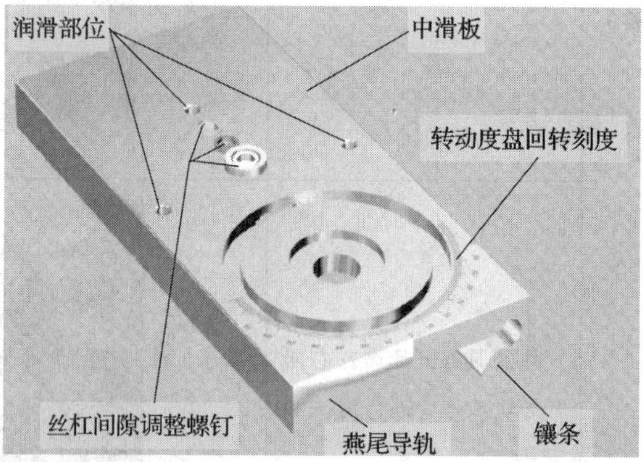 中滑板处各部零件位置

续表

序号	操作步骤	操作简图
步骤4		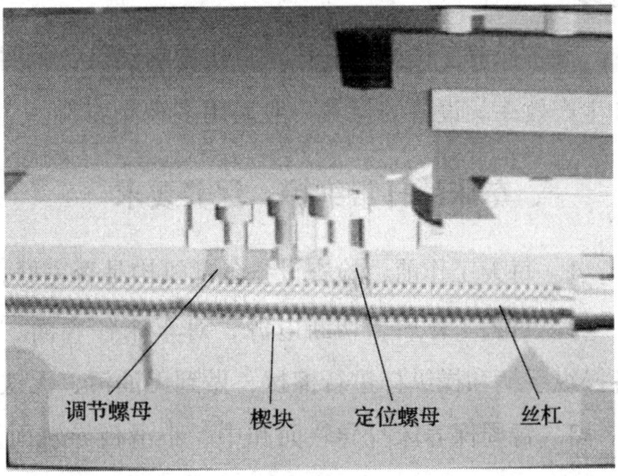 ![操作简图] 调节螺母　楔块　定位螺母　丝杠 中滑板调节螺钉

三、操作质量标准

按照图 7—2 床鞍、滑板部分的结构提出清洗要求：

1. 所有清洗件无油泥印迹，擦净放置。

2. 油毡用新鲜油清洗无污迹。

3. 用洗油清洗后，用机油润滑进行装配。

4. 有严重磨损拉伤部位应进行修复。

四、注意事项

在床鞍压板和油毡拆卸后，不允许摇动溜板箱移动，防止床鞍与导轨间进入脏东西，磨损床鞍与导轨，对床鞍与导轨造成损坏。

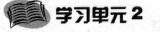

学习单元 2　机床保养

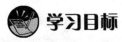

学习目标

➤ 了解一级保养的步骤和方法

➤ 掌握本车床一般小故障的排除方法

 **知识要求**

设备保养工作做得好坏，直接影响到设备精度、设备使用寿命、零件加工质量和生产效率。设备的保养一般采用多级保养制。

一、车床的日常维护、保养要求

1. 每天工作前，检查设备各部机构是否完好，并按要求加注润滑油。

2. 每天工作后，切断电源，对车床各表面、各罩壳、导轨面、丝杠、光杠、各操纵手柄和操纵杆进行擦拭，做到无油污、无铁屑、车床外表清洁。

3. 每周保养床身导轨面和中、小滑板导轨面及转动部位。要求油路畅通、油标清晰，并清洗油绳和油毛毡，保持车床外表清洁和工作场地清洁。

二、车床的一级保养要求

车床在运转500 h后要进行一级保养，一级保养主要由操作工进行，维修人员配合。主要进行清洁、润滑和必要的调整。保养时，先切断电源再进行工作，车床的一级保养有如下内容和要求：

1. 外保养

（1）清洁机床外表及各罩盖，做到无锈迹、无油污。

（2）用煤油清洗丝杠、光杠和操纵杆。

（3）检查并补齐螺钉、螺母、手柄、手柄球。

（4）清洗机床附件。

（5）拆洗三爪自定心卡盘。

2. 主轴箱

（1）清洗滤油器，并根据需要换润滑油。

（2）检查各轴上螺母、紧固螺钉有无松动。

（3）检查摩擦离合器及制动器，并根据需要进行调整。

3. 溜板及刀架

（1）清洗刀架。

（2）调整中、小滑板镶条的间隙。

（3）清洗中、小滑板丝杠，调整丝杠与螺母间的间隙。

4．挂轮箱

（1）清洗齿轮、轴套，加润滑脂。

（2）调整齿轮间隙。

（3）检查轴套有无晃动。

5．尾座

清洗尾座，保持内外清洁。

6．冷却与润滑系统

（1）清洗冷却泵、盛液箱，更换切削液。

（2）清洗各个滤油器。

（3）清洗油绳、油毡，保证油孔、油路畅通。

（4）检查油质是否良好，油杯要齐全、油窗要明亮。

7．电器部分

（1）清扫电动机，检查带的松紧程度。

（2）电器箱除尘。

三、车床常见故障

车床常见故障、产生原因、对车削加工的影响、排除故障的方法见表7—1。

表7—1　车床常见故障、产生原因、对车削加工的影响、排除故障的方法

常见故障	故障产生原因	对车削加工的影响	排除故障的方法
1．车削时，随切削负荷增大主轴转速自动降低或自动停机	（1）电动机 V 带过松，或 V 带根数少于应有的根数，动力传递不够 （2）摩擦离合器调整过松或磨损 （3）主轴箱变速手柄定位弹簧过松，使齿轮脱开 （4）热继电保护器由于负载太大而过热断开	（1）不能进行正常车削加工 （2）当主轴转速自动降低或"闷车"时，会使正在切削的硬质合金车刀刀头崩裂	（1）调整摩擦离合器的间隙，增大摩擦力，若摩擦片磨损严重时，需更换 （2）调整电动机 V 带的松紧，若 V 带使用时间过长，则须全部更换 （3）调整变速手柄定位弹簧压力，使手柄定位可靠，不易脱挡 （4）降低切削用量，增加刀具锋利程度，不能超负荷使用车床

常见故障	故障产生原因	对车削加工的影响	排除故障的方法
2. 停机后主轴不能迅速停止，有自转现象	（1）摩擦片离合器调整过紧，停机后摩擦片仍未完全松开 （2）制动带过松，刹不住车	（1）松开时摩擦片不易脱开，会因过热而导致摩擦片被烧坏，发生设备事故 （2）增加辅助时间，影响生产效率	（1）调整放松摩擦片离合器 （2）调紧制动器的制动带
3. 主轴运转过程中发热，超过正常温度	（1）主轴轴承间隙过小，装配精度不够，使摩擦力和摩擦热增加 （2）供油过少，润滑不良，主轴轴承缺润滑造成半干或干摩擦，使主轴发热，供油过多，因严重的搅拌现象而使轴承发热 （3）主轴长期全负荷车削，刚度降低，发生弯曲，传动不平稳而发热	（1）降低主轴轴承的回转精度和使用寿命 （2）影响车床的工作精度 （3）严重时会使主轴产生"抱死"现象	（1）提高装配质量，调整主轴轴承间隙，如轴承已磨损或精度偏低，应更换轴承 （2）合理选用润滑油，疏通油路，控制润滑油的供油量，缺油时应及时加油补充，但不能供油过多。启动后，应使主轴低速空转 2~3 min（冬天更为重要），使润滑油传送到各需要之处，等润滑正常后才能工作 （3）尽量避免长期全负荷工作
4. 主轴轴承间隙过大（包括径向间隙和轴向间隙）	（1）主轴轴承磨损 （2）调整好主轴间隙后，未很好锁紧，使主轴轴承在切削过程中因各种振动而松动，造成间隙过大	（1）不能正常进行车槽、切断等车削加工，切削时产生"振动"现象，影响工件表面粗糙度，易折断车刀 （2）精车圆柱形工件时，易产生椭圆、棱圆等圆度误差 （3）当主轴轴向间隙过大时，车端面会产生平面度误差，车螺纹时会产生螺距误差	调整主轴轴承间隙，注意调整螺母的松紧

续表

常见故障	故障产生原因	对车削加工的影响	排除故障的方法
5. 主轴轴线对床身导轨平行度超差	车削过程中超负荷切削或操作有误，碰撞卡盘，使主轴箱位移	(1) 用卡盘装夹车削圆柱形工件时，会产生圆柱度误差 (2) 精车工件端面时，会使端面与轴线垂直度产生误差	用试棒、百分表等相互配合，调整主轴轴线与床身导轨的平行度
6. 溜板箱手动进给时过紧	(1) 床鞍调节螺钉压得太紧 (2) 齿轮与齿条啮合太紧 (3) 床身导轨严重磨损或变形 (4) 操作者不注意清洁和润滑导轨	(1) 加工圆柱形工件时，表面刀纹混乱 (2) 手动进给车削圆柱形表面时，不易平稳均匀操作	(1) 调整床鞍间隙（用0.04 mm的塞尺检查，插入深度应小于20 mm为宜） (2) 调整齿条、齿轮配合间隙在0.08 mm左右 (3) 修刮导轨 (4) 注意文明生产，清洁和润滑导轨
7. 中滑板移动手柄转动不灵活、轻重不一致	(1) 中滑板丝杠弯曲变形 (2) 中滑板镶条接触不良 (3) 小滑板与中滑板的结合面接触不良，紧固后导致中滑板变形	(1) 手动横向进给不均匀，径向尺寸控制受影响 (2) 切断时由于进给不均，易产生"扎刀"现象，使切断刀折断	(1) 校直或更换中滑板丝杠 (2) 刮、研中滑板镶条，调整好镶条与导轨面的间隙 (3) 刮、研小滑板和中滑板的结合面，提高其接触精度
8. 溜板箱机动进给手柄容易脱开	(1) 安全离合器的弹簧压力过小 (2) 机动进给手柄的定位弹簧压力过小 (3) 超越离合器滚柱与星轮接触平面磨损，无法传递运动	(1) 不能正常自动进给 (2) 精车时，手柄的脱开会严重影响加工精度和表面粗糙度	(1) 调整安全离合器的弹簧压力，使之在正常负荷下不脱开 (2) 调整机动进给手柄定位弹簧的松紧程度 (3) 修整或更换超越离合器

续表

常见故障	故障产生原因	对车削加工的影响	排除故障的方法
9. 开合螺母与机床丝杠啮合不良、操纵不灵活	（1）开合螺母的燕尾形导轨副配合不良，过紧或过松 （2）开合螺母磨损严重 （3）丝杠弯曲变形或磨损 （4）开合螺母窜动过大 （5）开合螺母与丝杠不同轴	（1）车螺纹时，产生螺距不均误差 （2）由于操作不灵活，会产生"乱牙"现象，影响螺纹加工质量	针对产生的原因进行调整、修理或更换相应的零件，使修复后的开合螺母与丝杠啮合良好，操纵平稳、灵活
10. 进给传动不平稳	（1）溜板箱的纵向进给小齿轮与齿条机构啮合不良，使纵向进给不平稳 （2）进给箱中某一轴弯曲变形 （3）溜板箱内的某一传动机构啮合不良 （4）光杠弯曲或进给箱、溜板箱、三孔托架同轴度误差过大	精车时，会使工件表面轴向出现有规律的波纹	针对产生的问题，进行更换、校正、调整
11. 外力干扰使机床转动不平稳，产生振动现象	（1）车间地基引起的振动 （2）地脚螺栓松动 （3）电动机旋转不平稳 （4）带轮高速旋转，零件振幅太大 （5）损伤了的 V 带引起的强迫振动	精车外圆时，圆周表面上会出现有规律性的波纹	（1）车间地基要稳固 （2）调整垫铁，重新校正床身导轨的安装精度 （3）校正电动机转子的平衡，有条件可进行动平衡 （4）校正带轮的振摆，对其外径、梯形槽进行修整车削 （5）同时更换四条 V 带

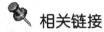

相关链接

车床的试车和验收工艺知识

1. 静态检查

车床在进行性能试验之前，要进行静态检查。主要是检查车床各部分传动机构、操纵机构是否运转灵活、定位准确、安全可靠，以保证试车时不会产生事故，其内容如下：

(1) 用手转动各传动件，应转动灵活、无阻滞。

(2) 检查变速手柄，换向手柄是否操纵灵活、定位准确、安全可靠。手轮和手柄转动时，其转动力用拉力器测量，不应超过 80 N。

(3) 检查各连接件是否连接可靠，固定连接面是否紧密贴合，用 0.03 mm 塞尺检验时应插不进。

(4) 检查床鞍、刀架、尾座在行程范围内移动时是否均匀平稳，无轻重不均的感觉，镶条压板应松紧适宜。有刻度装置的手轮，手柄反向时空行程度不超过 1/20 转。

(5) 顶尖套在尾座孔中做全长伸缩，应运动灵活，无不正常的空隙和阻滞。手轮转动轻快，锁紧机构灵便可靠，无卡死现象。

(6) 检查各手柄应与标牌相符。

(7) 检查开合螺母机构开合是否准确可靠，无阻滞或过松的感觉。

(8) 检查各加油孔是否畅通无阻，保证油液清洁、标记清楚。

(9) 检查交换齿轮间的间隙是否适当、固定可靠。

(10) 电动机传动带松紧要适中，四根 V 带应同时起作用。

(11) 电气设备在启动和停止时，应安全可靠。

2. 空载试验

(1) 机床主运动机构从最低转速起，依次升高运转主轴所有转速。每级速度的运转时间不得少于 5 min，最高转速运转时间不得少于 30 min。检查主轴转速及润滑系统工作情况。

(2) 机床进给机构做低、中、高进给量的空运转。同时，纵、横向快速移动装置进行纵、横向正反移动检查。

（3）在所有状态下工作正常，无显著冲击振动，各操纵机构工作平稳、可靠，噪声不超过规定标准。

（4）润滑系统正常、可靠，无泄漏现象。

（5）主轴箱制动装置在主轴转数为300 r/min时，其制动为2~3转。

（6）电气装置、安全装置、保险装置应安全可靠。

（7）机床正常工作状态下主轴的滚动轴承温度低于70℃，温升少于40℃；滑动轴承温度低于60℃，温升少于30℃；摩擦离合器必须保证能够传递额定功率而不发生过热现象。

3. 负荷试验

车床经空运转试验合格后，将其调至中速（最高转速的1/2或高于1/2的相邻一级转速）下继续运行，待其达到稳定的温度后，可进行全负荷试验。

（1）全负荷强度试验

其目的是考核车床主传动系统能否承受设计所允许的最大转矩和功率。试验方法是将尺寸为$\phi194$ mm×750 mm的45钢试件，用一夹一顶的装夹方式夹持，用YT5硬质合金45°标准外圆车刀，在主轴转速为50 r/min、背吃刀量为12 mm、进给量为0.6 mm/r的切削用量下切削外圆，要求在全负荷试验时达到：

1）机床所有机构均应正常工作、动作平稳，不能有异常的振动与噪声。

2）主轴转速不得比空运转时的转速低5%以上。

3）各手柄不得有颤动和自动换位现象。试验时，允许将摩擦离合器适当调整紧些，待切削结束后再调松至正常状态。

（2）精车外圆试验

其目的是检验车床在正常工作温度下，主轴轴线与床鞍移动方向是否平行，主轴的旋转精度是否合格，试验方法是将（$\phi50~\phi80$ mm）×250 mm的45钢试件夹持在车床卡盘上，不用尾座顶尖支撑。采用硬质合金车刀，在主轴转速为400 r/min，背吃刀量为0.15 mm、进给量为0.1 mm/r的切削用量下精车外圆表面，要求达到：

1）圆度误差不大于 0.01 mm。

2）圆柱度误差不大于 0.01/100 mm。

3）表面粗糙度值不大于 $Ra3.2$ μm。

（3）精车端面试验

其目的是检查车床在正常工作温度下，刀架横向移动时对主轴轴线的垂直度误差和横向导轨的直线度误差。试验方法是在车床卡盘上夹持尺寸为 $\phi250$ mm 的铸铁（HT200）圆盘，用 YG8 硬质合金 45°车刀在主轴转速为 250 r/min，背吃刀量为 0.2 mm，进给量为 0.15 mm/r 的切削用量下精车端面，要求试件的平面度误差不大于 0.02 mm，而且只许中凹。

（4）车槽试验

其目的是考核车床主轴系统和刀架系统的抗振性能。检查主轴部件的装配精度和旋转精度，并检验滑板刀架系统刮研配合面的接触质量和配合间隙的调整是否合格。试件为 $\phi80$ mm×150 mm 的 45 钢，用卡盘夹持。其切断刀前角为 8°~10°、后角为 5°~6°、刀头宽度为 5 mm，材料为 YT15 硬质合金，在主轴转速为 200~300 r/min、进给量为 0.1~0.2 mm/r 的切削用量下，距离卡盘端 120 mm 处车槽，不应有明显的振动和振痕。

（5）精车螺纹试验

其目的是检查在车床上加工螺纹时，传动系统的准确性，试件为 $\phi40$ mm×150 mm 的 45 钢，两顶尖间安装，用高速钢 60°标准螺纹精车刀，在主轴转速为 20 r/min、背吃刀量为 0.02 mm（指最后精车）、螺距为 6 mm 的切削用量下车螺纹。要求螺距累计误差应小于 0.25/100 mm，表面粗糙度值不大于 $Ra3.2$ μm，且无振动波纹。

（6）几何精度检查

卧式车床几何精度检查是依据 GB/T 4020—1997 进行，属于高级别车工培训内容，这里不再讲述。

技能要求

一级保养的步骤

一、操作准备

序号	名称		准备事项
1	材料		洗油
2	设备		CA6140 车床
3	工艺装备	刃具	
4		量具	
5		工、附具	一字旋具，活扳手，内六角扳手，其他常用工具

二、操作步骤

序号		操作步骤
步骤1	切断电源	保养时，必须切断电源，然后进行工作，以确保操作安全
步骤2	清理工作位置，清洗机床外表	
步骤3	拆下并清洗机床各罩壳，保持内外清洁，无锈蚀，无油污	
步骤4	刀架和滑板部分的保养	①拆下方刀架清洗 ②拆下小滑板丝杠、螺母、镶条清洗 ③拆下中滑板丝杠、螺母、镶条清洗 ④拆下床鞍防尘油毛毡清洗，然后加油和复装 ⑤中滑板丝杠、螺母、镶条、导轨加油后，复装、调整镶条间隙和丝杠螺母间隙 ⑥小滑板丝杠、螺母、镶条、导轨加油后，复装、调整镶条间隙和丝杠螺母间隙 ⑦擦清方刀架底面，然后涂油、复装、压紧
步骤5	车床尾座部分的保养	①拆下尾座套筒和压紧块并清洗、涂油 ②拆下尾座丝杠、螺母并清洗、加油 ③尾座清洗、加油 ④复装、调整

续表

序号		操作步骤
步骤6	车床主轴箱部分的保养	①拆下过滤器并清洗、复装 ②检查主轴并检查螺母有无松动，紧固螺钉是否锁紧 ③调整摩擦片间隙及制动器
步骤7	车床交换齿轮箱部分的保养	①拆下交换齿轮架齿轮、扇形板、轴套，并清洗、加油、复装 ②调整齿轮啮合间隙 ③检查轴套有无晃动现象
步骤8	进给箱保养	要清理进给箱，绒绳清洗后加油放入原处，缺少的要补齐
步骤9	清理主电动机和主轴箱 V 带轮	检查调整 V 带的松紧
步骤10	清洗长丝杠、光杠和操作杆	用棉纱擦拭干净
步骤11	润滑部分的保养	①清洗冷却泵、过滤器、盛液盘 ②检查油路是否畅通、油孔、油绳、油毡应清洁无铁屑 ③检查油质，保持良好，油杯齐全，油窗明亮
步骤12	电气部分的保养	①清扫电动机、电气箱 ②电气装置固定整齐
步骤13	清理车床附件	包括中心架、跟刀架、交换齿轮和卡盘等
步骤14	整理车床机床外观	①安装各罩壳 ②检查补齐螺钉、手柄、手柄球

三、一级保养操作质量标准

1. 所有机床表面清洗后无油泥印迹。
2. 电气箱及挂轮箱内清洁无油渍。
3. 机床附件摆放整洁。
4. 机床冷却和润滑油路通畅。
5. 机床零件复装后，全部进行润滑。

四、注意事项

车床一级保养应注意的事项：

1. 要充分做好准备工作。如准备好拆装工具、清洗装置、润滑油料、放置机件的盘子、必要的备件等。

2. 要按保养步骤进行保养工作。

3. 有拆下要求的部分，如卡盘、方刀架、中滑板、小滑板、尾座等，必须拆下后再清洗、复装、调整。拆下的机件要成组安装好，如螺钉要穿上垫圈拧在机体上，丝杠要拧上螺母悬挂起来。

4. 在床鞍压板和油毡拆卸后，不允许摇动溜板箱移动，防止床鞍与导轨间进入脏东西，磨损床鞍与导轨，对床鞍与导轨造成损坏。

5. 要重视文明操作。

第 2 节　CA6140 型车床使用、调整知识

 学习单元 1　摩擦离合器的调整

 学习目标

➤ 了解多片式摩擦离合器的结构及操纵装置
➤ 掌握摩擦离合器调整方法

 知识要求

一、离合器种类

离合器的作用是使同一轴线的两根轴，或轴与轴上的空套传动件随时接通或断开。以实现机床的启动、停止、变速和换向等。

离合器的种类较多，常用的有以下三种：

1. 啮合式离合器

啮合式离合器是利用两个互相啮合的齿爪或一对内、外啮合的齿轮来传递扭矩的，如图7—5所示。

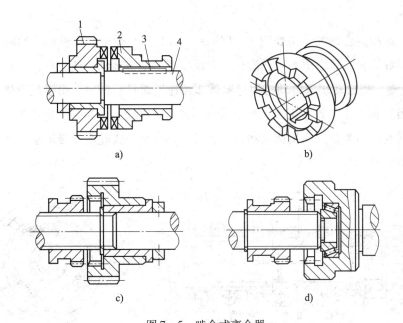

图 7—5　啮合式离合器

a）齿爪啮合式离合器　b）齿爪　c）齿轮式离合器　d）齿轮式离合器

1—齿轮　2—离合器　3—键　4—轴

2. 摩擦离合器

摩擦离合器的工作原理是靠内、外摩擦片压紧时在端面之间产生的摩擦力来传递扭矩的，如图 7—6 所示。

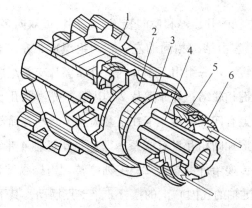

图 7—6　摩擦离合器

1—空套齿轮　2—外摩擦片　3—内摩擦片　4—轴　5—加压套　6—螺圈

3. 超越离合器

超越离合器装在车床的溜板箱内，主要是在刀架纵向、横向快速移动时使用。

超越离合器的作用是：当有快、慢两种速度交替传到轴上时，它能实现运动的自动转换。

单向超越离合器的结构如图7—7所示，其工作原理是：在机动进给时，齿轮套1逆时针旋转，靠摩擦力带动滚柱3向楔缝小的地方运动，使星形体2和齿轮套1一起运动。当启动快速电动机使星形体2快速逆时针旋转时，由于星形体2的转速超过齿轮套1转速的好几倍，滚柱压缩弹簧离开楔缝，即断开了齿轮套1和星形体2之间的运动关系。当快速电动机停止时，则仍然由齿轮套1带动星形体2实现机动进给运动。

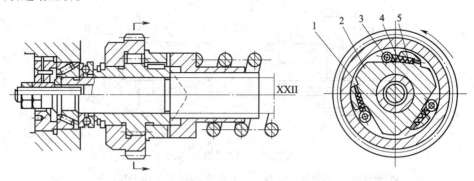

图7—7 超越离合器

1—齿轮套 2—星形体 3—滚柱 4—圆柱销 5—弹簧

二、双向多片式摩擦离合器的组成结构

1. 结构特点

CA6140型车床主轴的开、停和换向装置，采用机械双向多片摩擦离合器控制，如图7—8a、b所示。它由结构相同的左、右两组组成，左离合器控制主轴正转，右离合器控制主轴反转，每一组由若干片内、外摩擦片交叠组成。带花键孔的内摩擦片3与轴4上的花键相联结；外摩擦片2的内孔是光滑圆孔，孔套在轴的花键外圆上。该摩擦片外圆上有四个凸齿，卡在空套齿轮1右端套筒部分的缺口内。在未被压紧时，内、外摩擦片间相互没有联系，即使是花键轴4带动内摩擦片3旋转，也不会把运动和转矩传递给外摩擦片2，主轴停转。当操纵装置10将滑环9向右移动时，杆7（在花键轴的孔内）上的摆杆8绕支点摆动，其下端就拨动杆向左移动。杆左端有一固定销，使螺圈6及加压套5向左压紧左边的一组摩擦片，通过摩擦片间的相互接触，产生摩擦力，将转矩由轴传给空套齿轮，使主轴正转。此时，右边一组摩擦片间处在放松状态。相反，当操纵装置将滑环向左移动时，压紧右边一组摩擦片，则此组摩擦片开始工作，使主轴反转。当滑环在中间位置时，左、右两组摩擦片都处在放松状态，轴4的运动不能传给齿轮，主轴即停止转动。

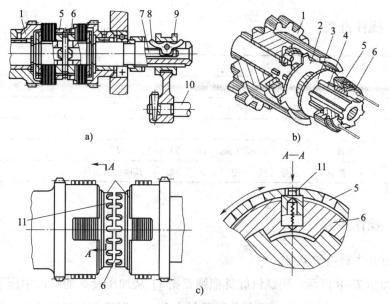

图 7—8　多片式摩擦离合器

a) 结构图　b) 原理图　c) 间隙调整

1—齿轮　2—外摩擦片　3—内摩擦片　4—轴　5—加压套　6—螺圈

7—杆　8—摆杆　9—滑环　10—操纵装置　11—弹簧销

2. 调整方法

多片式摩擦离合器的内、外摩擦片在放松状态时的间隙要适当，不能过大或过小。若间隙过大，压紧时摩擦片会相互打滑，影响车床功率的正常传递，易产生"闷车"现象，并易使摩擦片磨损；若间隙过小，易损坏操纵机构中的零件，严重时可导致摩擦片烧坏。其间隙调整如图 7—8c 所示。调整时，先断开车床电源，打开主轴箱盖，用螺钉旋具把弹簧销 11 从加压套 5 的缺口中压下，同时转动加压套 5，使其相对于螺圈 6 作少量轴向移动，即可调整摩擦片间的间隙，从而改变摩擦片间的压紧力，改变摩擦力和所传递转矩的大小。

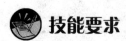 技能要求

摩擦离合器间隙调整

摩擦离合器间隙调整练习。

CA6140A 在车床操作过程中，要经常对摩擦离合器间隙进行调整，试车以适应工件的不同加工需要。

一、操作准备

序号	名称		准备事项
1	材料		45 钢，ϕ45 mm×95 mm
2	设备		CA6140（四爪单动卡盘）
3	工艺装备	刃具	
4		量具	游标卡尺 0.02 mm/（0～150 mm），塞尺
5		工、附具	一字旋具，活扳手，内六角扳手，其他常用工具

二、操作步骤

1. 打开主轴箱的上盖。

2. 如图 7—8 所示，用螺钉旋具把弹簧销 11 从加压套 5 的缺口中压下，同时转动加压套 5，使其相对于螺圈 6 作少量轴向移动，即可调整摩擦片间的间隙，从而改变摩擦片间的压紧力，改变摩擦力和所传递转矩的大小。

3. 手动操纵杆感觉一下摩擦片间的压紧力是否合适。

4. 摩擦片间的压紧力检查合适后合上主轴箱的上盖。

三、操作质量标准

1. 调整摩擦离合器间隙时，操作的动作是否合理为检查项目。

2. 操作过程中动作的规范性是否合理。

3. 安全生产、文明生产的要求，工具运用是否合理。

四、注意事项

摩擦离合器间隙调整必须关闭电源。

 学习单元 2　制动装置的调整

 学习目标

➤ 了解制动装置的功用

➢ 了解制动器的操纵装置

➢ 掌握制动带的更换方法

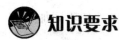 **知识要求**

一、结构特点

CA6140 型车床采用的闸带式制动器,如图 7—9 所示。其作用是在车床停机过程中,克服主轴箱内各运动件的回转惯性,使主轴迅速停止转动,以缩短辅助时间。制动器主要由制动轮 8、制动带 7 和杠杆 4 等组成。制动轮是一钢制圆盘,与轴Ⅳ用花键联结。制动带为一钢带,内侧固定着一层铜丝石棉,以增加摩擦面的摩擦系数,制动带一端通过螺钉 5 与主轴箱 1 的箱体连接,另一端固定在杠杆 4 的上端,绕在制动轮上。杠杆 4 可绕轴 3 摆动。制动器通过齿条轴 2 与多片式摩擦离合器联动,当它的下端与齿条上的圆形凹部 a 或 c 接触时,制动带处于放松,主轴处于转动状态。若移动齿条轴,使其上凸起部分 b 与杠杆下端接触时,杠杆绕轴逆时针摆动,使制动带抱紧制动轮,产生摩擦力,使主轴停止转动。

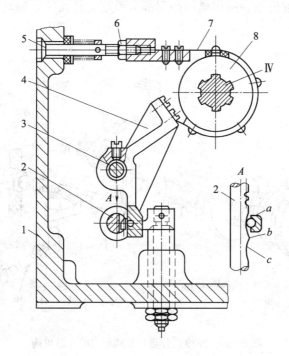

图 7—9　CA6140 型车床制动装置

1—主轴箱体　2—齿条轴　3—轴　4—杠杆　5—螺钉

6—螺母　7—制动带　8—制动轮

二、制动装置的调整

在车床操作过程中，要经常对制动装置进行调整，以适应工件的不同加工需要。

制动装置的调整方法是：打开主轴箱的上盖，松开螺母6，然后在主轴箱的背后调整螺钉5，调整好后，再把螺母6拧紧，盖上主轴箱盖。

三、摩擦离合器、制动器的连动结构

双向式多片摩擦离合器与制动装置采用同一操纵机构控制（见图7—10），以协调两机构的工作。当抬起或压下手柄7时，通过曲柄9，拉杆10，曲柄11及扇形齿轮13使齿条轴14向右或向左移动，再通过元宝形摆块3，拉杆16使左边或右边离合器结合，从而使主轴正转或反转。此时杠杆5的下端位于齿条轴圆弧形凹槽内，制动带处于松开状态。当操纵手柄7处于中间位置时，齿条轴14和滑套4都处于中间位置，摩擦离合器左、右摩擦片组都松开，主轴与运动源断开。这时，杠杆5下端被齿条轴两凹槽间凸起部分顶起，从而拉紧制动带，使主轴迅速制动。

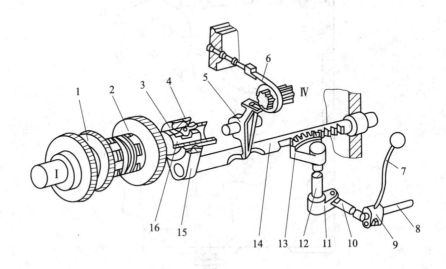

图7—10　摩擦离合器与制动装置的操纵机构

1—双联齿轮　2—齿轮　3—元宝形摆块　4—滑套　5—杠杆　6—制动带

7—手柄　8—操纵杆　9、11—曲柄　10、16—拉杆　12—轴

13—扇形齿轮　14—齿条轴　15—拨叉

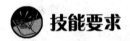 技能要求

制动带的更换

制动带的更换练习。

CA6140A 车床在操作过程中，要经常对制动装置进行调整，现有制动带已损坏，需更换。试车适应工件的加工需要。

一、操作准备

序号	名称		准备事项
1	材料		45 钢，ϕ45 mm×95 mm
2	设备		CA6140（四爪单动卡盘）
3	工艺装备	刃具	
4		量具	游标卡尺 0.02 mm/（0~150 mm），塞尺
5		工、附具	一字旋具，活扳手，内六角扳手，其他常用工具

二、操作步骤

序号	操作步骤	操作简图
步骤1	打开主轴箱的上盖，松开制动带上部的两个螺钉 松开制动带下部的两个螺钉，取出制动带	制动装置　螺钉 主轴箱 制动带

续表

序号	操作步骤	操作简图
步骤2	更换制动带，并紧固制动带下部的两个螺钉	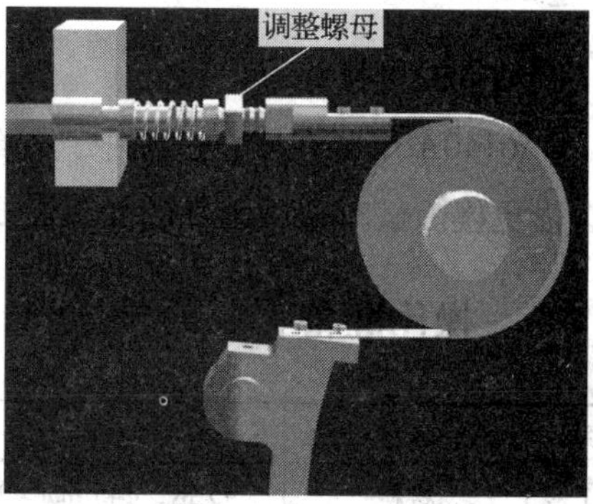 调整螺母
	（1）紧固制动带上部的两个螺钉 （2）用调整螺母调整制动装置的松紧程度 （3）检查合格后合上主轴箱的上盖	

三、操作质量标准

1. 制动带的更换安排是否合理。
2. 操作过程中动作的规范性。
3. 安全生产、文明生产的要求，工具运用是否合理。

四、注意事项

1. 制动带的更换必须关闭电源。
2. 松开的螺母必须拧紧。

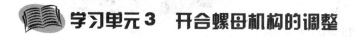

学习单元3　开合螺母机构的调整

学习目标

▷ 了解开合螺母的功用

➢ 了解开合螺母机构的结构
➢ 掌握开合螺母的调整方法

 知识要求

一、开合螺母机构的结构特点

开合螺母机构的作用是接通或断开丝杠传来的运动。车削螺纹或蜗杆时,将开合螺母合上,丝杠通过闭合的开合螺母带动溜板箱及刀架作精确的纵向移动。其结构如图7—11所示,上下两个半螺母装在溜板箱体后的燕尾形导轨中,可上下移动。在上下半螺母的背面各装有一个圆柱销3,其伸出端分别嵌在槽盘4的两条曲线槽中,扳动手柄6,经轴7使槽盘逆时针方向转动,曲线槽迫使两圆柱销互相靠近,带动上下半螺母合拢,与丝杠啮合,刀架便由丝杠螺母经溜板箱传动进给,槽盘顺时针转动,曲线槽通过圆柱销使两个半螺母相互分离,两个半螺母与丝杠脱开啮合,刀架便停止进给。

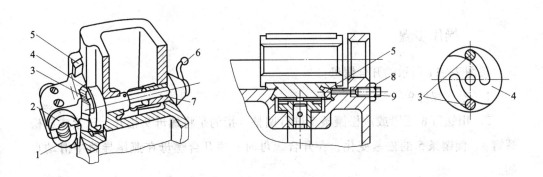

图 7—11　开合螺母
1、2—半螺母　3—圆柱销　4—槽盘　5—镶条　6—手柄
7—轴　8—螺钉　9—螺母

二、开合螺母机构调整

开合螺母与镶条要配合适当,开合螺母与燕尾形导轨的配合间隙过大,会引起车螺纹时床鞍产生纵向窜动,造成螺距不等或出现“乱牙”现象。调整方法是:松开螺母9,可用螺钉8压紧或放松镶条5进行调整,其间隙一般应小于0.03 mm,可用厚度为0.03 mm 的塞尺检查,应插不进燕尾导轨副间,并使开合螺母在燕尾导轨中滑动自如,最后拧紧螺母9。

 **技能要求**

调整开合螺母机构间隙

开合螺母机构间隙调整练习。

CA6140A 车床在操作过程中，要经常对开合螺母机构间隙进行调整。调整后，试车适应工件的加工需要。

一、操作准备

序号	名称		准备事项
1	材料		45 钢，$\phi 45$ mm×95 mm
2	设备		CA6140（四爪单动卡盘）
3	工艺装备	刃具	
4		量具	游标卡尺 0.02 mm/（0～150 mm），塞尺
5		工、附具	一字旋具，活扳手，内六角扳手，其他常用工具

二、操作步骤

按图 7—11 所示的开合螺母：

1. 松开螺母 9。

2. 用螺钉 8 压紧或放松镶条 5 进行调整，指的是将螺母 9 松开，压紧或放松螺钉 8，使镶条 5 的松紧变化，在开合螺母时，使开合螺母在燕尾导轨中滑动自如。

3. 紧钉螺母 9。

三、操作质量标准

1. 调整开合螺母机构间隙的安排是否合理。

2. 操作过程中动作的规范性。

3. 安全生产、文明生产的要求，工具运用是否合理。

四、注意事项

1. 调整开合螺母机构间隙必须关闭电源。

2. 松开的螺母必须拧紧。

学习单元4　挂轮间隙调整

学习目标

➢ 了解挂轮架结构

➢ 掌握挂轮间隙调整

知识要求

一、配换挂轮变速机构

在车床操作过程中，要经常对挂轮进行调整，以适应工件的不同加工需要。

挂轮架的结构及工作原理可如图7—12所示。根据所需传动比选择好齿轮 a、

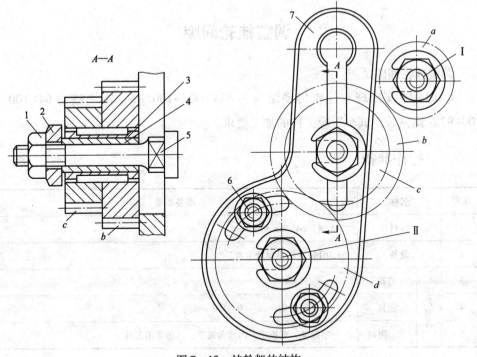

图7—12　挂轮架的结构

1—螺母　2—垫圈　3、4—套筒　5—中间轴　6—螺钉　7—挂轮架

a、b、c、d—齿轮　Ⅰ—固定轴　Ⅱ—固定轴

b、c 和 d 后，可先将齿轮 a 和 d 分别固定在轴 Ⅰ 和轴 Ⅱ 上，然后将齿轮 b 和 c 通过键与套筒3安装在一起。由于套筒3空套在套筒4上，故齿轮 b 和 c 与套筒3可绕中间轴5空转。将中间轴5沿挂轮架直槽移动，使齿轮 c 与齿轮 d 正确啮合，然后拧紧螺母1，经垫圈2和套筒4将中间轴夹紧在挂轮架7上。为使齿轮 b 和 a 正确啮合，只需绕轴 Ⅱ 摆动挂轮架7一定角度即可。最后，用螺母通过两个从挂轮架弧形槽穿出的螺钉6，将挂轮架紧固在机体上。由于中间轴5可在挂轮架尺寸允许范围内，任意调整其相对于固定轴 Ⅰ、Ⅱ 的位置，因此，采用这种机构，可装上各种齿数的配换齿轮，获得准确的传动比。

二、挂轮间隙的调整

调整挂轮间隙就是使相互啮合的两个齿轮间隙在正常的工作间隙范围内。

调整挂轮间隙常用的方法是：在两个齿轮之间加一纸片，让两个齿轮紧密啮合，锁紧螺母。然后转动齿轮，取出纸片，这时挂轮间隙基本合格。

 **技能要求**

调整挂轮间隙

调整挂轮间隙练习。

CA6140A 车床现有挂轮传动结构为 63∶100→100∶75，需调整为 64∶100→100∶97。调整后，试车适应工件的加工要求。

一、操作准备

序号	名称		准备事项
1	材料		45钢，$\phi45$ mm×95 mm
2	设备		CA6140（四爪单动卡盘）
3	工艺装备	刃具	
4		量具	游标卡尺0.02 mm/（0~150 mm），塞尺
5		工、附具	一字旋具，活扳手，内六角扳手，其他常用工具

二、操作步骤

序号	操作步骤	操作简图
步骤1	松开挂轮架 （1）将中间轴松开 （2）将固定轴Ⅰ、固定轴Ⅱ的螺母松开 （3）松开挂轮架的螺母6	
步骤2	换轮 （1）取下Ⅰ轴齿轮 $z=63$、Ⅱ轴齿轮 $z=75$，这是一般车床的米制挂轮 （2）将双联齿轮掉头，$z=63$ 换成 $z=64$，安装在固定轴Ⅰ上，将双联齿轮掉头，$z=75$ 换成 $z=97$，固定在轴Ⅱ上 （3）调整挂轮架在机体上的位置，使齿轮啮合顺序为 $64:100 \rightarrow 100:97$，并且齿轮啮合间隙合理	
步骤3	锁紧挂轮架 （1）拧紧螺钉，固定轴Ⅰ齿轮、固定轴Ⅱ的齿轮 （2）配合拧紧螺母6和中间轴螺母，将挂轮架紧固在机体上 （3）检查和调整挂轮间隙	

三、操作质量标准

1. 挂轮间隙调整是否合理。

2. 操作过程中动作的规范性。

3. 安全生产、文明生产的要求，工具运用是否合理。

四、注意事项

1. 调整挂轮间隙必须关闭电源。

2. 松开的螺母必须拧紧。

思 考 题

1. 车床一级保养的内容有哪些？

2. 如何调整摩擦离合器的摩擦片间隙？

3. 如何调整开合螺母机构？

4. 如何调整制动装置？

5. 如何调整挂轮间隙？